"十二五"职业教育国家规划教材
经全国职业教育教材审定委员会审定

过程控制与自动化仪表

第 2 版

主编　倪志莲　龚素文
参编　严春平　陈建国

机械工业出版社

本书为"十二五"职业教育国家规划教材，经全国职业教育教材审定委员会审定。

本书从当前工业过程自动化工程的实际需要和过程控制的实际操作技能出发，在介绍过程控制的基本概念、自动控制原理的基础上，重点介绍了过程控制仪表的类型及特点、过程对象的建模方法、简单过程控制系统的设计分析与安装调试、集散控制系统及现场总线控制系统的应用等内容。全书共8章，分别是绪论、自动控制系统建模、自动控制系统的基本分析方法、控制规律、过程参数检测仪表与变送器、过程控制装置、过程控制系统、过程计算机控制系统。

本书可作为高职高专院校工业过程自动化技术、工业自动化仪表、电气自动化技术及相关专业的教材，也可供相关专业的师生和工程技术人员参考。

为方便教学，本书配有免费电子课件、教学动画、微课、教学案例、电子教案、习题答案、模拟试卷及答案等，凡选用本书作为授课教材的学校，均可来电索取。咨询电话：010-88379375。

图书在版编目（CIP）数据

过程控制与自动化仪表/倪志莲，龚素文主编. —2版. —北京：机械工业出版社，2019.9（2023.7重印）
"十二五"职业教育国家规划教材　经全国职业教育教材审定委员会审定
ISBN 978-7-111-63903-9

Ⅰ. ①过… Ⅱ. ①倪… ②龚… Ⅲ. ①过程控制仪表-高等职业教育-教材 ②自动化仪表-高等职业教育-教材 Ⅳ. ①TP273 ②TH86

中国版本图书馆CIP数据核字（2019）第224049号

机械工业出版社（北京市百万庄大街22号　邮政编码100037）
策划编辑：王宗锋　责任编辑：王宗锋　高亚云
责任校对：樊钟英　封面设计：陈　沛
责任印制：张　博
北京中科印刷有限公司印刷
2023年7月第2版第8次印刷
184mm×260mm · 17印张 · 409千字
标准书号：ISBN 978-7-111-63903-9
定价：50.00元

电话服务　　　　　　　　　网络服务
客服电话：010-88361066　　机　工　官　网：www.cmpbook.com
　　　　　010-88379833　　机　工　官　博：weibo.com/cmp1952
　　　　　010-68326294　　金　书　网：www.golden-book.com
封底无防伪标均为盗版　　　机工教育服务网：www.cmpedu.com

前　言

"过程控制与自动化仪表"是一门涉及控制理论、计算机技术、信息获取与处理技术及自动化仪表等多领域理论及技术的课程，是高职高专自动化类专业的一门专业核心课，本课程的学习对自动化类专业学生未来从事过程控制及仪器仪表的安装、维护、使用有着非常重要的作用。

本书为"十二五"职业教育国家规划教材，经全国职业教育教材审定委员会审定。自2014年出版以来，经过多次重印，深受广大职业院校师生欢迎。本次修订的原则及内容如下：

1) 按照工业过程自动化技术专业标准中过程控制技术课程进行修订，注重融入相关国家职业资格标准和职业技能标准。

2) 立足于培养技能型人才，本着理论"适度、够用"的原则对内容进行了整合，将自动控制原理的相关内容融入过程控制教学内容中，并进行了简化。

3) 既介绍了典型的传统控制方法和装置，以便于学生建立基本的概念，使知识能渐进衔接；又介绍了新技术、新方法，使知识结构适应现代科学技术发展和生产的需要。

4) 删除了目前较少使用的模拟控制仪表，重点介绍了应用广泛的数字控制仪表。在集散控制系统中新增了浙大中控 Web Fieid JX-300XP 集散控制系统，展示了国产新技术。

5) 突出实践性、实用性和先进性。除第1章外，其他各章后均配以相应的实训环节，力求理论和实践密切结合，为实现控制理论与生产实践结合的教学过程提供了相应的教学资源。

6) 丰富了配套资源，有电子课件、教学动画、微课、教学案例、电子教案、习题答案、模拟试卷及答案等。另外，本书还插入二维码，方便读者学习。

本书由九江职业技术学院倪志莲、龚素文任主编，并对全书进行统稿，参加本书编写的还有九江职业技术学院严春平、九江检安石化工程有限公司陈建国。其中，第1~4章由严春平编写，第5、6章及附录由龚素文编写，第7章由倪志莲编写，第8章由陈建国编写。

由于编者水平有限，书中疏漏之处在所难免，恳请广大读者给予批评指正。

编　者

目 录

前 言
第1章 绪论 ………………………………… 1
1.1 引言 …………………………………… 1
1.2 开环与闭环的概念 …………………… 5
   1.2.1 开环控制系统 …………………… 5
   1.2.2 闭环控制系统 …………………… 6
1.3 过程控制系统的组成 ………………… 7
1.4 过程控制系统的分类和品质指标 …… 9
   1.4.1 过程控制系统的分类 …………… 9
   1.4.2 过程控制系统的过渡过程 …… 10
   1.4.3 过程控制系统的品质指标 …… 11
1.5 过程控制系统的特点与要求 ……… 12
   1.5.1 过程控制系统的特点 ………… 12
   1.5.2 过程控制系统的要求 ………… 13
1.6 MATLAB 软件 ……………………… 14
   1.6.1 MATLAB 界面简介 …………… 14
   1.6.2 MATLAB 软件的基本概念及操作 … 15
   1.6.3 MATLAB 软件在控制系统中的应用实例 …………………… 17
1.7 课程定位与学习方法 ……………… 18

第2章 自动控制系统建模 ……………… 20
2.1 微分方程 …………………………… 20
2.2 传递函数 …………………………… 21
   2.2.1 拉氏变换 ……………………… 21
   2.2.2 传递函数的定义 ……………… 23
   2.2.3 传递函数的一般表达式 ……… 24
2.3 系统框图 …………………………… 27
   2.3.1 系统框图的组成 ……………… 27
   2.3.2 框图的变换与化简 …………… 27
   2.3.3 用 MATLAB 实现系统模型的连接 …………………………… 30
2.4 典型环节的传递函数和功能框 …… 31
2.5 典型过程对象的建模 ……………… 33
   2.5.1 单容对象的特性及建模 ……… 34
   2.5.2 双容对象的特性及建模 ……… 36
   2.5.3 时滞对象的特性及建模 ……… 37
   2.5.4 反向对象的特性及建模 ……… 37
   2.5.5 实验法建模 …………………… 38

2.6 MATLAB 的仿真工具箱 Simulink 及其应用 ………………………… 40
   2.6.1 Simulink 仿真工具箱简介 …… 40
   2.6.2 用 Simulink 建立系统模型及仿真 ………………………… 43
实训2.1 被控对象建模 ……………… 44
实训2.2 单容自衡水箱液位特性的测试 ……………………… 45

第3章 自动控制系统的基本分析方法 ………………………… 48
3.1 时域分析法 ………………………… 48
   3.1.1 典型输入信号 ………………… 48
   3.1.2 稳定性分析 …………………… 49
   3.1.3 动态性能分析 ………………… 52
   3.1.4 稳态误差分析 ………………… 55
3.2 频率特性法 ………………………… 58
   3.2.1 频率特性的基本概念 ………… 58
   3.2.2 频率特性的表示方式 ………… 59
   3.2.3 典型环节的对数频率特性 …… 60
   3.2.4 开环对数频率特性曲线的绘制 … 64
   3.2.5 控制系统性能的频域分析 …… 67
实训3.1 MATLAB 分析系统稳定性 … 69
实训3.2 二阶系统分析 ……………… 70
实训3.3 MATLAB 的频率特性分析 … 70

第4章 控制规律 ………………………… 73
4.1 控制系统的校正 …………………… 73
   4.1.1 校正的概念 …………………… 73
   4.1.2 校正的方式 …………………… 73
   4.1.3 常用校正装置 ………………… 74
   4.1.4 校正应用举例 ………………… 74
4.2 位式控制 …………………………… 77
4.3 比例控制 …………………………… 78
   4.3.1 比例控制规律及其特点 ……… 78
   4.3.2 比例度 ………………………… 79
   4.3.3 比例度对过渡过程的影响 …… 79
4.4 积分控制 …………………………… 80
   4.4.1 积分控制规律及其特点 ……… 80
   4.4.2 比例积分控制规律与积分时间 … 81

4.4.3　积分时间对系统过渡过程的影响 …………………………… 83
4.5　微分控制 ……………………………… 83
　4.5.1　微分控制规律及其特点 ……… 83
　4.5.2　比例微分控制规律及微分时间 … 84
　4.5.3　比例微分控制系统的过渡过程 … 85
4.6　比例积分微分控制 …………………… 85
4.7　控制系统 Simulink 辅助设计分析 …… 86
实训 4.1　Simulink 仿真实验 …………… 89

第5章　过程参数检测仪表与变送器 …… 91
5.1　过程参数检测仪表概述 ……………… 91
　5.1.1　传感器与变送器 ………………… 91
　5.1.2　检测仪表的信号制与传输方式 … 92
　5.1.3　误差的概念及表述 ……………… 94
　5.1.4　变送器的量程调整、零点调整和零点迁移 ………………………… 96
　5.1.5　检测仪表的分类 ………………… 97
5.2　温度检测仪表 ………………………… 98
　5.2.1　概述 ……………………………… 99
　5.2.2　热电偶 …………………………… 100
　5.2.3　热电阻 …………………………… 107
　5.2.4　温度变送器 ……………………… 109
　5.2.5　温度测量仪表的选择、安装与维护 ………………………………… 109
5.3　压力检测仪表 ………………………… 111
　5.3.1　概述 ……………………………… 112
　5.3.2　压力计 …………………………… 114
　5.3.3　压力传感器 ……………………… 115
　5.3.4　压力变送器 ……………………… 117
　5.3.5　压力计的选择、安装与维护 …… 119
5.4　流量检测仪表 ………………………… 121
　5.4.1　概述 ……………………………… 121
　5.4.2　差压式流量计 …………………… 123
　5.4.3　转子流量计 ……………………… 125
　5.4.4　其他流量计 ……………………… 126
　5.4.5　流量检测仪表的选择与维护 …… 129
5.5　物位检测仪表 ………………………… 130
　5.5.1　概述 ……………………………… 130
　5.5.2　差压式液位计 …………………… 131
　5.5.3　其他物位检测仪表 ……………… 133
　5.5.4　物位检测仪表的选用与维护 …… 135
实训 5.1　压力变送器的认识与调校 …… 136
实训 5.2　认识涡轮流量计 ……………… 137

第6章　过程控制装置 …………………… 139
6.1　调节器 ………………………………… 139
　6.1.1　基地式调节器及自力式调节器 … 139
　6.1.2　数字式调节器 …………………… 141
6.2　执行器 ………………………………… 154
　6.2.1　气动执行器 ……………………… 155
　6.2.2　电动执行器 ……………………… 162
6.3　其他辅助仪表 ………………………… 168
　6.3.1　电-气转换器 …………………… 169
　6.3.2　阀门定位器 ……………………… 169
　6.3.3　安全火花防爆系统及安全栅 …… 171
实训 6.1　AI 系列人工智能调节仪的认识及参数设置 ……………………… 176
实训 6.2　电动调节阀特性测试 ………… 179

第7章　过程控制系统 …………………… 181
7.1　过程控制系统工艺流程图的绘制 …… 181
　7.1.1　识图基础 ………………………… 182
　7.1.2　识图练习 ………………………… 186
7.2　简单控制系统 ………………………… 187
　7.2.1　简单控制系统的组成 …………… 187
　7.2.2　过程控制系统的设计概念 ……… 188
　7.2.3　简单控制系统控制方案的设计 … 189
　7.2.4　简单控制系统的投运和控制器参数的工程整定 ……………… 191
7.3　复杂控制系统 ………………………… 195
　7.3.1　串级控制系统 …………………… 196
　7.3.2　均匀控制系统 …………………… 200
　7.3.3　比值控制系统 …………………… 202
　7.3.4　前馈控制系统 …………………… 204
　7.3.5　其他控制系统 …………………… 206
7.4　典型单元控制方案的分析与设计 …… 209
　7.4.1　流体输送设备的控制方案 ……… 209
　7.4.2　传热设备的控制方案 …………… 212
　7.4.3　精馏塔的控制方案 ……………… 217
　7.4.4　化学反应器的控制方案 ………… 219
实训 7.1　单容水箱液位定值控制系统 … 220
实训 7.2　水箱液位串级控制系统 ……… 222
实训 7.3　串级控制系统仿真 …………… 225

第8章　过程计算机控制系统 …………… 229
8.1　计算机控制系统概述 ………………… 229
　8.1.1　计算机控制简述 ………………… 229
　8.1.2　计算机控制系统的分类 ………… 230
8.2　集散控制系统 ………………………… 232
　8.2.1　集散控制系统的基本概念 ……… 232
　8.2.2　集散控制系统的结构 …………… 234
　8.2.3　HOLLiAS-MACS-S 集散控制系统 …………………………… 236

8.2.4 浙大中控 Web Field JX-300XP
　　　集散控制系统……………………… 241
8.3　现场总线控制系统…………………… 245
　8.3.1　现场总线控制系统概述………… 245
　8.3.2　主要现场总线简介……………… 247
　8.3.3　现场总线系统…………………… 252
实训 8.1　单闭环流量定值 DCS 控制 …… 259

实训 8.2　水箱液位 PROFIBUS 开环
　　　　　控制 ………………………… 262
附录 ………………………………………… 264
　附录 A　S 型热电偶分度表 …………… 264
　附录 B　K 型热电偶分度表 …………… 264
参考文献 …………………………………… 266

第 1 章 绪 论

【主要知识点及学习要求】
1) 了解过程控制技术的开环、闭环概念。
2) 了解过程控制系统的组成、分类和品质指标。
3) 能简单使用 MATLAB 软件。
4) 了解本课程定位及学习方法。

1.1 引言

自动控制是社会生产力发展到一定阶段的产物,是人类社会进步的象征。所谓自动控制,是指在没有人直接参与的情况下,利用外加设备或控制装置使生产过程或被控对象中的某一物理量或多个物理量自动地按照期望的规律运行或变化。这种外加的设备或控制装置就称为自动控制装置。

自动控制技术不仅广泛应用于工业控制中,在军事、农业、航空、航海、核能利用等领域也发挥着重要作用。例如,在工业控制中,对压力、温度、流量、湿度、配料比等的控制,都广泛采用了自动控制技术。对于高温、高压、剧毒等对人体健康危害很大的场合,自动控制更是必不可少的。在军事和空间技术方面,如宇宙飞船准确地飞行和返回地面、人造卫星按预定轨道飞行、导弹准确击中目标等,自动控制更具有十分重要的意义。

过程控制是在自动控制理论的基础上发展起来的,内容涵盖了基本控制理论、工业过程对象特性及其建模、基本控制规律、过程参数检测与变送、过程控制仪表、过程控制系统分析与设计、计算机控制系统等方面,既包括过程控制理论,又包括工程实际应用。

所谓过程控制,是指根据工业生产过程的特点,采用测量仪表、执行机构和计算机等自动化工具,应用控制理论,设计工业生产过程控制系统,实现工业生产过程的自动化。

20 世纪早期的工业生产技术水平比较落后,生产过程很大程度上依赖于手动操作,生产效率低下。20 世纪 40 年代以来,自动化技术在工业生产过程中的应用发展很快,大致经历了以下几个阶段:

1) 20 世纪 50 年代,工业生产多为钢铁、纺织、化工、造纸等规模较小的生产过程,经典控制理论的成熟为过程控制技术的发展提供了有力支持。在此期间,过程控制系统的结构一般为单输入/单输出的单回路定值控制系统,多采用基地式仪表、气动组合仪表和气动仪表控制器来完成简单控制。

2) 20 世纪 60 年代,工业生产规模不断扩大,工业生产过程的复杂性使各个单元之间的耦合程度更加紧密,在控制理论上体现为对象的非线性、时变和多输入/多输出。传统的经典控制理论已经不能满足控制系统设计的需求。

现代控制理论在航空航天领域的成功应用以及计算机技术的发展，使得过程控制技术的各种复杂控制系统方案的实现成为可能。电动仪表开始使用，并逐步取代气动仪表、单元组合式仪表和组装式仪表，在过程控制中应用得越来越广泛。同时，计算机开始应用于自动控制，过程控制系统中出现了集中控制及直接数字控制。

3) 20 世纪 70 年代，现代企业的生产过程一般是大型的分散系统，先进控制技术、数字化仪表、计算机，特别是网络通信技术的进一步发展，使基于"分散控制，集中管理"理念设计的集散控制系统（DCS）成功应用于大型生产过程中。过程控制系统的可靠性、安全性都达到了新的水平，为企业带来了巨大的经济效益。可以说，集散控制系统（DCS）是现代过程控制的主流，现今已经广泛应用于发电、化工、炼油等生产过程。

近年来，过程控制技术得到了迅速发展，计算机控制技术、各种集散控制系统（DCS）和现场总线控制系统（FCS）不断涌现，人工智能技术（如专家系统、人工神经网络、模糊控制、遗传算法等）也有了长足进步，在许多科学与工程领域得到了广泛应用。先进过程控制技术的广泛应用和良好的发展前景，正在成为企业取得更好经济效益的关键手段。

【扩展阅读】 我国古代的自动控制装置

中国古代能工巧匠发明了许多原始自动装置，以满足生产、生活和作战的需要。指南车、铜壶滴漏、浮子式阀门、记里鼓车、漏水转浑天仪、候风地动仪、水运仪象台等就是其中比较著名的几种。

1. 指南车

指南车是中国古代用来指示方向的一种机械装置。关于指南车的发明有许多传说和记载：据《宋史·舆服志》记载，公元前 26 世纪中国黄帝时代就发明了指南车。公元前 11 世纪周成王时已应用指南车。公元前 3 世纪西汉时代对指南车做了改进。东汉的张衡（78—139）、三国时代魏国的马钧、南齐的祖冲之都曾制造过指南车。据王振铎考证，指南车是三国时期魏明帝青龙三年（235）由马钧创造的。指南车是一种马拉的双轮独辕车，车箱上立一伸臂的木人。车箱内装有能自动离合的齿轮系。当车子转弯偏离正南方向时，车辕前端就顺此方向移动，而后端则向相反方向移动，并将传动齿轮放落，使车轮的转动带动木人下的大齿轮向相反方向转动，恰好抵消车子转弯产生的影响。车向正南方向行驶时，车轮和木人下的大齿轮是分离的，木人指向不变。因此，无论车转向何方，都能使木人的手臂始终指向南方。指南车的齿轮系虽然非常简单，但它能够自动离合，在技巧上优于记里鼓车的齿轮系。从自动控制原理来看，指南车是利用扰动补偿原理的开环定向自动调节系统。被控制量是木人的指向。车子转弯时，车轮带动齿轮系使木人沿着与车子转动方向相反的方向转动，恰好补偿了车子的转角。它应用了绝对不变性原理和双通道结构。图 1-1 为中国历史博物馆复原的指南车模型，图 1-2 为指南车的方向调节系统框图。

2. 铜壶滴漏

铜壶滴漏是中国古代的自动计时装置，又称刻漏或漏刻。漏壶的最早记载见于《周礼》。这种计时装置最初只有两个壶，由上壶滴水到下面的受水壶，液面使浮箭升起以示刻度（即时间）。这里浮箭可看作是一种自动检测装置。为了保持出水速度恒定，必须保持上壶的水位恒定，这个问题后来是用互相衔接的多级（3～5 级）水壶来解决的。宋代沈括在多级漏壶的基础上发明了浮漏，每昼夜误差小于 20s，如图 1-3 所示。宋代燕肃制作的莲花漏改进了刻箭的刻度方法，使精度提高到14.4s。如图1-4所示，莲花漏由4个壶组成。平水壶向平水小壶供水，平水小壶上有溢水口，可使多余的水泄入减水壶以保持水面恒定。计时精度比传说中的阿拉伯人用浮子式阀门调节水位的系统更高。这种计时装置是一种开环自动调节系统，其原理相当于有非线性限制器的多级阻容滤波装置。

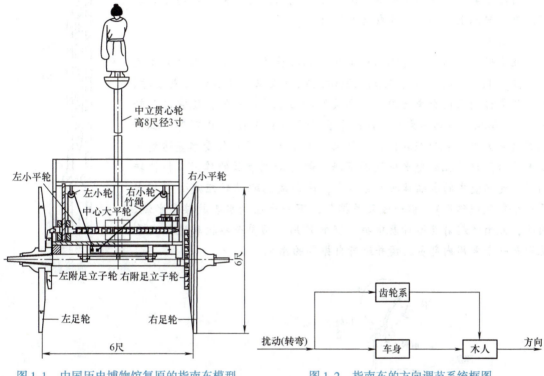

图 1-1 中国历史博物馆复原的指南车模型　　　　图 1-2 指南车的方向调节系统框图

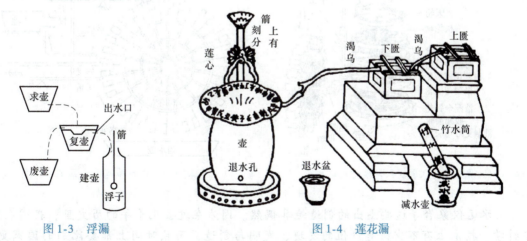

图 1-3 浮漏　　　　　　　　　　　　　图 1-4 莲花漏

3. 浮子式阀门

在莲花漏中还采用一个浮子式阀门作为自动切断阀。当受水壶的水位升至满刻度时，浮子式阀门就会自动阻塞上级平水小壶的出水小孔，切断水滴。这种系统属于闭环自动调节系统。浮子式阀门也用于其他场合。宋朝仇士良著的《岭外代答》(1178) 曾记载中国南方和西南方部落民族村民一种习俗，就是常用长 0.6m 以上的饮酒管饮酒。在这种竹制饮酒管中装有一条银制小鱼，作为可动的"关捩"（即阀门）。饮酒时吸得太快或太慢，小孔就会被小鱼自动堵塞，如图 1-5 所示。这种浮子式阀门可用来保持均匀的饮酒速度，实际上是一个流量自动调节器。

4. 水运仪象台

北宋哲宗元祐三年（1088）苏颂、韩公廉等人制成的水力天文装置，高约 12m，宽约 7m。它既能演示或观测天象，又能计时或报时。水运仪象台利用铜壶滴漏的恒定水流做动力来推动枢轮，使它每天转 400 周。枢轮又带动浑象和浑仪两个齿轮系（图 1-6）。由顶部的杠杆装置（即天衡）控制枢轮做恒速转动（图 1-7）。天衡使受水壶达到恒定水位后便自动脱离受水位置而下降，起自动调节器的作用。枢轮转动时，受水壶中的水陆续泄入退水壶，使合成的驱动转矩减小（相当于一个负反馈作用），枢轮被天关挡住，下一个空受水壶就接受水流。因此，天衡还起着类似钟表中擒纵器的作用。而整个枢轮转速恒定系统则是一个采用内部负反馈并进行自振荡的系统。

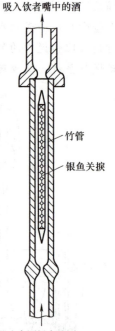

图 1-5　流量自动调节器

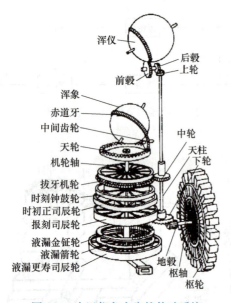

图 1-6　水运仪象台齿轮传动系统

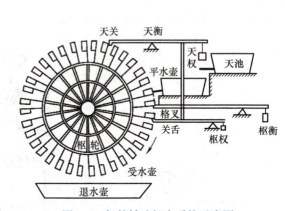

图 1-7　枢轮转速恒定系统示意图

水运仪象台等这些杰出的创造绝非偶然。因为在过去几千年的历史里，我国人民在科学、技术上有不少极有价值的发现、发明与创造，而且时间上都要比别的国家更早。英国学者 Joseph Needham 博士在其巨著《中国的科学与文明》（Science and Civilization in China）中公正而充分地揭示了这一事实。自动调整、自动控制等方面的课题，是人类的生产及与其相联系的科学技术进步到一定阶段时必然会遇到的问题。由于我国古代在天文、数学、水利、机械等科学技术方面都有突出的成就,发明和使用自动调整系统,就很自然了。

回首古人,数不清的科技发明为日常生活带来了便利。当今科学技术的发展日新月异,技术的垄断现象也频频出现。我们应该从古人往日的辉煌中获取灵感,不断地实现科学技术的突破,实现社会生产力的新发展。

1.2 开环与闭环的概念

开环控制和闭环控制是控制系统的两种最基本的形式,如图 1-8 所示。**不设反馈环节的,称为开环控制系统;设有反馈环节的,则称为闭环控制系统。**

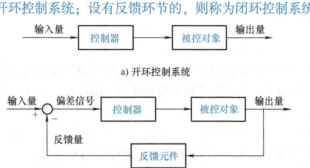

图 1-8 开环控制系统与闭环控制系统

1.2.1 开环控制系统

开环控制是最简单的一种控制方式。它的特点是,仅有从输入端到输出端的前向通路,而没有从输出端到输入端的反馈通路。也就是说,输出量不能对系统的控制部分产生影响。由于开环控制系统结构简单、维护容易、成本低、不存在稳定性问题,因此广泛应用于各种控制设备中。

开环控制系统的缺点是:控制精度取决于组成系统的元器件的精度,因此对元器件的要求比较高。由于输出量不能反馈回来影响控制部分,所以输出量受扰动信号的影响比较大,系统抗干扰能力差。根据上述特点,开环控制方式仅适用于输入量已知、控制精度要求不高、扰动作用不大的情况。

开环控制系统一般是根据经验来设计的。如普通的洗衣机,对输出信号(如衣服的洁净度)不做监测;普通的电烤箱,不考虑开门时的扰动对于烤箱温度的影响等,所以系统只有一条从输入到输出的前向通路。

图 1-9 是直流电动机转速开环控制示意图。图中,电动机带动负载以一定的转速转动。当调节电位器的滑臂位置时,可以改变功率放大器的输入电压,从而改变电动机的电枢电压,最终改变电动机的转速。

在这个系统中,电位器滑臂的分压值是系统的输入量,功率放大器作为控制器,电动机是被控对象,电动机的转速是系统的输出量。当调节电位器位置不动时,即输入量不变时,电动机的转速不变,即输出量不变;但是当外界有扰动时,即使输入量没有变化,输出量也

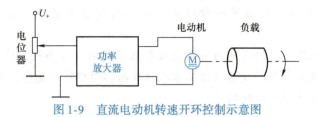

图 1-9 直流电动机转速开环控制示意图

会改变。这种开环控制系统的输出量在负载扰动影响下不可能稳定在希望的数值上，所以开环控制系统不能做到自动调节，控制的精度比较低。为了实现系统的自动控制，提高控制精度，可以改变控制方法，增加反馈回路来构成闭环控制系统。

1.2.2 闭环控制系统

闭环控制系统不仅有一条从输入端到输出端的前向通路，还有一条从输出端到输入端的反馈通路。输出量通过反馈元件反馈到输入端，与输入量比较后得到偏差信号来作为控制器的输入，反馈的作用是减小偏差，以达到满意的控制效果。闭环控制又称为反馈控制。

上述系统的输出量通过反馈元件返回到系统的输入端，并和系统的输入量比较的过程就称为反馈。如果输入量和反馈量相减则称为负反馈；反之，若二者相加，则称为正反馈。控制系统一般采用负反馈方式。输入量与反馈量之差称为偏差信号。

闭环控制系统在控制上具有以下特点：由于输出信号的反馈量与输入量比较产生偏差信号，利用偏差信号实现对输出量的控制或者调节，所以系统的输出量能够自动地跟踪输入量，减小跟踪误差，提高控制精度，抑制扰动信号的影响。除此之外，负反馈构成的闭环控制系统还有其他的优点：引入反馈通路后，使得系统对前向通路中元器件参数的变化不灵敏，从而使系统对前向通路中元器件的精度要求不高；反馈作用还可以使整个系统对于某些非线性影响不灵敏。

图 1-10 是在原来开环控制（见图 1-9）的基础上，增加了一个由测速发电机构成的反馈回路，该回路检测输出转速的变化并进行反馈。由于测速发电机的反馈电压大小与发电机的转速成正比，反馈电压与输入量（电位器滑臂的分压值）进行差值运算后，再经过控制器（功率放大器）来控制电动机的转速，从而实现电动机转速的自动调节。系统自动调节电动机转速的过程如下：

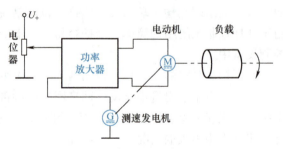

图 1-10 直流电动机转速闭环控制示意图

当系统受到负载扰动作用时，如果负载增大，则电动机的转速降低，测速发电机的端电压减小，功率放大器的输入电压增加，电动机的电枢电压上升，使得电动机的转速增加；反之，如果负载减小，则电动机转速调节的过程与上述过程相反。这样就消除或者抑制了负载扰动对于电动机转速的影响，提高了系统的控制精度。

闭环控制系统的自动控制或者自动调节作用是基于输出信号的负反馈作用而产生的，所以经典控制理论的主要研究对象是负反馈的闭环控制系统，研究目的是得到它的一般规律，从而可以设计出符合设计要求的、满足实际需要的、性能指标优良的控制系统。

1.3 过程控制系统的组成

首先来看一个贮槽液位控制的实例。

在生产中，液体贮槽常用作进料罐、成品罐或中间缓冲容器。从上一道工序来的物料连续不断地流入槽中，而槽中的液体又被连续不断地送至下一道工序进行处理。为了保证生产过程的物料平衡，工艺上要求将贮槽内的液位控制在一个合理的范围内。由于液体的流出量受到负载大小制约，是不可控的，因此，流出量的变化是影响贮槽内液位波动的主要因素，严重时会使贮槽内液体溢出或抽空。解决这一问题的最简单方法，就是根据贮槽内液位的变化，相应地改变液体的流入量，保持贮槽内的液位基本不变。

图 1-11a 为液位人工控制示意图，为了使贮槽里的液位保持在设定的高度或在一定的范围内变化，在贮槽旁设置一个玻璃管液位计，操作人员可根据玻璃管液位计中液位的指示，不断地改变阀门的开度，控制流入量 q_i，从而使贮槽内的液位维持在某个要求的范围内。例如，当操作人员从玻璃管液位计上观察到液位低于设定值时，则增大阀门，增加液体流入量，使贮槽内液位上升到设定的数值；当发现液位高于设定值时，则减小阀门，使液位下降到设定数值。归纳起来，操作人员所进行的工作如下：

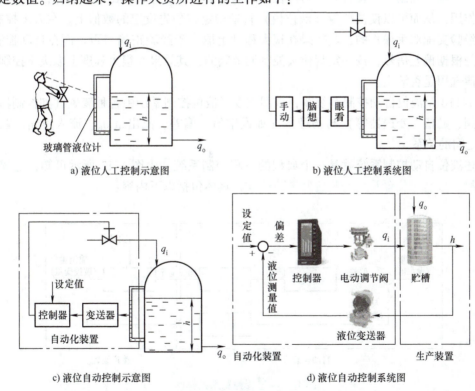

图 1-11 液位控制系统

1) 眼看：观察玻璃管液位计中液位指示值。
2) 脑想：将液位指示值与液位设定值加以比较，算出两者的差值，将设定值减去指示值得到的差值称为偏差。

3) **手动**：当偏差为正时，用手开大阀门，使偏差减小；当偏差为负时，则关小阀门，使偏差减小。阀门开大、关小的程度与偏差大小有关。

将上述三步工作不断重复下去，直至液位计指示值回到设定的数值上。这种由人工来直接进行的控制称为人工控制，如图 1-11b 所示。

由以上分析可知，要进行人工控制，必须有测量仪表和一个由人工操作的器件（如阀门），由人来判断偏差的大小与方向，然后根据这个偏差进行控制，使偏差得以纠正。人在控制过程中起到了观测、比较、判断和控制的作用，而这个调整过程就是"检测偏差、纠正偏差"的过程。

众所周知，人工控制往往是比较紧张和繁琐的工作，而且容易出现差错；另外，由于人眼的观察和手的操作动作，受到人的生理机能限制，所以无法达到高精度和节能控制的要求。如果能由一些自动控制装置来完成上述人工操作，就可以实现液位的自动控制。

图 1-11c 所示为液位自动控制示意图。控制器将变送器反映的液位测量值与设定值进行比较运算，用以控制调节阀，使贮槽的流入量 q_i 与流出量 q_o 相平衡，以实现液位 h 的自动控制。

从上述人工控制与自动控制过程分析来看，相当于用液位变送器代替人工控制的玻璃管液位计和人眼；控制器代替人脑，对液位实际测量值与设定值进行比较和运算；调节阀代替人手的作用，从而可以使被控量（液位值）自动稳定在预先设定的数值上。在人工控制中，人是凭经验支配双手操作的，其效果在很大程度上取决于经验正确与否。而在自动控制中，控制器是根据偏差信号，按一定规律去控制调节阀的，其效果在很大程度上取决于控制器的控制规律选用是否恰当。

图 1-11d 是液位自动控制系统图，该图表现了液位控制系统中各种装置（如控制器、电动调节阀、贮槽、变送器等）与物理量（如设定值、偏差、流出量 q_o、流入量 q_i、贮槽液位 h）之间的关系。

上述液位自动控制系统就是一个典型的过程控制系统。由图 1-12 所示可知，过程控制系统一般由自动化装置及生产装置两部分组成，具体包括以下内容：

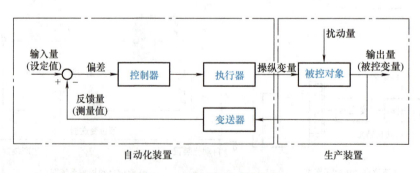

图 1-12　过程控制系统框图

1）**被控对象**：又称为被控过程。它是控制系统的主体，在过程控制系统中，是指需要控制其工艺变量的生产设备或机器，如液位控制系统中的贮槽。

2）**变送器**：其作用是将被控制的物理量检测出来并转换成工业仪表间的标准统一信号，如液位控制系统中的液位变送器，其作用是将液位信号转换成电信号。

3）控制器：又称为调节器。其作用是根据反馈量与输入量比较得出的偏差，按一定的规律运算后对执行器发出相应的控制信号或指令。

4）执行器：其作用是依据控制器发出的控制信号或指令，改变操纵变量，从而对被控对象产生直接的控制作用，如液位控制系统中的调节阀。

由图1-12可见，系统的各种作用量有以下几个：

1）被控变量：是表征生产设备或过程运行状况，需要加以控制的变量，也是过程控制系统的输出量，如液位控制系统中的液位高度 h 就是被控变量。在过程控制系统中被控变量通常有温度、压力、液位、流量及成分等。

2）设定值：又称给定值，是工艺要求被控变量需要达到的目标值，也是过程控制系统的输入量。如液位控制系统要求液位保持在50%，其所对应的标准信号值就是设定值。

3）测量值：是检测元件与变送器的输出信号值，也称反馈量，如液位控制系统的变送器的输出信号值就是测量值。

4）操纵变量：是受执行器操纵，具体实现控制作用的变量。如液位控制系统中流入到贮槽的流量 q_i 的变化就是操纵变量。

5）扰动量：又称干扰或"噪声"，通常是指引起被控变量发生变化的各种因素。如液位控制系统流出贮槽的流量 q_o 就是扰动量。

6）偏差：通常把设定值与测量值之差称为偏差。

图1-12所示的控制系统框图清楚地表明了各环节之间的关系和信号的传递方向。由输入端到输出端（从左向右）的信号传递通道称为前向通道；由输出端到输入端（从右向左）的信号传递通道称为反馈通道。闭环控制系统就是由前向通道和反馈通道组成的。

1.4 过程控制系统的分类和品质指标

1.4.1 过程控制系统的分类

过程控制系统有多种分类方法，可以按被控变量分类，如温度、压力、流量、液位及成分等控制系统；也可以按控制器具有的控制规律分类，如比例、比例积分、比例微分及比例积分微分控制系统。在分析过程控制系统时，按照设定值是否变化和如何变化来分类，可以将过程控制系统分为三类：定值控制系统、随动控制系统和程序控制系统。

1. 定值控制系统

在生产过程中，如果要求控制系统使被控变量保持在一个生产指标上不变，或者说要求工艺参数的设定值不变，则将这类控制系统称为定值控制系统。图1-11所示的贮槽液位控制系统就是定值控制系统。这个控制系统的目的是使贮槽液位保持在设定值不变。在过程控制生产中，绝大部分是定值控制系统，因此，后面讨论的过程控制系统，如果没有特殊说明，都是定值控制系统。

2. 随动控制系统

设定值是一个未知变化量的控制系统称为随动控制系统。随动控制系统的目的是使被控变量准确快速地跟随着设定值的变化而变化。这类控制系统又称为自动跟踪系统，在化工生产中，有些比值控制系统就属于此类控制系统。

3. 程序控制系统

也称顺序控制系统。这类控制系统的设定值也是变化的，但它是时间的已知函数，即设定值按一定的时间顺序变化，如间歇反应器的升温控制系统就是程序控制系统。

1.4.2 过程控制系统的过渡过程

过程控制系统在运行中一般可以概括为两种状态：一种是在生产过程中，各个信号保持不变，被控变量不随时间变化而变化的平衡状态，称为系统的稳态；另一种是生产过程受到扰动时，被控变量随时间变化而变化的不平衡状态，称为系统的动态。

在设定值发生变化或系统受到干扰作用后，系统将从原来的平衡状态经历一个过程进入一个新的平衡状态。过程控制系统从一个平衡状态过渡到另一个平衡状态的过程称为过程控制系统的过渡过程。

系统在过渡过程中，被控变量是随时间变化的。被控变量随时间的变化规律首先取决于作用于系统的干扰形式。在生产中，出现的干扰是没有固定形式的，且多半属于随机性质。在分析和设计控制系统时，为了安全和方便，常选择一些定型的干扰形式，其中常用的是阶跃干扰。这种形式的干扰比较突然、危险，对被控变量的影响也较大。如果一个控制系统能够有效地克服这种类型的干扰，那么一定能很好地克服比较缓和的干扰。另外，阶跃干扰的形式简单，容易实现，因而便于分析、实验和计算。

在阶跃干扰作用下，控制系统过渡过程的几种基本形式如图 1-13 所示。图 1-13a 是发散振荡，此时被控变量一直处于振荡状态，且振幅逐渐增加；图 1-13b 是单调发散，此时被控变量虽不振荡，但偏离原来的静态点越来越远。这两种形式都属于不稳定状态，而系统稳定是正常工作的前提，因此应避免系统处于这两种状态中。图 1-13c 是等幅振荡，亦称中性，处于稳定与不稳定的边界状态，这种系统在一般情况下不采用。图 1-13d 是衰减振荡，图 1-13e 是单调衰减，这两种形式都是稳定的，即受到干扰作用后，经过一段时间，最终能趋于一个新的平衡状态，故这两种形式是可以采用的。

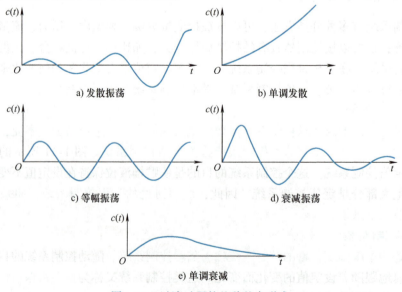

图 1-13 过渡过程的几种基本形式

1.4.3 过程控制系统的品质指标

过程控制系统的品质指标

过程控制系统性能好坏的评价指标可概括为"稳""准""快"。

1)"稳":即系统必须是稳定的,这也是最重要、最基本的要求。一个系统要能正常工作,首先必须是稳定的,从阶跃响应上来看,响应曲线应该是收敛的。

2)"准":是指控制系统的准确性、控制的精确程度,通常用稳态误差来描述,它表示系统输出稳态值与期望值之差。系统应提供尽可能优良的稳态调节性能,这一指标属于系统的静态指标。

3)"快":指控制系统响应的快速性,通常用调整时间 t_s 来定量描述。系统应提供尽可能优良的过渡过程,这一指标属于系统的动态指标。

评价过程控制系统的品质指标通常用系统阶跃响应的几个特征参数来反映。阶跃响应性能指标清晰明了,便于工程整定和分析,在工程中使用广泛。

控制系统最理想的过渡过程应具有什么形状,没有绝对的标准,主要依据工艺要求而定,除少数情况不希望过渡过程有振荡外,大多数情况希望过渡过程是略带振荡的衰减过程,它容易看出被控变量的变化趋势,便于及时操作调整。图 1-14 所示是系统在阶跃信号作用下的典型过渡过程曲线,常用下面几个特征参数作为品质指标。

(1) 余差 C 余差是指控制系统过渡过程终了时,被控变量的稳态值与设定值之差。或者说余差就是过渡过程终了时存在的残余偏差。一般用 C 表示,有

$$C = c(\infty) - r$$

余差是衡量控制系统准确性的一个质量指标,余差越小越好。但在实际生产中,也并非要求任何系统的余差都要很小。例如,贮槽的液位控制,一般要求不高,这种系统往往允许液位在一定范围内波动,余差就可以大一些。又如,精馏塔的温度控制,一般要求比较高,应当尽量消除余差。因此,对余差大小的要求,必须结合具体系统做具体分析,不能一概而论。

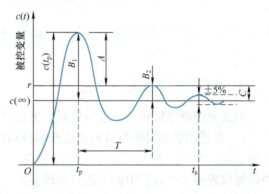

图 1-14 阶跃信号作用下的过渡过程曲线
r—设定值 C—余差 $c(\infty)$—稳态值 $c(t_p)$—第一个波峰值 T—振荡周期 A—最大偏差 B_1—第一个波峰与稳态值的差 B_2—第二个波峰与稳态值的差 t_s—调整时间 t_p—峰值时间

(2) 衰减比 n 衰减比是衡量系统过渡过程稳定性的一个动态指标,通常定义为图 1-14 曲线上第一个波峰与稳态值的差 B_1 和同方向第二个波峰与稳态值的差 B_2 之比,即

$$n = \frac{B_1}{B_2}$$

若衰减比 $n<1$,过渡过程是发散振荡,n 越小发散越快;$n=1$,过渡过程为等幅振荡;$n>1$,过渡过程是衰减振荡,n 越大,衰减越快,系统越稳定;当 $n \to \infty$ 时,系统过渡过程为非周期衰减过程。

根据实际经验,为保持系统具有足够的稳定裕度,一般取衰减比 n 在 4∶1~10∶1 范围

内。其中 4∶1 的衰减比通常作为评价过渡过程动态性能的一个理想指标。

(3) 最大偏差 A 或超调量 σ　最大偏差表示被控变量偏离设定值的最大程度。对于一个衰减的过渡过程，最大偏差就是第一个波峰的峰值与设定值的差，即图 1-14 中的 A 值。

被控变量偏离设定值的程度有时也可用超调量 σ 来表示。超调量 σ 是指过渡过程曲线超出新稳态值的最大值，反映了系统过调程度，也是衡量控制系统稳定性的一个指标。如图 1-14 所示，超调量 σ 定义为被控变量第一个波峰值 $c(t_p)$ 与稳态值 $c(\infty)$ 的差与稳态值之比，即

$$\sigma = \frac{c(t_p) - c(\infty)}{c(\infty)} \times 100\% = \frac{B_1}{c(\infty)} \times 100\%$$

(4) 过渡过程时间（调整时间）t_s　如图 1-14 所示，过渡过程时间 t_s 是指系统从受扰动作用时起，直到被控变量进入新稳态值的 ±5% 或 ±2% 范围内所经历的最短时间。过渡过程时间是反映系统快速性的一个指标，通常过渡过程时间 t_s 越小越好。

(5) 峰值时间 t_p　峰值时间是指过渡过程曲线达到第一个峰值所需要的时间，常用 t_p 表示。t_p 越小，表明控制系统反应越灵敏。峰值时间也是反映系统快速性的一个指标。

(6) 振荡周期 T　过渡过程同向相邻两个波峰（或波谷）之间的间隔时间称为振荡周期或工作周期，在图 1-14 中用 T 表示。其倒数称为振荡频率，一般用 f 表示。它们也是衡量系统快速性的质量指标。在衰减比相同的情况下，振荡周期与过渡时间成正比，因此振荡周期短一些为好。

1.5　过程控制系统的特点与要求

1.5.1　过程控制系统的特点

与其他控制系统相比，过程控制系统有以下特点。

1) 系统由被控对象与系列化生产的自动化仪表组成。过程控制的任务和要求由过程控制系统加以实现，而自动化仪表则是过程控制系统的重要组成部分。在过程控制系统中，先由检测仪表将生产过程中的工艺参数转换为电信号或气压信号，并由显示仪表显示或记录，以便反映生产过程的状况。与此同时，还将检测的信号通过某种变换或运算传送给控制仪表，以便实现对生产过程的自动控制，使工艺参数符合预期要求。

随着生产过程自动化要求的不断提高、过程控制规模的不断扩大和复杂程度的不断增加，自动化仪表的品种与规格、功能与质量也在不断完善。但不管自动化仪表及其技术如何发展，其共同特点是：为实现过程控制系统的不同构成和相应的功能，它们都是工业上生产的系列化仪表。

2) 被控对象复杂多样，通用控制系统难以设计。被控对象通常是指通过一定物质流或能量流的工艺设备。在工业生产中，由于生产规模、工艺要求和产品种类各不相同，因而导致被控对象的结构形式、动态特性也复杂多样。当生产过程在较大工艺设备中进行时，它们的动态特性通常具有惯性大、时延长、变量多等特点，还常常伴有非线性与时变特性。例如，热力传递过程中的锅炉、热交换器、核反应堆，金属冶炼过程中的电弧炉，机械加工过程中的热处理炉，石油化工过程中的精馏塔、化学反应器以及流体输送设备等，它们的内部结构与工作机理都比较复杂，其动态特性也各不

相同，有时很难用机理解析的方法求得其精确的数学模型，所以要想设计出能适应各种过程的通用控制系统是比较困难的。

3) 控制方案多，控制要求高。由于被控对象复杂多样，控制方案越来越丰富多彩，对控制功能的要求也越来越高。在控制方案上，既有常规的 PID 控制，也有先进的过程控制（APC），如自适应控制、预测控制、推理控制、补偿控制、非线性控制、智能控制及分布参数控制等。

4) 控制过程大多属于慢变过程与参量控制。由于被控对象大多具有大惯性、大时延（滞后）等特点，因此控制过程是一个慢变过程。此外，在诸如石油、化工、冶金、电力、轻工、建材及制药等生产过程中，常常用一些物理量（如温度、压力、流量、物位及成分等）来表征生产过程是否正常、产品质量是否合格，对它们的控制多半属于参量控制。

5) 定值控制系统是过程控制系统的主要形式。在目前大多数过程控制中，其设定值恒定不变或在很小范围内变化，控制的主要目的是尽可能减小或消除外界干扰对被控变量的影响，使生产过程稳定，以确保产品的产量和质量。因此，定值控制系统是过程控制系统的主要形式。

1.5.2 过程控制系统的要求

生产过程是与化学反应、生化反应、物理反应、相变过程、能量的转换过程及传热传质过程等复杂的反应或过程相伴随的。这些过程或反应的进行，必须满足一定的内部和外部条件。满足这些条件，并且使这些条件保持稳定，生产过程就能正常、稳定地进行，产品的产量和质量就能得到保证。所以，过程控制系统主要是对决定生产过程是否正常的条件进行控制，以保证整个生产过程的正常进行。工业生产对过程控制的要求是多方面的，如生产过程中原料和能源消耗最小，即成本低而效率高，以及工业生产过程中的某一量以最短时间到达设定值等。总体来说，可从以下三个方面对过程控制系统提出要求：

1) 安全性：整个生产过程中，人身安全和设备安全是控制系统中最重要和最基本的要求。在整个生产过程中，通常采用越限报警、事故报警和联锁保护等措施来保证系统的安全性。随着工业生产过程的高度集成化和大型化，目前将在线故障预测与诊断、容错控制等应用于过程控制中，进一步提高了系统运行的安全性。

2) 稳定性：工业生产环境中存在各种各样的干扰以及生产原料的变化和波动，如何有效地抑制或减小系统外部干扰，保持生产过程长期稳定运行，是设计过程控制系统的又一要求。

3) 经济性：随着市场竞争加剧、世界能源及原材料日益匮乏，在满足安全性和稳定性的前提下，要求控制系统低成本、高效益。

过程控制的任务就是在了解、掌握生产工艺和系统综合指标要求的基础上，根据安全性、稳定性、经济性的要求，应用控制理论、最优控制、系统论等理论知识，对系统进行分析和设计，提出合理的控制方案，设计报警和联锁保护系统，选择最优的控制器参数及生产过程现场调试方案等。

1.6 MATLAB 软件

自动控制系统的分析和设计由于其复杂及繁琐的计算使其学习难度较高，MATLAB 软件是一种方便有效的辅助学习工具软件，它的出现使自动控制理论的学习容易了许多。MATLAB 是 Matrix Laboratory（矩阵实验室）的英文缩写。它是由美国 Math Works 公司于 1982 年推出的一个软件包。它从数值与矩阵运算开始，经过不断更新与扩充，已成为一个功能强、效率高、有着完善的数值分析、强大的矩阵运算、复杂的信息处理和完美的图形显示等多种功能的软件包；其用户环境方便实用、界面友好、开放，可以很方便地进行科学分析和工程计算；特别是多年来，开发了许多具有专门用途的"工具箱"软件（专用的应用程序集），如控制系统工具箱、信号处理工具箱、系统识别工具箱、多变量系统分析与综合工具箱等，它们进一步扩展了 MATLAB 的应用领域，使 MATLAB 软件在自动控制系统的分析和设计方面获得广泛的应用。

1.6.1 MATLAB 界面简介

将 MATLAB 安装光盘插入光驱后，会自动启动"安装向导"。按照向导提示操作，依次输入用户名、单位名、口令等，即可完成软件安装。在安装完毕后，会在计算机的桌面上出现图标 ，单击该图标，即可进入 MATLAB 运行环境，起始界面如图 1-15 所示。

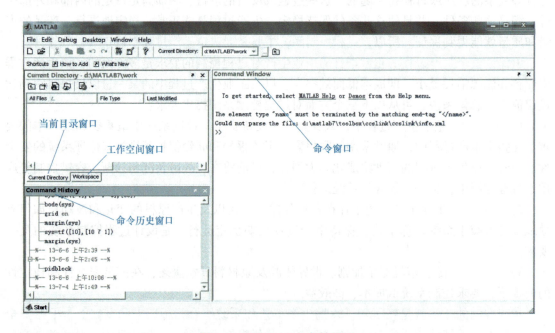

图 1-15　MATLAB 的起始界面

1. 命令窗口

MATLAB 起始界面右侧即为命令窗口（Command Window），在该窗口可以输入命令，实现计算或绘图功能。命令窗口常用控制命令见表 1-1。

表 1-1 命令窗口常用控制命令

命令	含义	命令	含义
cd	设置当前工作目录	edit	打开 M 文件编辑器
clf	清除图形窗	exit	关闭/退出 MATLAB
clc	清除命令窗口的显示内容	mkdir	创建目录
clear	清除 MATLAB 工作空间保存的变量	quit	关闭/退出 MATLAB
dir	列出指定目录下的文件和子目录清单	type	显示指定 M 文件的内容

2. 工作空间窗口

工作空间窗口（Workspace）用于列出数据的变量信息，包括变量名、变量字节大小、变量数组大小、变量类型等内容。在 MATLAB 起始界面的左上方，切换至"Workspace"选项后，即可观察工作空间窗口中数据的变量信息，如图 1-16 所示。选择其中任一变量时，MATLAB 的主菜单都会自动增加"View"菜单，用以设置变量的显示方式及排序方式。

3. 当前目录窗口

在 MATLAB 起始界面的左上方，切换至"Current Directory"，即可转换到当前目录窗口。当前目录窗口用于显示当前用户工作所在的路径。

4. 命令历史窗口

命令历史窗口（Command History）位于 MATLAB 起始界面的左下方。命令历史窗口显示所有执行过的命令，利用该窗口，可以查看

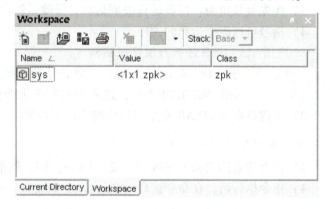

图 1-16 MATLAB 工作空间窗口

曾经执行的命令，也可以重复利用这些命令。可以从命令历史窗口中双击某个命令行来重新执行该命令，也可以通过拖曳或复制的方法将命令行复制到命令窗口再执行该命令。

1.6.2 MATLAB 软件的基本概念及操作

1. 数值的表示

MATLAB 的数值采用十进制，可以带小数点或负号。以下表示都是合法的：

0 −100 0.008 12.752 1.8e−6 8.2e52

2. 变量命名规定

1) 变量名、函数名：字母大小写表示不同的变量名。如"A"和"a"表示不同的变量名；"sin"是 MATLAB 定义的正弦函数，而"Sin""SIN"等都不是。

2) 变量名的第一个字母必须是英文字母，最多可包含 31 个字符（英文、数字和下连字符）。如"A21"是合法的变量名，而"3A21"是不合法的变量名。

3) 变量名不得包含空格、标点，但可以有下连字符。如变量名"A_b21"是合法变量名，而"A,21"是不合法的。

3. 基本运算符

MATLAB 表达式的基本运算符见表 1-2。

表 1-2　MATLAB 表达式的基本运算符

基本运算	数学表达式	MATLAB 运算符	MATLAB 表达式
加	a + b	+	a + b
减	a − b	−	a − b
乘	a × b	*	a * b
除	a ÷ b	/ 或 \	a/b 或 a \ b
幂	a^b	^	a^b

4. 表达式

MATLAB 书写表达式的规则与"手写算式"几乎完全相同。

1）表达式由变量名、运算符和函数名组成。
2）优先级相同时，表达式将从左向右执行运算。
3）优先级规定为：指数运算级别最高，乘除运算次之，加减运算级别最低。
4）括号可以改变运算的次序。

5. 应用 MATLAB 进行数值运算实例

【例 1-1】　求 $[18 + 4 \times (7 - 3)] \div 5^2$ 的运算结果。

【解】　1）双击 MATLAB 图标，进入 MATLAB 命令窗口（Command Window）。

2）用键盘在 MATLAB 命令窗口中输入以下内容：

```
>> [18 +4* (7-3)]/5^2
```

3）在上述表达式输入完成后，按 [Enter] 键，该指令就被执行。

4）指令执行后，在命令窗口（Command Window）中显示如下结果：

```
ans =
    1.3600
```

其中"ans"是"answer"的缩写。

6. 应用 MATLAB 绘制二维图形

1）在二维图形绘制中，最基本的指令是 plot（）函数。如果用户将 x 轴和 y 轴的两组数据分别在向量 x 和 y 中存储，且它们的长度相同，则调用该函数的格式为

```
plot(x,y)
```

这时，将在一个图形窗口上绘出所需要的二维图形。

【例 1-2】　绘制两个周期内的正弦曲线。

【解】　以 t 为 x 轴，sin(t) 为 y 轴，取样间隔为 0.1，取样长度为 4π（4 * pi），可在 MATLAB 的命令窗口输入：

```
>> t =0:0.1:4* pi;y =sin(t);plot(t,y)
```

命令输入完成后，按 [Enter] 键执行，

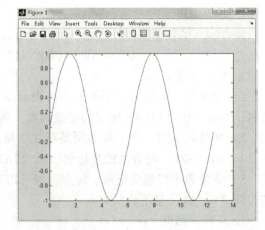

图 1-17　plot（）函数绘制的正弦曲线

结果如图 1-17 所示。

【例 1-3】 在同一窗口中,绘制两个周期内的正弦曲线和余弦曲线。

【解】 绘制多条曲线时,plot()的格式为

plot(x1,y1,x2,y2……)

于是可在 MATLAB 的命令窗口输入:

>>t1 = 0:0.1:4* pi;t2 = 0:0.1:4* pi; plot(t1,sin(t1),t2,cos(t2))

按 [Enter] 键执行,结果如图 1-18 所示。

2) 在图形上加注网格线、图形标题、x 轴标记与 y 轴标记。

MATLAB 中关于网格线、标题、x 轴标记和 y 轴标记的命令如下:

grid(加网格线);title(加图形标题);xlabel(加 x 轴标记);ylabel(加 y 轴标记)。

在 MATLAB 中输入:

>>t = 0:0.1:4* pi
>>plot(t,sin(t))
>>grid
>>title('正弦曲线')
>>xlabel('time')
>>ylabel('sin(t)')

增加上述标记后的图形如图 1-19 所示。

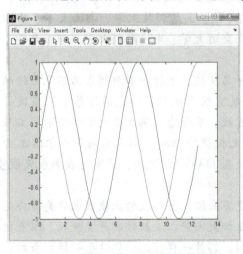

图 1-18 在同一窗口绘制的两条曲线

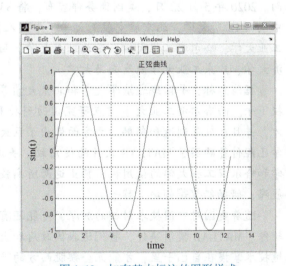

图 1-19 加有基本标注的图形样式

1.6.3 MATLAB 软件在控制系统中的应用实例

MATLAB 软件在控制系统分析中可实现对传递函数的化简、对系统进行时域及频域的分析、对控制系统性能指标做出判断、对控制规律的效果进行分析比较等。下面以绘制控制系统时间响应曲线为例说明 MATLAB 软件在控制系统中的应用。

设某系统的闭环传递函数为

$$\Phi(s) = \frac{8}{s^3 + 4s^2 + 8s + 8}$$

绘制该系统单位阶跃响应曲线的 MATLAB 程序为

```
num = [8]
den = [1,4,8,8]
step(num,den)
grid on
xlabel('t/s'), ylabel('c(t)')
```

运行以上程序，显示系统阶跃响应曲线如图 1-20 所示。从曲线可直接求出该系统调整时间、超调量等时域指标。

通过以上应用实例表明：MATLAB 具有强大的函数计算、数据处理及图形生成的能力。

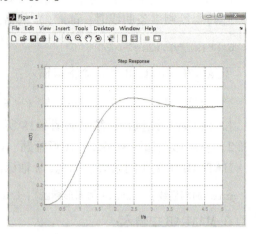

图 1-20　系统阶跃响应曲线

此外，MATLAB 还具有系统模型的建立、转换及动态仿真等功能，为系统分析提供了有效、便捷的方法，结果准确、可靠，是工程设计人员、技术人员的得力助手。关于 MATLAB 软件在控制系统中更多的应用将在后面章节中逐一介绍。

【扩展阅读】MATLAB 禁用事件

MATLAB 软件是当今世界的三大数学软件之一，主要运用于模拟设计与计算机学习方面。2020 年 5 月 22 日，美国商务部宣布，将 33 家中国公司及机构等列入"实体清单"，其中包括 13 所大学，北京航空航天大学、中国人民大学、国防科技大学、湖南大学、哈尔滨工业大学、哈尔滨工程大学、西北工业大学、西安交通大学、电子科技大学、四川大学、同济大学、广东工业大学以及南昌大学。

据消息称，美国绕过清华大学和北京大学等著名院校，选择一些看起来名不见经传的学校下手。而哈尔滨工业大学重点研究国防科技和航空航天技术，为我国培养了很多顶尖人才，并且在装备制造和船舶动力方面做出了巨大贡献。尽管哈尔滨工业大学和哈尔滨工程大学已经付费购买了 MATLAB 软件的使用权，美国无视契约精神，单方面剥夺哈尔滨工业大学和哈尔滨工程大学的使用权，禁止这两所高校使用 MATLAB 软件，试图对我国航天航空、航海、船舶船舰等领域卡脖子。

随着美国对中国技术封锁的加深，可能还有更多高校、公司被禁止使用来自美国公司的软件。MATLAB 禁用事件，将倒逼我国政府和企业加大国产工业软件的开发投入。唯有把关键技术掌握在自己手里，才能完全摆脱西方的限制，芯片一样，工业软件也一样。当然，这是一条漫长的艰难道路，很难在一朝一夕内实现，但这条路总要有人走下去，中国在软件开发的道路依然是任重而道远。路漫漫其修远兮，吾将上下而求索。

1.7　课程定位与学习方法

"过程控制与自动化仪表"是高等职业技术学院工业过程自动化技术专业、工业自动化仪表专业、电气自动化技术专业的一门非常重要的课程。通过对本课程的学习，学生应掌握自动控制理论、过程控制基本知识和常用变送器、控制器、执行器的基本应用；熟悉常用生产过程自动化设备和典型过程控制系统；具有过程控制系统识图能力；能操作自控仪器、仪表；能组装、调试、运行典型过程控制系统；能判断、分析及初步处理过程控制系统故障。

本课程涉及高等数学、电路、电子技术、电机拖动与控制等基础知识，并对微分方程计算以及线路敷设、安装、调试等能力有一定要求。学习时需要复习相关课程并综合运用所学知识。

学习本课程时，要注重物理概念与基本分析方法的学习，要理论结合实际，尽量做到控制理论、自动化仪表与控制系统相结合。本课程对工程应用背景有一定的要求，了解其工艺过程及控制要求十分必要。要建立感性认识，带着问题进入课堂，有目的地学习各部分知识。本课程的实践性要求较高，要求掌握所学仪表、装置的基本使用及操作方法，具备控制系统的组装、调试及运行的能力。

思考题与习题

1.1　下列系统中哪些属于开环控制，哪些属于闭环控制？
①家用电冰箱；②家用空调器；③家用洗衣机；④抽水马桶；⑤普通车床；⑥电饭煲；⑦多速电风扇；⑧高楼水箱；⑨调光台灯。

1.2　图 1-21 所示为一压力自动控制系统，要保证储气罐中压力恒定，试分析该系统中的被控对象、被控变量、操纵变量和扰动量分别是什么，并画出该系统的框图。

1.3　图 1-22 所示是一加热炉温度自动控制系统，要保证物料出口端温度恒定，试分析该系统中的被控对象、被控变量、操纵变量和扰动量分别是什么，并画出该系统的框图。

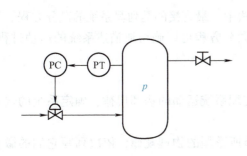

图 1-21　压力自动控制系统

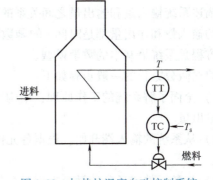

图 1-22　加热炉温度自动控制系统

1.4　按设定值的不同情况，过程控制系统分为哪几类？

1.5　什么是过程控制系统的过渡过程？有哪几种基本形式？哪些是稳定的？

1.6　某换热器的温度控制系统的设定值为 200℃，在单位阶跃干扰作用下的过渡过程曲线如图 1-23 所示。试分别求出最大偏差、余差、衰减比、振荡周期和调整时间（误差带为 ±2%）。

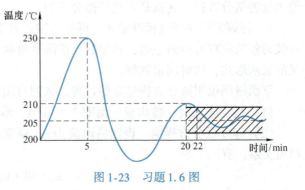

图 1-23　习题 1.6 图

第 2 章 自动控制系统建模

【主要知识点及学习要求】
1) 了解自动控制系统数学模型的建立过程。
2) 掌握典型环节的传递函数,并能对系统框图进行变换与化简。
3) 掌握典型过程对象的特性及建模。

要对自动控制系统进行深入的分析和计算,就需要运用自动控制理论所提供的概念和方法。自动控制理论在方法上首先把具体的系统抽象成数学模型;然后以数学模型为研究对象,应用经典或现代控制理论所提供的方法分析其性能并研究改进系统性能的途径;最后,应用这些研究的成果和结论指导实际系统的分析和改进。可见,建立系统的数学模型是分析和研究自动控制系统的第一步。

在经典控制理论中,常用的数学模型有微分方程、传递函数和系统框图。它们反映了系统的输入量、输出量和内部各种变量间的关系,也反映了系统的内在特性。

2.1 微分方程

描述系统输入量和输出量之间关系的数学方法中,最直接的是列写系统的微分方程。当系统的输入量和输出量都是时间 t 函数时,其微分方程可以确切地描述系统的运动过程。微分方程是系统最基本的数学模型。

建立微分方程的一般步骤如下:

1) 全面了解系统的工作原理、结构组成和支配系统运动的物理规律,确定系统的输入量和输出量。

2) 从系统的输入端开始,根据各元件或环节所遵循的物理规律,依次列写它们的微分方程。

3) 将各元件或环节的微分方程联立起来消去中间变量,求取一个仅含有系统输入量和输出量的微分方程,这就是系统的微分方程。

4) 将该方程整理成标准形式。即把与输入量有关的各项放在方程的右边,把与输出量有关的各项放在方程的左边,各导数项按降幂排列,并将方程中的系数化为具有一定物理意义的表示形式,如时间常数等。

下面举例说明微分方程建立的过程。试列写图 2-1 所示 RC 无源网络的微分方程。

(1) 确定输入量、输出量 由图 2-1 可知,输入量为 u_i,输出量为 u_o。

(2) 建立微分方程组 设回路电流为 i,根据基尔霍夫电压定律及线性电容元件电压、电流关系,有

$$u_i = iR + u_o$$

$$i = C\frac{du_o}{dt}$$

（3）消去中间变量　消去式中的中间变量 i，得

$$u_i = RC\frac{du_o}{dt} + u_o$$

图 2-1　RC 无源网络

（4）整理成标准形式　令上式中的 $RC = T$，T 称为该网络的时间常数，则上式变为

$$T\frac{du_o}{dt} + u_o = u_i$$

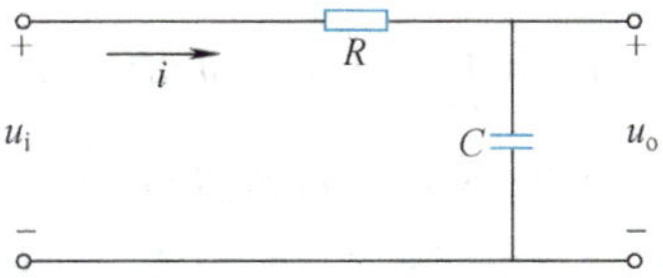

可见，RC 无源网络的动态数学模型为一阶常系数线性微分方程。

【扩展阅读】　钱学森和他的《工程控制论》

钱学森（1911—2009），汉族，出生于上海，籍贯浙江省杭州市。1959年加入中国共产党，空气动力学家、系统科学家、工程控制论创始人之一，中国科学院学部委员、中国工程院院士，两弹一星功勋奖章获得者。

工程控制论是控制论的一个分支学科，是关于受控工程系统的分析、设计和运行的理论。早期的控制论是由法国物理学家和数学家 A. M. 安培于 1834 年提出的，用于称呼管理国家的科学。第二次世界大战前后，自动控制技术在军事装备和工业设备中开始应用，实现了对某些机械系统和电气系统的自动化操纵。钱学森在《工程控制论》中首创把控制论推广到工程技术领域，是控制论的一部经典著作。在《工程控制论》中提出：为了精细地描述受控客体的静态和动态特性，常用建立数学模型的方法。成功的数学模型能更深刻地、集中地和准确地定量反映受控系统的本质特征。借助于数学模型，工程设计者能清楚地看到控制变量与系统状态之间的关系，以及如何改变控制变量才能使系统的参数达到预期的状态，并且保持系统稳定可靠地运行。数学模型还能帮助人们与外界的有害干扰做斗争，指出排除这种干扰所必须采取的措施。

由此可见，工程控制论的目的是把工程实践中所经常运用的设计原则和试验方法加以整理和总结，取其共性，提高成科学理论，使科学技术人员获得更广阔的眼界，用更系统的方法去观察技术问题，去指导千差万别的工程实践。

2.2　传递函数

传递函数是在运用拉氏变换求解微分方程的过程中引申出来的一种复数域数学模型，它比微分方程更简单明了，运算更方便，是自动控制中最常用的数学模型。

2.2.1　拉氏变换

1. 拉氏变换的概念

若将实变量 t 的函数 f(t) 乘以指数函数 e^{-st}（其中 $s = \sigma + j\omega$，是一个复变量），并且在 $[0, +\infty)$ 上对 t 进行积分，就可以得到一个新的函数 F(s)，F(s) 称为f(t)的拉氏变换式（简称拉氏式），用符号 L[f(t)] 表示，即

$$F(s) = L[f(t)] = \int_0^\infty f(t)e^{-st}dt \tag{2-1}$$

上式称为拉氏变换的定义式。条件是式中等号右边的积分存在(收敛)。

由于 $\int_0^\infty f(t)\mathrm{e}^{-st}\mathrm{d}t$ 是一个定积分，t 将在新函数中消失，因此 F(s) 只取决于 s，它是复变量 s 的函数。拉氏变换将原来的实变量函数 f(t) 变换为复变量函数 F(s)。

拉氏变换是一种单值变换。f(t) 和 F(s) 之间具有一一对应的关系。通常称 f(t) 为原函数，F(s) 为象函数。

在实际应用中，可以把原函数与象函数之间的对应关系列成对照表的形式。通过查表，就能够知道原函数的象函数或象函数的原函数，十分方便。常用函数的拉氏变换对照表见表2-1。

表 2-1　常用函数拉氏变换对照表

序号	原函数 $f(t)$	象函数 $F(s)$
1	$\delta(t) = \begin{cases} 0 & t \neq 0 \\ \infty & t = 0 \end{cases}$	1
2	$1(t) = \begin{cases} 0 & t < 0 \\ 1 & t \geq 0 \end{cases}$	$\dfrac{1}{s}$
3	$\mathrm{e}^{-\alpha t}$	$\dfrac{1}{s+\alpha}$
4	t^n	$\dfrac{n!}{s^{n+1}}$
5	$t\mathrm{e}^{-\alpha t}$	$\dfrac{1}{(s+\alpha)^2}$
6	$t^n \mathrm{e}^{-\alpha t}$	$\dfrac{n!}{(s+\alpha)^{n+1}}$
7	$\sin\omega t$	$\dfrac{\omega}{s^2+\omega^2}$
8	$\cos\omega t$	$\dfrac{s}{s^2+\omega^2}$
9	$1-\cos\omega t$	$\dfrac{\omega^2}{s(s^2+\omega^2)}$
10	$1-\mathrm{e}^{-\omega t}(1+\omega t)$	$\dfrac{\omega^2}{s(s+\omega)^2}$
11	$\dfrac{\omega_n}{\sqrt{1-\xi^2}}\mathrm{e}^{-\xi\omega_n t}\sin\omega_n\sqrt{1-\xi^2}\,t$	$\dfrac{\omega_n^2}{s^2+2\xi\omega_n s+\omega_n^2}$ $(0<\xi<1)$
12	$\dfrac{-1}{\sqrt{1-\xi^2}}\mathrm{e}^{-\xi\omega_n t}\sin(\omega_n\sqrt{1-\xi^2}\,t-\varphi)$ $\varphi = \arctan\dfrac{\sqrt{1-\xi^2}}{\xi}$	$\dfrac{s}{s^2+2\xi\omega_n s+\omega_n^2}$ $(0<\xi<1)$
13	$1-\dfrac{1}{\sqrt{1-\xi^2}}\mathrm{e}^{-\xi\omega_n t}\sin(\omega_n\sqrt{1-\xi^2}\,t+\varphi)$ $\varphi = \arctan\dfrac{\sqrt{1-\xi^2}}{\xi}$	$\dfrac{\omega_n^2}{s(s^2+2\xi\omega_n s+\omega_n^2)}$ $(0<\xi<1)$
14	$1-\dfrac{1}{2x(\xi-x)}\mathrm{e}^{-(\xi-x)\omega_n t}+\dfrac{1}{2x(\xi+x)}\mathrm{e}^{-(\xi+x)\omega_n t}$ $x=\sqrt{\xi^2-1}$	$\dfrac{\omega_n^2}{s(s^2+2\xi\omega_n s+\omega_n^2)}$ $(\xi>1)$

2. 拉氏变换的运算定理

1) 叠加定理：两个函数代数和的拉氏变换等于两个函数拉氏变换的代数和，即
$$L[f_1(t) \pm f_2(t)] = L[f_1(t)] \pm L[f_2(t)] \tag{2-2}$$

2) 比例定理：K 倍原函数的拉氏变换等于原函数拉氏变换的 K 倍，即
$$L[Kf(t)] = KL[f(t)] \tag{2-3}$$

3) 微分定理：在零初始条件下，即
$$f(0) = f'(0) = \cdots = f^{(n-1)}(0) = 0$$

则
$$L[f^{(n)}(t)] = s^n F(s) \tag{2-4}$$

上式表明：在初始条件为零的前提下，原函数 n 阶导数的拉氏式等于其象函数乘以 s^n。

4) 积分定理：在零初始条件下，即
$$\int f(t)\mathrm{d}t \Big|_{t=0} = \iint f(t)(\mathrm{d}t)^2 \Big|_{t=0} = \cdots = \underbrace{\int \cdots \int}_{(n-1)} f(t)(\mathrm{d}t)^{(n-1)} \Big|_{t=0} = 0$$

则
$$L\Big[\underbrace{\int \cdots \int}_{n} f(t)(\mathrm{d}t)^n\Big] = \frac{F(s)}{s^n} \tag{2-5}$$

上式表明：在零初始条件下，原函数 n 重积分的拉氏式等于其象函数除以 s^n。

5) 延迟定理：当原函数 $f(t)$ 延迟 τ 时间，成为 $f(t-\tau)$ 时，它的拉氏式为
$$L[f(t-\tau)] = \mathrm{e}^{-s\tau} F(s) \tag{2-6}$$

上式表明：当原函数 $f(t)$ 延迟 τ，即成为 $f(t-\tau)$ 时，相应的象函数 $F(s)$ 应乘以因子 $\mathrm{e}^{-s\tau}$。

6) 终值定理：
$$\lim_{t \to \infty} f(t) = \lim_{s \to 0} sF(s) \tag{2-7}$$

上式表明：原函数在 $t \to \infty$ 时的数值（稳态值），可以通过将象函数 $F(s)$ 乘以 s 后，再求 $s \to 0$ 的极限值来求得。条件是当 $t \to \infty$ 和 $s \to 0$ 时，等式两边各有极限存在。

3. 拉氏反变换

由象函数 $F(s)$ 求取原函数 $f(t)$ 的运算称为拉氏反变换。拉氏反变换常表示为
$$f(t) = L^{-1}[F(s)] \tag{2-8}$$

拉氏变换和反变换是一一对应的，所以，通常可以通过查表来求取原函数。

2.2.2 传递函数的定义

传递函数是在用拉氏变换求解微分方程的过程中引申出来的概念。微分方程这一数学模型不仅计算麻烦，并且它所表示的输入、输出关系复杂而不明显。但是，经过拉氏变换的微分方程却是一个代数方程，可以进行代数运算，从而可以用简单的比值关系描述输入、输出关系；据此，建立了传递函数这一数学模型。

传递函数定义：在初始条件为零时，输出量的拉氏变换式与输入量的拉氏变换式之比。即

$$传递函数\ G(s) = \frac{输出量的拉氏变换式}{输入量的拉氏变换式} = \frac{C(s)}{R(s)}$$

这里所谓初始条件为零（又称零初始条件），一般是指输入量在 $t=0$ 时刻以后才作用于系统，系统的输入量和输出量及其各阶导数在 $t \leqslant 0$ 时的值也均为零。现实的控制系统多属于这种情况。在研究一个系统时，通常总是假定该系统原来处于稳定平衡状态，若不加输入量，系统就不会发生任何变化。系统的各变量都可用输入量作用前的稳态值作为起算点（即零点），所以一般都能满足零初始条件。

【例 2-1】 试求图 2-1 所示电路的传递函数。

【解】 由该电路所求得的微分方程为

$$T \frac{du_o}{dt} + u_o = u_i$$

在零初始条件下，对微分方程进行拉氏变换，有

$$TsU_o(s) + U_o(s) = U_i(s)$$

根据传递函数的定义得

$$G(s) = \frac{U_o(s)}{U_i(s)} = \frac{1}{Ts+1}$$

【例 2-2】 求图 2-2 所示运算放大器的传递函数。

【解】 由于运算放大器的开环增益极大，输入阻抗也极大，所以把 A 点看成"虚地"，即 $U_A \approx 0$。同时有 $i' \approx 0$，则 $i_1 \approx -i_f$。于是

$$\frac{U_i(s)}{Z_0(s)} = -\frac{U_o(s)}{Z_f(s)}$$

由上式可得运算放大器的传递函数为

$$G(s) = \frac{U_o(s)}{U_i(s)} = -\frac{Z_f(s)}{Z_0(s)}$$

由上式可见，选择不同的输入回路阻抗 Z_0 和反馈回路阻抗 Z_f，就可组成各种不同的传递函数。这

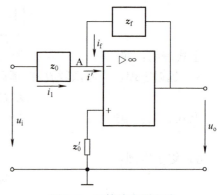

图 2-2 运算放大器电路

是运算放大器的一个突出的优点。应用这一点，可以组成各种调节器，如比例积分调节器、比例微分调节器等。

2.2.3 传递函数的一般表达式

如果系统的输入量为 $r(t)$，输出量为 $c(t)$，并由下列微分方程描述：

$$a_n \frac{d^n}{dt^n} c(t) + a_{n-1} \frac{d^{n-1}}{dt^{n-1}} c(t) + \cdots + a_1 \frac{d}{dt} c(t) + a_0 c(t)$$
$$= b_m \frac{d^m}{dt^m} r(t) + b_{m-1} \frac{d^{m-1}}{dt^{m-1}} r(t) + \cdots + b_1 \frac{d}{dt} r(t) + b_0 r(t)$$

在初始条件为零时，对方程两边进行拉氏变换，得

$$a_n s^n C(s) + a_{n-1} s^{n-1} C(s) + \cdots + a_1 s C(s) + a_0 C(s)$$
$$= b_m s^m R(s) + b_{m-1} s^{m-1} R(s) + \cdots + b_1 s R(s) + b_0 R(s)$$

即

$$(a_n s^n + a_{n-1} s^{n-1} + \cdots + a_1 s + a_0) C(s)$$

$$= (b_m s^m + b_{m-1} s^{m-1} + \cdots + b_1 s + b_0) R(s)$$

根据传递函数的定义有

$$G(s) = \frac{C(s)}{R(s)} = \frac{b_m s^m + b_{m-1} s^{m-1} + \cdots + b_1 s + b_0}{a_n s^n + a_{n-1} s^{n-1} + \cdots + a_1 s + a_0} = \frac{M(s)}{N(s)} \quad (2\text{-}9)$$

式中，$M(s)$ 为传递函数的分子多项式；$N(s)$ 为传递函数的分母多项式。

在 MATLAB 中，用分子和分母多项式系数构成的向量 num 和 den 来表示系统，采用下列命令格式可以方便地把传递函数模型输入到 MATLAB 中。

num = [$b_m, b_{m-1}, \cdots, b_1, b_0$]
den = [$a_n, a_{n-1}, \cdots, a_1, a_0$]

注意：它们都是将系统分子和分母多项式的系数按 s 的降幂方式进行排列的。

若要在 MATLAB 环境下得到传递函数的形式，可以调用 tf( ) 函数，该函数的调用格式为

G = tf(num,den)

其中，num、den 分别为系统的分子和分母多项式系数向量。返回的变量 G 为传递函数形式。若分别将分子和分母多项式分解为因式连乘的形式，则可写成零极点形式，即

$$G(s) = K \frac{(s - z_1)(s - z_2) \cdots (s - z_m)}{(s - p_1)(s - p_2) \cdots (s - p_n)} \quad (2\text{-}10)$$

式中，K 为常数；$z_1, z_2, \cdots, z_m$ 为分子多项式 $M(s) = 0$ 的根，称为**零点**；$p_1, p_2, \cdots, p_n$ 为分母多项式 $N(s) = 0$ 的根，称为**极点**。

z_i ($i = 1, 2, 3, \cdots, m-1, m$) 与 p_i ($i = 1, 2, 3, \cdots, n-1, n$) 可为实数、虚数或复数（若为虚数或复数，则必为共轭虚数或共轭复数）。在 MATLAB 中，可用向量 z、p、k 组成的向量组 [z, p, k] 表示系统，即

z = [$z_1, z_2, \cdots, z_m$]
p = [$p_1, p_2, \cdots, p_n$]
k = [K]

用函数 zpk( ) 来建立控制系统零极点形式的传递函数。该函数的使用格式为

G = zpk(z,p,k)

函数 tf( ) 和 zpk( ) 不仅可用于系统模型的建立，还可用于模型的转换。可将零极点形式的传递函数模型 G0 转换成多项式表示的传递函数模型 G1，即

G1 = tf(G0)

也可将非零极点形式的传递函数模型 G2 转换成零极点模型 G3，即

G3 = zpk(G2)

【例 2-3】 已知某系统的传递函数为

$$G(s) = \frac{80s + 80}{s^2 + 9s + 20}$$

试将其输入到 MATLAB 中，并转换成零极点形式。

【解】 （1）写入多项式形式的传递函数

在 MATLAB 的命令行输入如下的语句：

```
>> num = [80  80]; den = [1  9  20]; G0 = tf(num,den)
```

程序运行得到的结果为

```
Transfer function:
   80s + 80
 -------------
 s^2 + 9s + 20
```

上式即为多项式形式的传递函数,下面把它转换成零极点形式。

(2) 转换成零极点形式

在 MATLAB 的命令行输入如下语句:

```
>> G1 = zpk(G0)
```

程序运行得到的结果为

```
Zero/pole/gain:
    80(s+1)
  -------------
  (s+5)(s+4)
```

即零极点形式的传递函数为

$$G(s) = \frac{80(s+1)}{(s+5)(s+4)}$$

【例 2-4】 已知系统零极点形式的传递函数为

$$G(s) = \frac{8(s+1)(s+2)}{s(s+3)(s+4)(s+5)}$$

试将其输入到 MATLAB 中,并转换成多项式形式。

【解】 (1) 写入零极点形式的传递函数

在 MATLAB 的命令行输入如下语句:

```
>> z = [-1, -2]; p = [0, -3, -4, -5]; k = [8]; G0 = zpk(z,p,k)
```

程序运行得到的结果为

```
zero/pole/gain:
   8 (s+1) (s+2)
 ---------------------
 s (s+3) (s+4) (s+5)
```

上式即为零极点形式的传递函数,下面使用 tf( ) 函数把它转换为多项式形式。

(2) 转换成多项式形式

在 MATLAB 的命令行输入如下语句:

```
>> G1 = tf(G0)
```

程序运行得到的结果为

```
Transfer function:
 8s^2 + 24s + 16
```

```
s^4 +12s^3 +47s^2 +60s
```

2.3 系统框图

系统框图

2.3.1 系统框图的组成

框图又称为结构图，是传递函数的一种图形描述方式。它可以形象地描述自动控制系统各单元之间和各作用量之间的相互联系，具有简明直观、运算方便的优点，因而在分析自动控制系统中获得了广泛的应用。

框图由功能框、信号线、引出点及比较点等部分组成，如图 2-3 所示。

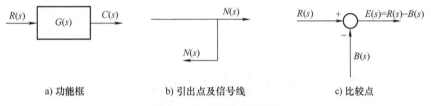

图 2-3 框图的图形符号

1. 功能框

如图 2-3a 所示，框左边的向内箭头为输入量 $R(s)$（拉氏式），框右边的向外箭头为输出量 $C(s)$（拉氏式），框内为系统中一个相对独立单元的传递函数 $G(s)$。它们间的关系为 $C(s) = G(s)R(s)$。

2. 信号线

信号线表示信号流通的途径和方向，流通方向用箭头表示。在系统的前向通路中，箭头指向右方，则信号由左向右流通。因此，输入信号在最左端，输出信号在最右端。而在反馈回路中则相反，箭头由右指向左方，如图 2-3b 所示。

3. 引出点

如图 2-3b 所示的 T 形交点，它表示信号由该点取出，从同一信号线上取出的信号，其大小和性质完全相同。

4. 比较点

如图 2-3c 所示的"〇"处，其输出量为各输入量的代数和。因此，在信号输入处要注明它们的极性。

图 2-4 所示为一典型自动控制系统的框图。它通常包括前向通路和反馈回路（主反馈回路和局部反馈回路）、引出点和比较点、输入量 $R(s)$、输出量 $C(s)$、反馈量 $B(s)$［含 $B_1(s)$ 和 $B_2(s)$］、偏差量 $E(s)$。框图中各变量均为标以大写英文字母的拉氏式，功能框中均为传递函数。

2.3.2 框图的变换与化简

自动控制系统的传递函数通常都是利用框图的变换来求取的。现对框图的变换规则进

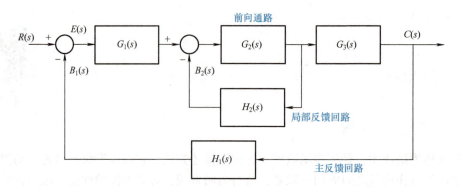

图 2-4 典型自动控制系统框图

行介绍。

1. 串联变换规则

当系统中有两个（或两个以上）环节串联时，其等效传递函数为各环节传递函数的乘积。即

$$G(s) = \frac{C(s)}{R(s)} = G_1(s)G_2(s) \tag{2-11}$$

对照图 2-5a 与图 2-5b 可见，变换前后的输入量与输出量相等，因此图 2-5a 和图 2-5b 等效。

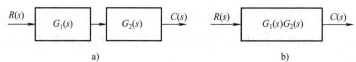

图 2-5 框图串联变换

2. 并联变换规则

当系统中有两个（或两个以上）环节并联时，其等效传递函数为各环节传递函数的代数和。即

$$G(s) = \frac{C(s)}{R(s)} = G_1(s) + G_2(s) \tag{2-12}$$

对照图 2-6a 与图 2-6b 不难看出，变换前后的输入量与输出量相等，因此图 2-6a 和图 2-6b 等效。

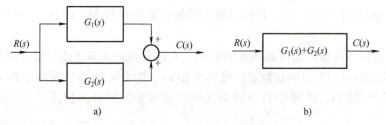

图 2-6 框图并联变换

3. 反馈连接变换规则

反馈连接的框图变换如图 2-7a、b 所示。

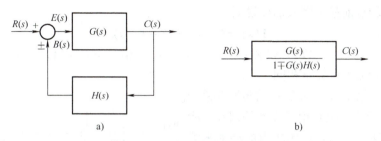

图 2-7 反馈连接框图变换

由图 2-7a 可知

$$E(s) = R(s) \pm B(s)$$
$$B(s) = H(s)C(s)$$
$$C(s) = G(s)E(s)$$

由以上三个关系式消去中间变量 $E(s)$ 和 $B(s)$，可得

$$C(s) = \frac{G(s)}{1 \mp G(s)H(s)} R(s)$$

或

$$\Phi(s) = \frac{C(s)}{R(s)} = \frac{G(s)}{1 \mp G(s)H(s)} \tag{2-13}$$

式中，$G(s)$ 称为顺馈传递函数；$H(s)$ 称为反馈传递函数；$G(s)H(s)$ 称为闭环系统的开环传递函数。

式(2-13)即为反馈连接的等效传递函数，一般称它为闭环传递函数，用 $\Phi(s)$ 表示。式中分母中的加号对应负反馈，减号对应正反馈。

4. 引出点和比较点的移动规则

移动规则的出发点是等效原则，即移动前后的输入量与输出量保持不变。移动前后框图的对照见表 2-2。

表 2-2 引出点和比较点的移动规则

移动	原框图	等效框图
引出点前移	$X(s) \to G(s) \to Y(s)$, $Y(s)$	$X(s)$(前) $\to G(s) \to Y(s)$(后), $Y(s) \to G(s)$
引出点后移	$X(s) \to G(s) \to Y(s)$, $X(s)$	$X(s) \to G(s) \to Y(s)$, $X(s) \to 1/G(s)$
比较点前移	$X_1(s) \to G(s) \to \ominus \to Y(s)$, $X_2(s)$	$X_1(s) \to \ominus \to G(s) \to Y(s)$, $X_2(s) \to 1/G(s)$
比较点后移	$X_1(s) \to \ominus \to G(s) \to Y(s)$, $X_2(s)$	$X_1(s) \to G(s) \to \ominus \to Y(s)$, $X_2(s) \to G(s)$

下面以比较点前移为例来加以说明。

未移动时： $Y(s) = G(s)X_1(s) - X_2(s)$

比较点前移后： $Y(s) = [X_1(s) - X_2(s)/G(s)]G(s) = G(s)X_1(s) - X_2(s)$

可见，两者输出量完全相同。

【例 2-5】 化简图 2-8a 所示的多回环系统。

【解】 由于此系统有相互交叉的回环，所以首先要设法通过引出点或比较点的移动来消除反馈回环的交叉，然后应用单个反馈回环闭环传递函数的求取公式，由图 2-8b→图 2-8c→图 2-8d 逐步化简、合成，最后获得整个系统的闭环传递函数，如图 2-8d 所示。

2.3.3 用 MATLAB 实现系统模型的连接

系统模型的连接方式主要有串联、并联、反馈等。MATLAB 中有一些命令，可用来求解串联、并联和反馈传递函数。

1) 函数 series 用于将两个线性模型串联成新的模型，调用格式为

```
G3 = series(G1,G2)
```

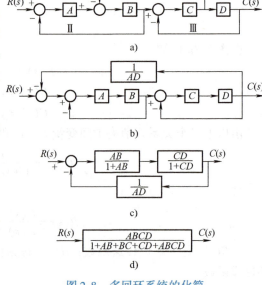

图 2-8 多回环系统的化简

该函数的执行结果等价于模型算术运算式：G3 = G1G2。

2) 函数 parallel 用于将两个线性模型并联成新的模型，调用格式为

```
G3 = parallel(G1,G2)
```

该函数的执行结果等价于模型算术运算式：G3 = G1 + G2。

3) 函数 feedback 用于两个线性模型的反馈连接，调用格式为

```
G3 = feedback(G1,G2,sign)
```

其中，G1 为顺馈传递函数；G2 为反馈传递函数；sign 为反馈极性，其值为"-1"或者缺省时表示负反馈，为"1"时表示正反馈。

【例 2-6】 利用 MATLAB 求下列两个传递函数在串联、并联和负反馈连接时的等效传递函数。

$$G_1(s) = \frac{s+1}{2s^2+3s+4}, \quad G_2(s) = \frac{1}{s+2}$$

【解】 （1）将这两个环节的传递函数输入 MATLAB：

```
>> num1 = [1,1];den1 = [2,3,4];G1 = tf(num1,den1)
>> num2 = [1];den2 = [1,2];G2 = tf(num2,den2)
```

（2）求串联等效模型 G3

```
>> G3 = series(G1,G2)
```

程序运行结果为

```
Transfer function:
      s + 1
-----------------------
2s^3 + 7s^2 + 10s + 8
```

(3) 求并联等效模型 G4

```
>> G4 = parallel(G1,G2)
```

程序运行结果为

```
Transfer function:
3s^2 + 6s + 6
-----------------------
2s^3 + 7s^2 + 10s + 8
```

(4) 求负反馈连接后的等效模型 G5

```
>> G5 = feedback(G1,G2)
```

程序运行结果为

```
Transfer function:
  s^2 + 3s + 2
-----------------------
2s^3 + 7s^2 + 11s + 9
```

2.4　典型环节的传递函数和功能框

任何一个复杂的系统，总可以看成由一些典型环节组合而成。掌握这些典型环节的特点，可以更方便地分析复杂系统内部各单元间的关系。常见典型环节有比例环节、积分环节、理想微分环节、惯性环节、比例微分环节、振荡环节及延迟环节等，下面分别予以介绍。

1. 比例环节

微分方程为

$$c(t) = Kr(t)$$

传递函数为

$$G(s) = K$$

功能框为

$$R(s) \rightarrow \boxed{K} \rightarrow C(s)$$

比例环节的特点是输出量能立即成比例地响应输入量的变化。比例环节是自动控制系统中最常见的典型环节，如电子放大器、齿轮减速器、杠杆机构、弹簧及电位器等。

2. 积分环节

微分方程为

$$c(t) = \frac{1}{T}\int_0^t r(t)\,dt$$

式中，T 为积分时间常数。

传递函数为

$$G(s) = \frac{1}{Ts}$$

功能框为

$$R(s) \rightarrow \boxed{\frac{1}{Ts}} \rightarrow C(s)$$

积分环节的特点是它的输出量为输入量对时间的积累。因此，凡是输出量对输入量有储存和积累特点的元件一般都含有积分环节。如水箱的水位与水流量，烘箱的温度与热流量（或功率），机械运动中的位移与速度、速度与加速度，电容的电量与电流等。积分环节也是自动控制系统中常见的环节之一。

3. 理想微分环节

微分方程为

$$c(t) = \tau \frac{\mathrm{d}r(t)}{\mathrm{d}t}$$

传递函数为

$$G(s) = \tau s$$

功能框为

$$R(s) \rightarrow \boxed{\tau s} \rightarrow C(s)$$

理想微分环节的输出量与输入量间的关系恰好与积分环节相反，传递函数互为倒数。

4. 惯性环节

微分方程为

$$T \frac{\mathrm{d}c(t)}{\mathrm{d}t} + c(t) = r(t)$$

传递函数为

$$G(s) = \frac{1}{Ts + 1}$$

功能框为

$$R(s) \rightarrow \boxed{\frac{1}{Ts+1}} \rightarrow C(s)$$

当输入量发生突变时，输出量不能突变，只能按指数规律逐渐变化，则反映了该环节具有惯性。一个储能元件（如电感、电容和弹簧等）和一个耗能元件（如电阻、阻尼器等）的组合，就能构成一个惯性环节。

5. 比例微分环节

微分方程为

$$c(t) = \tau \frac{\mathrm{d}r(t)}{\mathrm{d}t} + r(t)$$

传递函数为
$$G(s) = \tau s + 1$$

功能框为

$$R(s) \rightarrow \boxed{\tau s + 1} \rightarrow C(s)$$

比例微分环节的传递函数恰好与惯性环节相反，互为倒数。

6. 振荡环节
微分方程为
$$T^2 \frac{d^2 c(t)}{dt^2} + 2T\xi \frac{dc(t)}{dt} + c(t) = r(t)$$

传递函数为
$$G(s) = \frac{1}{T^2 s^2 + 2\xi T s + 1} = \frac{\omega_n^2}{s^2 + 2\xi \omega_n s + \omega_n^2}$$

式中，ω_n 称为无阻尼自然振荡频率，$\omega_n = 1/T$；ξ 称为阻尼比。

功能框为

$$R(s) \rightarrow \boxed{\frac{1}{T^2 s^2 + 2\xi T s + 1}} \rightarrow C(s)$$

在自动控制系统中，若包含着两种不同形式的储能单元，这两种单元的能量又能相互交换，则在能量的储存和交换过程中就可能出现振荡，从而构成了振荡环节。例如，L、C 是两种不同的储能元件，电感储存的磁能和电容储存的电能相互交换，就有可能形成振荡过程。

7. 延迟环节（又称纯滞后环节）
微分方程为
$$c(t) = r(t - \tau_0)$$

式中，τ_0 为纯延迟时间。

传递函数为
$$G(s) = e^{-\tau_0 s} = \frac{1}{e^{\tau_0 s}}$$

功能框为

$$R(s) \rightarrow \boxed{e^{-\tau_0 s}} \rightarrow C(s)$$

若将 $e^{\tau_0 s}$ 按泰勒（Taylor）级数展开，得
$$e^{\tau_0 s} = 1 + \tau_0 s + \frac{\tau_0^2 s^2}{2!} + \frac{\tau_0^3 s^3}{3!} + \cdots$$

由于 τ_0 很小，所以可只取前两项，即 $e^{\tau_0 s} \approx 1 + \tau_0 s$，则
$$G(s) = \frac{1}{e^{\tau_0 s}} \approx \frac{1}{\tau_0 s + 1}$$

上式表明，在延迟时间很小的情况下，延迟环节可以用一个小惯性环节来代替。

2.5 典型过程对象的建模

在工业生产中，不同生产部门的调节对象是千差万别的，但对过程控制系统中常遇到的

对象（如换热器、流体输送设备、水槽等）进行特性分析后，可以发现它们大都可由单容、双容及纯滞后这几种简单环节组合而成。

2.5.1 单容对象的特性及建模

1. 无自衡

图 2-9a 所示为一个水槽对象，水经过上方的阀门不断流入水槽，改变阀门的开度即可改变水的输入流量。水槽内的水通过下方的计量泵排出恒定的流量。工艺上要求水槽的水位 h 保持一定数值。在这里，水槽是被控对象，水位 h 是被控变量，输入流量 q_i 是操纵变量，起调节作用，而输出流量 q_o 是扰动量。

根据物料平衡关系，水槽所容纳流体数量（流量累积量）的变化速度等于输入流量和输出流量之差，即

$$\frac{dV}{dt} = q_i - q_o \quad (2\text{-}14)$$

式中，V 为累积量；q_i 为输入流量；q_o 为输出流量。

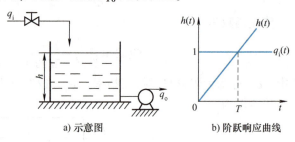

图 2-9 无自衡特性水槽

如果水槽横截面积 A 恒定，则上式 (2-14) 可变为

$$A\frac{dh}{dt} = q_i - q_o \quad (2\text{-}15)$$

式中，h 为水位；A 为水槽横截面积。

对上式进行拉氏变换得

$$AsH(s) = Q_i(s) - Q_o(s) \quad (2\text{-}16)$$

由于输出流量 q_o 是定值，其变化量为 0。考虑到自控系统中各变量总是在它们的额定值附近做小幅波动，而我们关心的只是这些量的变化值，因此在推导方程时，用 q_o、q_i、h 代表它们偏离初始平衡状态的变化量（增量），则可求得输出变量 $H(s)$ 对输入变量 $Q_i(s)$ 的传递函数，即

$$\frac{H(s)}{Q_i(s)} = \frac{1}{As}$$

写成一般形式为

$$G(s) = \frac{1}{Ts} \quad (2\text{-}17)$$

式中，T 为积分时间常数。

由此可见，这类水槽对象具有积分特性，其单位阶跃响应曲线如图 2-9b 所示。图 2-9a 中水槽水位可以通过手动调整阀门改变输入流量进行控制。但当输入流量和输出流量之间稍有差异时，水槽将满溢或者抽干，这种特性称为无自衡。无自衡对象在没有自动控制的情况下，不允许长时间无人监管。

2. 有自衡

将图 2-9a 中的计量泵改为手动阀门，如图 2-10a 所示，则对象的动态特性将不同于无

自衡时的特性。当输入流量 q_i 变化造成水槽中的水位 h 增加时，使得作用在流出阀上的压头增高，并导致输出流量的增长，直到输出流量 q_o 与输入流量 q_i 再次相等为止。对象在扰动作用破坏其平衡工况后，即使没有操作人员或控制器的干预，仍可自动恢复平衡的特性，称为自衡特性。

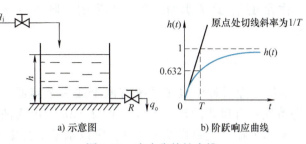

图 2-10　有自衡特性水槽

对于有自衡特性的对象，其基本的物料平衡式与无自衡的情况相同，即

$$A \frac{\mathrm{d}h}{\mathrm{d}t} = q_i - q_o$$

由于上式中输出流量 q_o 会随着水位 h 的变化而变化，h 越大，静压头越大，q_o 也会越大，因此，要得到输出量 h 与输入量 q_i 之间的作用关系式，必须消去参数 q_o。

已知水位 h 和输出流量 q_o 之间的关系为

$$q_o = \alpha \sqrt{h} \tag{2-18}$$

式中，α 为比例常数（与手动阀门开度有关）。

考虑到是定值控制系统，水位设定值基本不变，则由在工作点附近的线性化处理，可得

$$\Delta q_o = \frac{\alpha}{2\sqrt{h}} \Delta h \tag{2-19}$$

式中，Δq_o 为 q_o 的变化值；Δh 为 h 的变化值。

对式(2-19)进行拉氏变换，可得传递函数为

$$\frac{Q_o(s)}{H(s)} = \frac{\alpha}{2\sqrt{h}} = \frac{1}{R} \tag{2-20}$$

式中，R 称为水阻，表示管路上阀门的阻力。

由式(2-16)和式(2-20)可画出有自衡特性水槽对象的信号传递框图，如图 2-11 所示。显然，图中的反馈作用发生在水槽对象的内部，这种作用反映了"自平衡"特性。

对图 2-11 中的框图进行化简后，可得到有自衡特性水槽的传递函数为

$$\frac{H(s)}{Q_i(s)} = \frac{R}{ARs + 1} \tag{2-21}$$

令 $AR = T$，$R = K$，则

$$\frac{H(s)}{Q_i(s)} = \frac{K}{Ts + 1} \tag{2-22}$$

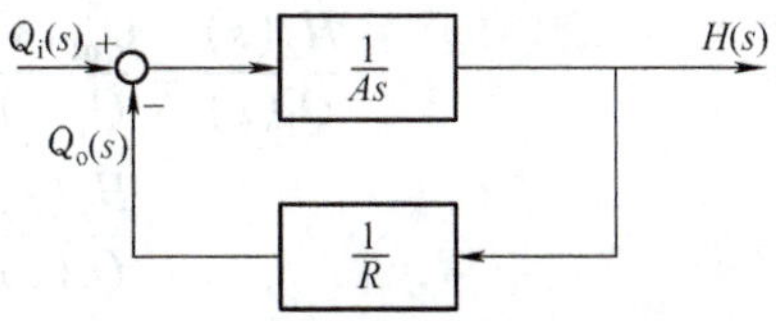

图 2-11　有自衡特性水槽的信号传递框图

它的一般表达式为

$$G(s) = \frac{K}{Ts + 1} \tag{2-23}$$

式中，K 为放大系数；T 为时间常数。

由此可见，这类水槽对象是典型的一阶惯性环节，其单位阶跃响应曲线如图 2-10b 所示。

2.5.2 双容对象的特性及建模

过程控制典型对象建模-双容及时滞对象

实际工业过程中很多系统有两个或多个容器，因此研究双容对象的动态特性具有重要的现实意义。图 2-12a 所示为两个水槽相互串联的情况，水槽 1 输出流量供给水槽 2，所以水槽 1 会影响水槽 2 的动态品质，水槽 2 却不会影响水槽 1，二者不存在互相影响。

如果以水槽 1 的流量 q_i 为输入量，水槽 2 的水位 h_2 为输出量，则研究双容对象的动态特性即是研究当流量 q_i 变化时水位 h_2 的变化情况。由于二者不存在相互影响，对于任何一个对象特性仍然可采用单容对象的研究方法，只是水槽 2 的输入量为水槽 1 的输出量。因此，基于单容对象的特性研究方法，我们不难得出双容对象串联时的信号传递框图，如图 2-13 所示。由图可知，双容对象的框图是由两个单容对象串联而成的。

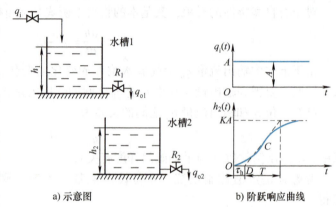

图 2-12 双容对象
a) 示意图 b) 阶跃响应曲线

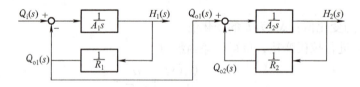

图 2-13 双容对象串联时的信号传递框图

根据信号框图可得

$$\frac{H_1(s)}{Q_i(s)} = \frac{R_1}{A_1 R_1 s + 1} = \frac{R_1}{T_1 s + 1}$$

$$\frac{H_2(s)}{Q_i(s)} = \frac{Q_{o1}(s)}{Q_i(s)} \cdot \frac{H_2(s)}{Q_{o1}(s)} = \frac{1}{A_1 R_1 s + 1} \cdot \frac{R_2}{A_2 R_2 s + 1}$$

$$\frac{H_2(s)}{Q_i(s)} = \frac{K}{T_1 T_2 s^2 + (T_1 + T_2) s + 1} \tag{2-24}$$

式中，T_1 为水槽 1 的时间常数；T_2 为水槽 2 的时间常数；K 为整个对象的放大系数。

由式 (2-24) 可以看出，双容对象是典型的二阶环节，其单位阶跃响应曲线如图 2-12b 所示。曲线说明输入量在发生阶跃变化的瞬间，输出量变化的速度等于零，随着 t 的增加，变化速度慢慢增大，但是当经过 C 点（称为拐点）后，变化速度又慢慢减小，最后变化速度减小为零。

对于这种对象，可做近似处理，即用一阶对象的特性来近似上述二阶对象。方法如下：

在二阶对象阶跃响应曲线上，过拐点 C 作切线，与时间轴相交于 D 点，交点 D 与被控变量开始变化的起点之间的时间间隔 τ_h 称为容量滞后时间。由切线与时间轴的交点到切线与稳定值 KA 线的交点之间的时间间隔为时间常数 T，如图 2-12b 所示。这样，二阶对象就被近似为有滞后时间（容量滞后）$\tau = \tau_h$、时间常数为 T 的一阶对象。

容量滞后是多容对象的固有属性，一般是因为物料或能量的传递需要通过一定的阻力而引起的，如管式加热炉、精馏塔等对象均具有容量滞后的特性。

2.5.3 时滞对象的特性及建模

有的对象或过程，在受到输入量作用后，输出量并不立即随之变化，而是要隔上一段时间才会响应，这种现象称为滞后现象。根据滞后性质的不同，滞后现象可分为传递滞后和容量滞后两种形式。实际工作过程中的滞后时间往往是传递滞后时间与容量滞后时间之和。

传递滞后又称为纯滞后，或时滞。与容量滞后不同的是，它的产生一般是由于介质的输送需要一定时间而引起的。如图 2-14 所示，一个用在固体传送带上的定量控制系统就是典型的纯滞后实例。从阀门动作到压力传感器检测到重量发生变化，这中间需经历输送机的传送时间。因此，若以阀门的加料量 r 作为对象的输入，压力传感器的称重 c 作为输出，其响应曲线如图 2-15 所示，图中所示的 τ_0 为输送机将物料由加料口输送到传感器处所需要的时间，称为时滞（纯滞后）时间。显然，时滞与输送机的传送速度 v 和传送距离 L 有如下关系：

$$\tau_0 = \frac{L}{v}$$

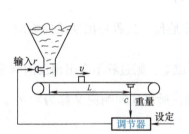

图 2-14 固体传送带定量控制系统

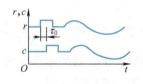

图 2-15 响应曲线

另外，从测量方面来说，由于测量点选择不当、测量元件安装不合适等原因也会造成时滞。时滞对象对任何输入信号的影响都是把它推迟一段时间，其大小等于纯滞后时间 τ_0，输出量的曲线形状保持不变。

前面已经讨论过，纯滞后环节的传递函数为

$$G(s) = e^{-\tau_0 s}$$

如果一个对象本身的特性是一个一阶惯性环节，但由于某种原因，使输出量与输入量之间又有一段时滞，这时，整个对象的特性为一阶惯性对象和时滞对象的串联，其传递函数可表示为

$$G(s) = \frac{1}{Ts+1} e^{-\tau_0 s} \tag{2-25}$$

2.5.4 反向对象的特性及建模

有的对象或过程，在受到阶跃输入量作用后，输出量在开始一段时间内的变化方向与以

后的变化相反。

锅炉汽包液位是具有反向特性的过程，如果供给的冷水呈阶跃增加，汽包沸腾水的总体积（或液位）会呈现图 2-16 所示变化。这是两种相反作用导致的结果。

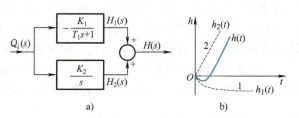

图 2-16　具有反向响应的过程

1) 冷水的增加引起汽包内水的沸腾突然减弱，水中气泡迅速减少，导致水位下降，设由此导致的液位阶跃响应为一阶惯性特性，其传递函数为

$$G_1(s) = -\frac{K_1}{T_1 s + 1} \tag{2-26}$$

2) 在燃料供热恒定的情况下，假定蒸汽量也基本恒定，则液位随进水量的增加而增加，并呈积分响应，其传递函数为

$$G_2(s) = \frac{K_2}{s} \tag{2-27}$$

3) 两种相反作用的结果，总特性为

$$G(s) = \frac{K_2}{s} - \frac{K_1}{T_1 s + 1} = \frac{(K_2 T_1 - K_1)s + K_2}{s(T_1 s + 1)} \tag{2-28}$$

当 $K_2 T_1 < K_1$ 时，在响应初期第二项 $\dfrac{-K_1}{T_1 s + 1}$ 占主导地位，过程将出现反向响应，过程出现一个正的零点，其值为 $s = \dfrac{-K_2}{K_2 T_1 - K_1} > 0$。若条件不成立，则过程不会出现反向响应。

传递函数有正实部的零点，属于非最小相位过程，所以反向响应又称为非最小相位响应，较难控制，需特殊处理。

2.5.5　实验法建模

对于内在结构与机理变化不太复杂的被控对象，只要有足够的知识、对被控对象内在机理变化有充分的了解，就可以，根据物料或能量平衡关系，通过机理分析并应用数学推理方法建立数学模型。但是，实际上许多工业过程对象的内在结构与变化机理是比较复杂的，往往并不完全清楚，这就难以用数学推理方法建立对象的数学模型。在这种情况下，数学模型的取得就需要采用实验测定的方法。

目前，测定对象动态特性的实验方法主要有三种：时域测定方法、频域测定方法和统计研究方法。时域测定方法由于不需要专门的测试设备，在很多情况下可以利用调节系统中原有的仪器设备，因而方法简便，测试工作量较小，在工程实践中应用最为广泛。下面对其进行介绍。

时域测定方法是指通过操作执行器，使被控对象的控制输入产生阶跃变化或方波变化，从而得到被控量随时间变化的响应曲线或输出数据，再根据输入-输出数据，求取被控对象输入-输出之间的数学关系。时域测定方法又分为阶跃响应曲线法和方波响应曲线法。下面以阶跃响应曲线法对其进行说明。

1. 实验注意事项

在用阶跃响应曲线法建立对象的数学模型时，为了能够得到可靠的测试结果，做实验时应注意以下几点：

1）实验测试前，被控对象应处于相对稳定的工作状态，否则会使被控对象的其他变化与实验所得的阶跃响应混淆在一起而影响对结果的辨识。

2）在相同条件下应重复多做几次实验，以便能从几次测试结果中选取比较接近的两个响应曲线作为分析依据，以减少随机扰动的影响。

3）分别对正、反方向的阶跃输入信号进行实验，并将两次实验结果进行比较，以衡量过程的非线性程度。

4）每完成一次实验后，应将被控对象恢复到原来的工况并稳定一段时间，再做第二次实验。

5）输入的阶跃信号幅度不能过大，以免对生产的正常进行产生不利影响。但也不能过小，以防其他扰动影响的比重相对较大而影响实验结果。阶跃变化的幅值一般取正常输入信号最大幅值的 10% 左右。

2. 模型结构的确定

在完成阶跃响应实验后，应根据实验所得的响应曲线确定模型的结构。对于大多数被控对象来说，其数学模型常常可近似为一阶惯性、二阶惯性的结构，其传递函数为

$$G(s) = \frac{K_0}{T_0 s + 1}, \ G(s) = \frac{K_0}{(T_1 s + 1)(T_2 s + 1)}$$

对于某些无自衡特性过程，其传递函数为

$$G(s) = \frac{1}{T_0 s}, \ G(s) = \frac{1}{T_1 s (T_2 s + 1)}$$

此外，还可采用更高阶或其他较复杂的结构形式。但是，复杂的数学模型结构对应复杂的控制，同时也使模型的待估计参数数目增多，从而增加辨识的难度。因此，在保证辨识精度的前提下，数学模型结构应尽可能简单。

3. 模型参数的确定

若对象的阶跃响应曲线如图 2-17 所示，则 $t=0$ 时的曲线斜率最大，随后斜率逐渐减小，上升到稳态值 $c(\infty)$ 时，斜率为零。该响应曲线可用无时延的一阶惯性环节近似，需要确定的参数有 K_0 和 T_0。

设图 2-17 所示对象的传递函数为

$$G(s) = \frac{K_0}{T_0 s + 1}$$

则

$$C(s) = \frac{K_0}{T_0 s + 1} R(s)$$

当输入信号 $r(t)$ 有一阶跃变化 r_0 时，对上

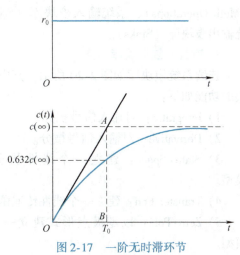

图 2-17 一阶无时滞环节的阶跃响应曲线

式求解，可得

$$c(t) = K_0 r_0 (1 - e^{-t/T_0})$$

当 $t \to \infty$ 时，$c(\infty) = K_0 r_0$，因而有

$$K_0 = \frac{c(\infty)}{r_0}$$

当 $t = T_0$ 时，则有

$$c(T_0) = K_0 r_0 (1 - e^{-1}) = 0.632 K_0 r_0 = 0.632 c(\infty)$$

由上式可知，当 $c(t)$ 曲线上升到稳态值的 63.2% 时，所对应的时间就是时间常数 T_0，如图 2-17 所示。也可由坐标原点对响应曲线作切线 OA，切线与稳态值交点 A 所对应的时间就是该时间常数 T_0。

由响应曲线求得 K_0 和 T_0 后，就能确定该对象的传递函数 $G(s)$ 了。

2.6 MATLAB 的仿真工具箱 Simulink 及其应用

2.6.1 Simulink 仿真工具箱简介

Simulink 是 MATLAB 的工具箱之一，其主要功能是实现动态系统建模、仿真与分析。Simulink 提供了一种图形化的交互环境，只需用鼠标拖动的方法，便能迅速地建立起系统框图模型，并在此基础上对系统进行仿真分析和改进设计。

要启动 Simulink，先要启动 MATLAB。在命令窗口中输入命令"simulink"，即可进入 Simulink 库模块浏览界面，如图 2-18 所示。单击窗口左上方的"新建"图标"▢"，Simulink 会打开一个名为"untitled"的新建模型窗口，如图 2-19 所示。随后，便可按用户要求在此模型窗口中创建模型及进行仿真运行。

为便于用户使用，Simulink 提供了 9 类基本模块库和许多专业模块子集。这里仅介绍与控制系统相关的连续系统模块库（Continuous）、数学运算模块库（Math Operations）、系统输入模块库（Sources）和系统输出模块库（Sinks）。

1. 连续系统模块库

连续系统模块库如图 2-20 所示，其中包含的各模块的功能如下：

1）Integrator：对输入信号积分。
2）Derivative：对输入信号微分。
3）State-Space：建立一个线性状态空间数学模型。
4）Transfer Fcn：建立一个线性传递函数模型。
5）Zero-Pole：以零极点形式建立一个传递函数模型。
6）Transport Delay：对输入信号进行给定的延迟。

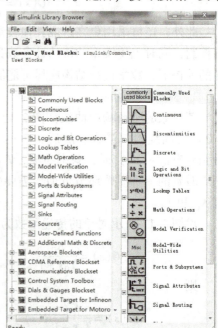

图 2-18 Simulink 库模块浏览界面

7）Variable Transport Delay：对输入信号进行不定量的延迟。

2. 数学运算模块库

数学运算模块库如图 2-21 所示，其中常用模块的功能如下：

1）Sum：加减运算，可以加减标量、向量和矩阵。

2）Abs：对输入信号求绝对值。

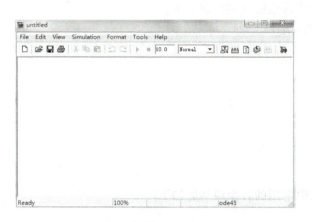

图 2-19　新建模型窗口

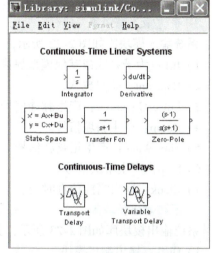

图 2-20　连续系统模块库

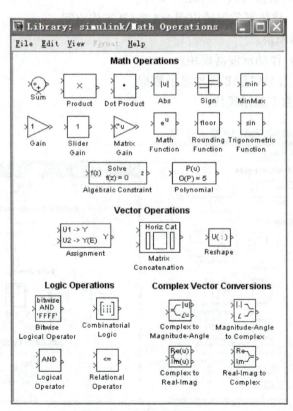

图 2-21　数学运算模块库

3) Sign：输入符号信号或符号函数。

4) Gain：比例运算，或称为常量增益。

5) Math Function：包括指数、对数函数、求二次方、开根号等常用数学运算函数。

6) Trigonometric Function：三角函数，包括正弦、余弦、正切等。

7) Logical Operator：逻辑运算。

8) Relational Operator：关系运算。

3. 系统输入模块库

系统输入模块库如图 2-22 所示，其中常用模块的功能如下：

1) In1：为子系统或其他模型提供输入端口。

2) Constant：常量输入。

3) Pulse Generator：产生脉冲信号。

4) Ramp：产生斜坡信号。

5) Sine Wave：产生正弦波信号。

6) Step：产生阶跃信号。

7) Clock：输出当前仿真时间。

4. 系统输出模块库

系统输出模块库如图 2-23 所示，其中常用的各模块功能如下：

1) Out1：输出端口模块。

2) To File：将仿真数据写入 ".mat" 文件。

3) To Workspace：将仿真数据输出到 MATLAB 工作空间。

4) Scope：示波器模块。

5) Floating Scope：浮动示波器模块。

6) XY Graph：使用 MATLAB 图形显示数据。

7) Display：实时数字显示模块。

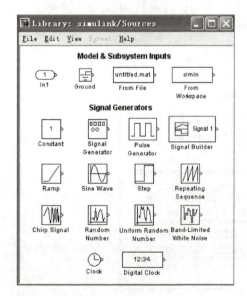

图 2-22　系统输入模块库

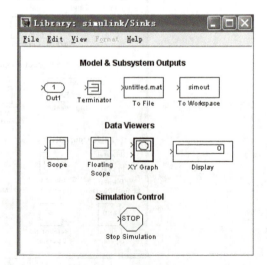

图 2-23　系统输出模块库

2.6.2 用 Simulink 建立系统模型及仿真

下面通过举例来介绍应用 Simulink 工具箱对系统进行仿真分析的过程。

【例 2-7】 应用 Simulink 对下列系统建模，并进行系统仿真分析（求其单位阶跃响应曲线）。

用Simulink建立系统模型及仿真

$$G(s) = \frac{35}{s(0.2s+1)(0.01s+1)}$$

1）进入 Simulink 模块库浏览器界面，打开新建模型窗口（见图 2-19）。

2）单击 Simulink 模块库浏览器窗口中左边的"Continuous"选项，从中选择"Transfer Fcn"（传递函数），并用拖曳的方法将其拖至新模型窗口。双击该模块，打开模块参数设置对话框，如图 2-24 所示。

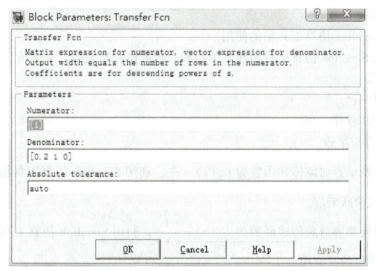

图 2-24 传递函数模块参数设置对话框

在对话框中的"Numerator"（分子项）中取 [1]，"Denominator"（分母项）中按 s 系数的降幂排列，取 [0.2 1 0]，单击"OK"按钮。同理，再建立传递函数为 $1/(0.01s+1)$ 的方框。

3）按"Simulink/Math Operations/Gain"路径选择增益模块"Gain"，用拖曳的方法将其拖至新建模型窗口，在对话框中将增益设为"35"。按"Simulink/Math Operations/Sum"路径选择和点"Sum"，在对话框中将和点符号设为"+ -"。

4）按"Simulink/Sources/Step"路径选择阶跃信号"Step"，拖至新建模型窗口；按"Simulink/Sinks/Scope"路径选择示波器"Scope"。

5）将模块逐一连接起来，即可得到系统的仿真模型，如图 2-25 所示。

6）使用 Simulink 菜单中的"Start"，或单击 Simulink 模块库浏览器窗口中工具条中的图标"▶"，即可对系统进行仿真。双击"Scope"模块，即可得到图 2-26 所示的单位阶跃响应曲线。

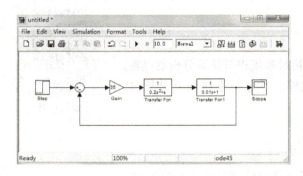

图 2-25　Simulink 系统仿真模型

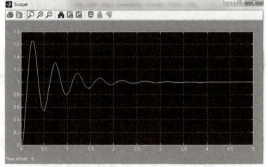

图 2-26　Simulink 系统仿真输出结果显示

实训 2.1　被控对象建模

1. 实训目的

1）掌握 Simulink 仿真工具箱的使用。

2）能使用 Simulink 仿真工具箱建立单容和双容被控对象模型,并分析。

2. 实训设备

1）计算机一台。

2）MATLAB 软件一套。

3. 实训内容与步骤

1）设无自衡单容对象传递函数为 $G_0(s)=\dfrac{1}{s}$,利用 Simulink 仿真工具箱建立该系统的模型,并求单位阶跃响应。

2）设有自衡单容对象传递函数为 $G_0(s)=\dfrac{1}{s+1}$,利用 Simulink 仿真工具箱建立该系统的模型,并求单位阶跃响应。

3）设双容对象传递函数为 $G_0(s)=\dfrac{1}{2s+1}\cdot\dfrac{1}{s+1}$,利用 Simulink 仿真工具箱建立该系统的模型,并求单位阶跃响应。

4）通过 Simulink 仿真运行,比较不同的被控对象其系统的动态响应情况,将仿真运行结果填入表 2-3 中。

表 2-3　不同的被控对象系统的动态响应

动态响应	无自衡单容对象	自衡单容对象	双容对象
控制器传递函数			
最大超调量			
调整时间			
振荡次数			
稳态误差			

5）分析表 2-3 的内容,得出结论。

4. 实训报告
1) 画出本实训中涉及的 3 个 Simulink 仿真模型。
2) 记录仿真运行结果，并对结果进行分析。
5. 思考
分析不同的被控对象其系统动态响应的特点。

实训 2.2　单容自衡水箱液位特性的测试

1. 实训目的
1) 掌握单容自衡水箱的阶跃响应测试方法，并记录相应液位的阶跃响应曲线。
2) 根据实训得到的液位阶跃响应曲线，用相应的方法确定被测对象的特征参数 K、T 和传递函数。

2. 实训设备
1) THSA-1 型过程控制综合自动化控制系统实验平台。
2) 计算机一台。
3) 万用表一个。

3. 实训内容与步骤
本实训选择下水箱作为被测对象（也可选择上水箱或中水箱）。实训之前，先将储水箱中贮足水量，然后将阀门 F1-1、F1-8 全开，将下水箱出水阀门 F1-11 开至适当开度，其余阀门均关闭。

1) 将 SA-12 智能调节仪控制挂件挂到屏上，并将挂件的通信线插头插入屏内 RS485 通信口上，将控制屏右侧 RS485 通信线通过 RS485/232 转换器连接到计算机串口，并按图 2-27 连接实训系统。将"LT3 下水箱液位"钮子开关拨到"ON"的位置。

2) 接通总电源断路器和钥匙开关，打开 24V 开关电源，给压力变送器上电，按下起动按钮，合上单相Ⅰ、单相Ⅲ断路器，给智能调节仪及电动调节阀上电。

3) 打开上位机 MCGS 组态环境，打开"智能仪表控制系统"工程，然后进入 MCGS 运行环境，在主菜单中单击"实验一、单容自衡水箱对象特性测试"，进入实训监控界面。

4) 在上位机监控界面中将智能仪表设置为"手动"控制，并将输出值设置为一个合适的值，此操作需通过调节仪表实现。

5) 合上三相电源断路器，磁力驱动泵上电打水，适当增加/减少智能调节仪的输出量，使下水箱的液位处于某一平衡位置，记录此时的仪表输出值和液位值。

6) 待下水箱液位平衡后，突增（或突减）智能调节仪输出量的大小，使其输出有一个正（或负）阶跃增量的变化（即阶跃扰动，此增量不宜过大，以免水箱中水溢出），于是水箱的液位便离开原平衡状态，经过一段时间后，水箱液位进入新的平衡状态，记录此时的仪表输出值和液位值，液位的响应过程曲线如图 2-28 所示。

7) 根据前面记录的液位值和仪表输出值，计算 K 值，再根据实训后所测得曲线求得 T 值，写出对象的传递函数。

4. 实训报告
1) 画出单容自衡水箱液位特性测试实训的结构框图。
2) 根据实训得到的数据及曲线，分析并计算出单容自衡水箱液位对象的参数及传递

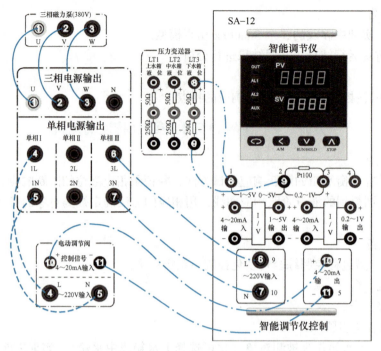

图 2-27　单容自衡水箱液位特性测试实训接线图

函数。

5. 思考

1）本实训中，为什么不能任意改变出水阀 F1-11 开度的大小？

2）用响应曲线法确定对象的数学模型时，其精度与哪些因素有关？

3）如果实训采用中水箱，其响应曲线与下水箱的曲线有什么异同？分析差异原因。

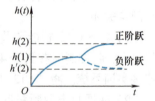

图 2-28　单容自衡水箱液位阶跃响应过程曲线

思考题与习题

2.1　求取图 2-29 所示电路的传递函数，图中物理量角标 i 代表输入，o 代表输出。

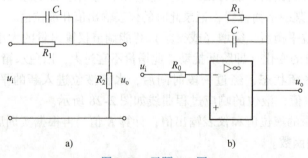

图 2-29　习题 2.1 图

2.2　惯性环节在什么条件下可近似为比例环节？又在什么条件下可近似为积分环节？

2.3　一个比例积分环节和一个比例微分环节相连接能否简化为一个比例环节？

2.4 化简图2-30a、b、c所示系统的框图，并求系统的闭环传递函数。

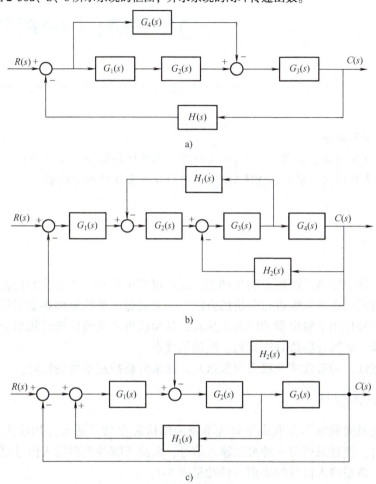

图2-30 习题2.4图

2.5 已知系统零极点形式的传递函数如下，试将其输入到MATLAB中，并转换成有理函数的形式。

$$G(s) = \frac{10(s+1)}{s(s+2)(s+3)(s+4)}$$

2.6 求下列两个传递函数在串联、并联和负反馈连接时的等效传递函数。

$$G_1(s) = \frac{s+1}{s^2+2s+3}$$

$$G_2(s) = \frac{1}{s+1}$$

2.7 某水槽水位阶跃响应实验数据为：

t/s	0	10	20	40	60	80	100	150	200	300	400
h/mm	0	9.5	18	33	45	55	63	78	86	95	98

其中阶跃扰动量 $\Delta u = 20\%$ 。

1）画出水位的阶跃响应曲线。
2）水位对象用一阶惯性环节近似，试确定其增益 K 和时间常数 T 。

第 3 章 自动控制系统的基本分析方法

【主要知识点及学习要求】
1）掌握时域分析法，能用 MATLAB 软件对系统时域性能进行仿真分析。
2）掌握频率特性法，能用 MATLAB 软件辅助分析系统的频率特性。

3.1 时域分析法

在控制系统数学模型已经确定的基础上，就可以着手分析控制系统的性能。时域分析法是一种直接在时间域中对系统进行分析的方法，它是通过向系统施加典型信号，然后求出系统在典型输入信号作用下输出量的时域表达式，从而获得系统输出的时间响应曲线，以此来评价系统的性能。时域分析法具有直观、准确的优点。

下面从稳定性、动态性能及稳态误差这几方面来分析控制系统的性能。

3.1.1 典型输入信号

控制系统的时间响应不仅取决于系统本身的结构和参数，还与外加输入信号的形式有关。实际应用时，究竟采用哪一种典型输入信号，取决于哪种典型输入信号更接近于系统的实际工作状态。典型输入信号的类型及特性见表 3-1。

表 3-1 典型输入信号的类型及特性

类型	单位脉冲信号	单位阶跃信号	单位斜坡信号
函数表达式	$r(t)=\delta(t)=\begin{cases}0 & t\neq 0\\ \infty & t=0\end{cases}$ 且 $\int_{0^-}^{0^+}\delta(t)\mathrm{d}t=1$	$r(t)=1(t)=\begin{cases}0 & t<0\\ 1 & t\geq 0\end{cases}$	$r(t)=\begin{cases}0 & t<0\\ t & t\geq 0\end{cases}$
拉氏变换式	$R(s)=1$	$R(s)=\dfrac{1}{s}$	$R(s)=\dfrac{1}{s^2}$
波形图			

(续)

类型	单位脉冲信号	单位阶跃信号	单位斜坡信号
特点	相当于一个瞬时扰动信号。实际应用中，只要输入信号的强度足够大，并且持续时间很短，均可近似为脉冲信号	相当于一个突然产生作用的信号，可模拟输入量的突然改变。在时域分析中，阶跃信号是评价动态性能时最常用的典型输入信号	在控制系统中，斜坡信号是一个对时间做均匀变化的信号，可模拟以恒定速度变化的物理量
举例	冲击力、阵风	开关的闭合、电源的突然接通、负载的突变	机械手的等速移动

3.1.2 稳定性分析

系统稳定性是系统设计与运行的首要条件。只有系统稳定，分析与研究自动控制系统的其他问题才有价值，所以稳定性分析是系统其他分析的前提。

1. 系统稳定性的概念

系统的稳定性是指自动控制系统在受到扰动作用使平衡状态被破坏后，经过调节重新达到平衡状态的性能。当系统受到扰动（如负载转矩变化，电网电压的变化等）偏离了原来的平衡状态，若这种偏离不断扩大，即使扰动消失，系统也不能回到平衡状态，则称这种系统是不稳定的，如图3-1a所示；若通过系统自身的调节作用，使偏差最后逐渐减小，系统又逐渐恢复到平衡状态，那么，称这种系统是稳定的，如图3-1b所示。

系统的稳定性又分为绝对稳定性和相对稳定性。系统的绝对稳定性是指系统稳定（或不稳定）的条件，即形成图3-1b所示状况的充要条件。系统的相对稳定性是指系统的稳定程度，如图3-2a所示系统的相对稳定性明显好于图3-2b所示系统。

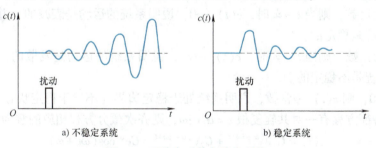

图3-1 不稳定系统与稳定系统

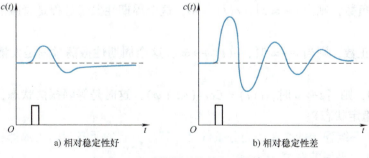

图3-2 自动控制系统的相对稳定性

2. 系统稳定的充要条件

在应用数学方法研究系统的稳定性时，首先要研究稳定性和数学模型之间的关系。若设系统的输入量只有扰动 $D(t)$ 作用，扰动作用下的输出为 $c(t)$，则系统微分方程的一般式为

$$a_n \frac{\mathrm{d}^n}{\mathrm{d}t^n} c(t) + a_{n-1} \frac{\mathrm{d}^{n-1}}{\mathrm{d}t^{n-1}} c(t) + \cdots + a_1 \frac{\mathrm{d}}{\mathrm{d}t} c(t) + a_0 c(t)$$

$$= b_m \frac{\mathrm{d}^m}{\mathrm{d}t^m} D(t) + b_{m-1} \frac{\mathrm{d}^{m-1}}{\mathrm{d}t^{m-1}} D(t) + \cdots + b_1 \frac{\mathrm{d}}{\mathrm{d}t} D(t) + b_0 D(t) \tag{3-1}$$

根据稳定性的概念可知：研究系统稳定性就是研究系统在扰动消失以后的运动情况。因而，可以从研究式(3-1)的微分方程在等号右边为零时的情况入手，即研究上述微分方程的齐次方程，即

$$a_n \frac{\mathrm{d}^n}{\mathrm{d}t^n} c(t) + a_{n-1} \frac{\mathrm{d}^{n-1}}{\mathrm{d}t^{n-1}} c(t) + \cdots + a_1 \frac{\mathrm{d}}{\mathrm{d}t} c(t) + a_0 c(t) = 0 \tag{3-2}$$

这时，扰动消失，即 $D(t) = 0$，微分方程即变为式(3-2)所示的齐次方程。该齐次方程的解就是扰动作用过后系统的运动过程。因此，若此解是收敛的，则该系统便是稳定的；若此解是发散的，则该系统便是不稳定的。

由高等数学知识可知，解齐次微分方程时，首先应求解它的特征方程：

$$a_n s^n + a_{n-1} s^{n-1} + \cdots + a_1 s + a_0 = 0 \tag{3-3}$$

当求得特征方程的根 s_1，s_2，…，s_n 后，就可以得到齐次微分方程解的一般式，即

$$c(t) = C_1 \mathrm{e}^{s_1 t} + C_2 \mathrm{e}^{s_2 t} + \cdots + C_n \mathrm{e}^{s_n t} \tag{3-4}$$

式中，C_1、C_2、…、C_n 是由初始条件所决定的积分常数。特征方程的根可能是实根，也可能是复根。下面是特征方程的根在不同情况下对系统稳定性影响的分析。

1）如果特征方程有一个实根 $s = \alpha$，则齐次微分方程相应的解为 $c(t) = C\mathrm{e}^{\alpha t}$。它表示系统在扰动消失以后的运动过程是指数曲线形式的非周期性变化过程。

① 若 α 为负数，则当 $t \to \infty$ 时，$c(t) \to 0$，说明系统的运动是衰减的，并最终返回原平衡状态，即系统是稳定的。

② 若 α 为正数，则当 $t \to \infty$ 时，$c(t) \to \infty$，说明系统的运动是发散的，不能返回原平衡状态，即系统是不稳定的。

③ 若 $\alpha = 0$，则 $c(t) \to$ 常数，说明系统处于稳定边界（不属于稳定状态）。

2）如果特征方程有一对共轭复根 $s = \alpha \pm \mathrm{j}\omega$，则齐次微分方程相应的解为

$$c(t) = C_1 \mathrm{e}^{(\alpha + \mathrm{j}\omega)t} + C_2 \mathrm{e}^{(\alpha - \mathrm{j}\omega)t} = C\mathrm{e}^{\alpha t} \cos(\omega t + \varphi)$$

它表示系统在扰动消失以后的运动过程是一个周期性振荡过程。

① 若 α 为负数，则当 $t \to \infty$ 时，$c(t) \to 0$，这个周期性振荡过程是衰减的，即系统是稳定的。

② 若 α 为正数，则当 $t \to \infty$ 时，$c(t) \to \infty$，这个周期性振荡过程是发散的，即系统是不稳定的。

③ 若 $\alpha = 0$，则当 $t \to \infty$ 时，$c(t) = C\cos(\omega t + \varphi)$，这时是等幅振荡状态，系统处于稳定边界（不属于稳定状态）。

综上所述，系统稳定的必要和充分条件是：特征方程的所有根的实部都必须是负数。亦即所有的根都在复平面的左侧。

对于稳定的系统，α 的绝对值 |α| 越大，即负实根或具有负实部的复根离虚轴越远，指数曲线衰减得越快，则系统的调整时间越短，系统的相对稳定性越好，如图 3-3 所示。

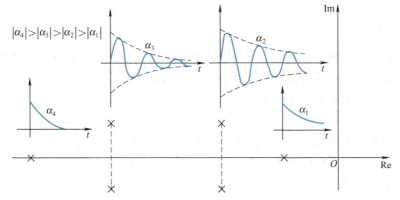

图 3-3 复平面上根的位置与系统的相对稳定性

由图 3-3 可见，若系统特征根有多个，那么，最靠近虚轴的极点，对系统稳定性（衰减慢）的影响最大，因此通常把最靠近虚轴的闭环极点，称为闭环主导极点。

利用 MATLAB 辅助分析，可快速判断系统的稳定性，下面举例说明。

【例 3-1】 设系统的特征方程为 $s^4+2s^3+3s^2+4s+5=0$，试判别该系统的稳定性。

【解】 在 MATLAB 中，使用函数 roots ( ) 可求解线性方程的根。该函数调用格式为 roots (p)。函数输入参数 p 是降幂排列的多项式的系数向量，输出为求出的根。

在 MATLAB 的命令行输入如下语句：

```
>>p=[1,2,3,4,5];roots(p)
```

程序运行结果为

```
ans =
   0.2878 +1.4161i
   0.2878 -1.4161i
  -1.2878 +0.8579i
  -1.2878 -0.8579i
```

在所有的 4 个特征根中，有 2 个根的实部是正值，所以系统是不稳定的。

【例 3-2】 已知单位负反馈系统的开环传递函数为 $G(s)=\dfrac{100(s+2)}{s(s+1)(s+20)}$，试判别该闭环系统的稳定性。

【解】 在 MATLAB 的命令行输入如下语句：

```
>>z=[-2];p=[0,-1,-20];k=[100];G0=zpk(z,p,k);G1=tf(G0)
>>G2=feedback(G1,1);roots(G2.den{1})
```

程序运行结果为

```
ans =
  -12.8990
```

　　　　　－5.0000
　　　　　－3.1010

计算数据表明所有特征根的实部都为负值,则闭环系统是稳定的。

3.1.3 动态性能分析

在工程实践中,一阶系统和二阶系统是极为常见的。特别是许多高阶系统忽略次要因素后,可用一阶系统或二阶系统来近似表征其特征。因此,对一阶系统、二阶系统的性能进行分析在控制系统分析中具有非常重要的意义。

1. 一阶系统的动态性能分析

图 3-4 所示为一个典型的一阶系统的结构框图,由此可以求出一阶系统的闭环传递函数为

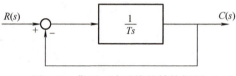

$$\Phi(s) = \frac{C(s)}{R(s)} = \frac{1}{Ts+1}$$

图 3-4　典型一阶系统的结构框图

设系统的输入信号 $r(t)$ 为单位阶跃信号,即 $R(s)=1/s$,则一阶系统的单位阶跃响应的拉氏变换式为

$$C(s) = \Phi(s)R(s) = \frac{1}{Ts+1} \cdot \frac{1}{s} = \frac{1}{s} - \frac{T}{Ts+1} = \frac{1}{s} - \frac{1}{s+1/T}$$

对上式进行拉氏反变换,求得系统的单位阶跃响应为

$$c(t) = 1 - e^{-\frac{1}{T}t}$$

可见,一阶系统的单位阶跃响应曲线是一条从零开始按指数规律上升的曲线,如图 3-5 所示。在初始时刻($t=0$ 时),系统的响应曲线有最大的斜率 $1/T$,随着时间 t 的增加,系统的输出 $c(t)$ 逐渐趋近于稳态值 1。

一阶系统的性能通常用以下几个指标来衡量:

1) 上升时间 t_r。对于无振荡的单调系统,上升时间定义为输出量 $c(t)$ 从 $c(\infty)$ 的 10% 上升到 90% 所需的时间。

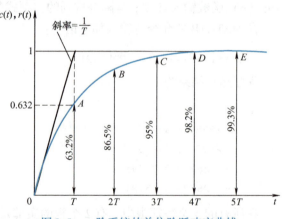

图 3-5　一阶系统的单位阶跃响应曲线

根据 $c(t) = 1 - e^{-\frac{1}{T}t}$ 可知,当 $c(t)|_{t=t_1} = 0.1c(\infty)$ 时,解得 $t_1 = 0.1T$;当 $c(t)|_{t=t_2} = 0.9c(\infty)$ 时,解得 $t_2 = 2.3T$。

根据上升时间 t_r 的定义,得 $t_r = t_2 - t_1 = 2.2T$。

2) 调整时间 t_s。从系统的响应曲线可知,在 $t=3T$ 时,$c(3T) = 0.95$,系统的输出值进入 ±5% 的误差带之内;在 $t=4T$ 时,$c(4T) = 0.982$,系统的输出值进入 ±2% 的误差带之内。

因此,一阶系统的调整时间 t_s 为

$$t_s = 3T \text{（±5\% 误差带）}$$
$$t_s = 4T \text{（±2\% 误差带）}$$

3) 最大超调量 $\sigma\%$。因为一阶系统的阶跃响应是单调上升的,没有超调,所以一阶系

统的最大超调量 $\sigma\% = 0$。

2. 二阶系统的动态性能分析

图 3-6 所示为一个典型的二阶系统的结构框图，由此可以求出二阶系统的闭环传递函数为

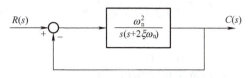

图 3-6 典型二阶系统的结构框图

$$\Phi(s) = \frac{C(s)}{R(s)} = \frac{\omega_n^2}{s^2 + 2\xi\omega_n s + \omega_n^2}$$

同样，设系统的输入信号 $r(t)$ 为单位阶跃信号，即 $R(s) = 1/s$，则二阶系统单位阶跃响应的拉氏变换式为

$$C(s) = \frac{1}{T^2 s^2 + 2\xi T s + 1} \cdot \frac{1}{s} = \frac{\omega_n^2}{s^2 + 2\xi\omega_n s + \omega_n^2} \cdot \frac{1}{s} \tag{3-5}$$

由式(3-5) 可得典型二阶系统的特征方程为

$$s^2 + 2\xi\omega_n s + \omega_n^2 = 0 \tag{3-6}$$

从而可以解得系统特征方程的两个根为

$$s_{1,2} = -\xi\omega_n \pm \omega_n \sqrt{\xi^2 - 1}$$

由上式可见，对应于不同的 ξ 值，根 $s_{1,2}$ 的性质将是不同的，从而求出的 $c(t)$ 也将不同。现分别求解如下。

1) 当 $\xi = 0$（无阻尼）（零阻尼）时：

特征方程的根 $s_{1,2} = \pm j\omega_n$，即为一对纯虚根，此时

$$C(s) = \frac{\omega_n^2}{s^2 + \omega_n^2} \cdot \frac{1}{s}$$

进行拉氏反变换后，可得

$$c(t) = 1 - \cos\omega_n t$$

由上式可见，无阻尼时的阶跃响应为等幅振荡曲线。参见图 3-7 中 $\xi = 0$ 的曲线。

2) 当 $0 < \xi < 1$（欠阻尼）时：

特征方程的根 $s_{1,2} = -\xi\omega_n \pm j\omega_n \sqrt{1 - \xi^2}$，是一对共轭复根，通常令

$$\omega_d = \omega_n \sqrt{1 - \xi^2}$$

式中，ω_d 为阻尼振荡角频率。

则

$$s_{1,2} = -\xi\omega_n \pm j\omega_d$$

将式(3-5) 进行拉氏反变换后，得

$$c(t) = 1 - \frac{e^{-\xi\omega_n t}}{\sqrt{1 - \xi^2}} \sin(\omega_d t + \varphi)$$

$$\varphi = \arctan \frac{\sqrt{1 - \xi^2}}{\xi}$$

由上式可见，此时 $c(t)$ 是一衰减振荡曲线，又称阻尼振荡曲线。对应不同的 ξ（$0 < \xi < 1$），可画出一簇阻尼振荡曲线，参见图 3-7，可见 ξ 越小，振荡的最大振幅越大。

3) 当 $\xi = 1$（临界阻尼）时：

特征方程的根 $s_{1,2} = -\omega_n$，是两个相等的负实根（重根），此时

$$C(s) = \frac{\omega_n^2}{s^2 + 2\omega_n s + \omega_n^2} \cdot \frac{1}{s}$$

$$= \frac{\omega_n^2}{s(s+\omega_n)^2}$$

进行拉氏反变换后,可得

$$c(t) = 1 - e^{-\omega_n t}(1 + \omega_n t)$$

由上式可画出图 3-7 中 $\xi = 1$ 所示的曲线。此曲线表明,<u>临界阻尼时的阶跃响应为单调上升曲线</u>。

4) 当 $\xi > 1$ (过阻尼) 时:

特征方程的根 $s_{1,2} = -\xi\omega_n \pm \omega_n\sqrt{\xi^2 - 1}$,是两个不相等的负实根。

此时将式(3-5) 进行拉氏反变换,可得

$$c(t) = 1 - \frac{1}{2x(\xi - x)}e^{-(\xi - x)\omega_n t} + \frac{1}{2x(\xi - x)}e^{-(\xi + x)\omega_n t}$$

式中,$x = \sqrt{\xi^2 - 1}$。

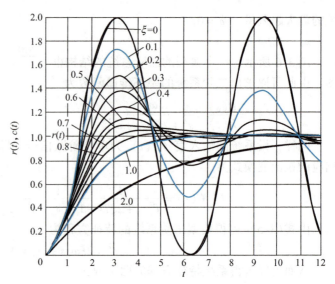

图 3-7 典型二阶系统的单位阶跃响应曲线

由上式可画出图 3-7 中 $\xi = 2.0$ ($\xi > 1$) 所示的曲线。可见,过阻尼时的阶跃响应也为单调上升曲线。不过其上升的斜率较临界阻尼时慢。

由以上分析可见,典型二阶系统在不同的阻尼比情况下,其阶跃响应输出特性的差异是很大的。若阻尼比过小,则系统的振荡加剧,超调量大幅度增加;若阻尼比过大,则系统的响应过慢,又大大增加了调整时间。

实际工程中,除了那些不允许产生振荡的控制系统外,通常都允许系统有适度的振荡,以获得较短的过渡过程时间。由于欠阻尼二阶系统的阶跃响应是以 ω_d 为角频率的衰减振荡过程,能兼顾快速性与平稳性,所以工程上大部分二阶系统均工作于欠阻尼状态下。二阶欠阻尼系统的性能指标通常用超调量 $\sigma\%$、调整时间 t_s、上升时间 t_r 及峰值时间 t_p 等指标来衡量。

【例 3-3】 已知单位负反馈系统的开环传递函数为 $G(s) = \dfrac{80}{s^2 + 3s}$,试作出其闭环系统的单位阶跃响应曲线,并分析其动态性能。

【解】 在 MATLAB 中,使用函数 step( ) 可以求出系统的阶跃响应。

在 MATLAB 命令行输入如下语句:

```
>>n=[80];d=[1,3,0];G0=tf(n,d)
>>G1=feedback(G0,1);step(G1)
```

程序运行后得到系统的单位阶跃响应曲线,如图 3-8 所示。

对准曲线某点,鼠标右键单击即可显示该点所有状态值,如图 3-8 所示。由此可以求出系统的各项动态性能指标:超调量 $\sigma\% = 58.6\%$,调整时间 $t_s = 2.56s$,上升时间 $t_r = 0.198s$,峰

值时间 $t_p = 0.359$s。

3.1.4 稳态误差分析

自动控制系统的输出量一般包含两个分量：稳态分量和暂态分量。暂态分量反映了控制系统的动态性能。对于稳定的系统，暂态分量随着时间的推移，将逐渐减小并最终趋向于零。稳态分量反映系统的稳态性能，它反映控制系统跟随给定量和抑制扰动量的能力和准确度。稳态性能的优劣，一般以稳态误差的大小来度量。

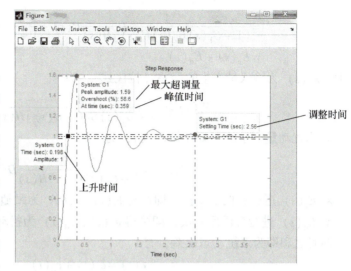

图3-8 系统的阶跃响应曲线

稳态误差始终存在于系统的稳态工作状态之中，一般说来，系统长时间的工作状态是稳态，因此在设计系统时，除了首先要保证系统能稳定运行外，其次就是要求系统的稳态误差小于规定的允许值。

1. 系统稳态误差的概念

系统误差 $e(t)$ 的一般定义是期望值 $c_r(t)$ 与实际值 $c(t)$ 之差，即 $e(t) = c_r(t) - c(t)$。系统误差的拉氏式为

$$E(s) = C_r(s) - C(s)$$

对于输出期望值，通常以偏差信号 e 为零来确定期望值，即
$$e(s) = R(s) - H(s)C_r(s) = 0$$
于是，输出期望值（拉氏式）为

$$C_r(s) = \frac{R(s)}{H(s)}$$

系统的误差（拉氏式）为

$$E(s) = \frac{R(s)}{H(s)} - C(s)$$

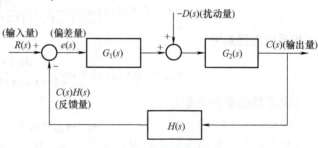

图3-9 典型系统框图

由图3-9可知，系统的实际输出量为

$$C(s) = \frac{G_1(s)G_2(s)}{1 + G_1(s)G_2(s)H(s)}R(s) + \frac{G_2(s)}{1 + G_1(s)G_2(s)H(s)}[-D(s)]$$

可得系统误差为

$$\begin{aligned}E(s) &= C_r(s) - C(s) \\ &= \frac{R(s)}{H(s)} - \left[\frac{G_1(s)G_2(s)}{1 + G_1(s)G_2(s)H(s)}R(s) - \frac{G_2(s)}{1 + G_1(s)G_2(s)H(s)}D(s)\right]\end{aligned}$$

$$= \frac{1}{[1+G_1(s)G_2(s)H(s)]H(s)}R(s) + \frac{G_2(s)}{1+G_1(s)G_2(s)H(s)}D(s)$$
$$= E_r(s) + E_d(s) \tag{3-7}$$

式中，$E_r(s)$ 为输入量产生的误差（拉氏式），为

$$E_r(s) = \frac{1}{[1+G_1(s)G_2(s)H(s)]H(s)}R(s) \tag{3-8}$$

$E_d(s)$ 为扰动量产生的误差（拉氏式），为

$$E_d(s) = \frac{G_2(s)}{1+G_1(s)G_2(s)H(s)}D(s) \tag{3-9}$$

对 $E_r(s)$ 进行拉氏反变换，即可得 $e_r(t)$，$e_r(t)$ 为跟随动态误差。
对 $E_d(s)$ 进行拉氏反变换，即可得 $e_d(t)$，$e_d(t)$ 为扰动动态误差。
两者之和即为系统动态误差，有

$$e(t) = e_r(t) + e_d(t) \tag{3-10}$$

式(3-10)表明，系统的误差 $e(t)$ 为时间的函数，是动态误差，它是跟随动态误差 $e_r(t)$ 和扰动动态误差 $e_d(t)$ 的代数和。

对于稳定系统，当 $t\to\infty$ 时，$e(t)$ 的极限值即为稳态误差，即

$$e_{ss} = \lim_{t\to\infty} e(t) \tag{3-11}$$

利用拉氏变换终值定理可以直接由拉氏式 $E(s)$ 求得稳态误差，即

$$e_{ss} = \lim_{t\to\infty} e(t) = \lim_{s\to 0} sE(s) \tag{3-12}$$

跟随稳态误差（又称给定稳态误差）为

$$e_{ssr} = \lim_{s\to 0} sE_r(s) = \lim_{s\to 0} \frac{sR(s)}{[1+G_1(s)G_2(s)H(s)]H(s)} \tag{3-13}$$

扰动稳态误差为

$$e_{ssd} = \lim_{s\to 0} sE_d(s) = \lim_{s\to 0} \frac{sG_2(s)D(s)}{1+G_1(s)G_2(s)H(s)} \tag{3-14}$$

于是系统的稳态误差为

$$e_{ss} = e_{ssr} + e_{ssd} \tag{3-15}$$

系统的稳态误差由跟随稳态误差和扰动稳态误差两部分组成。它们不仅与系统的结构、参数有关，而且还与作用量（输入量和扰动量）的大小、变化规律和作用点有关。

2. 系统稳态误差与系统型别、系统开环增益间的关系

一个复杂的控制系统通常可看成由一些典型的环节组成的。设控制系统的传递函数为

$$G(s) = \frac{K\prod(\tau s+1)(b_2 s^2+b_1 s+1)}{s^\nu \prod(Ts+1)(a_2 s^2+a_1 s+1)}$$

在这些典型环节中，当 $s\to 0$ 时，除 K 和 s^ν 外，其他各项均趋于 1。因此，系统的稳态误差将主要取决于系统中的比例和积分环节。

在图 3-9 所示的典型系统中，设 $G_1(s)$ 中包含 ν_1 个积分环节，其增益为 K_1，于是

$$\lim_{s\to 0} G_1(s) = \lim_{s\to 0} \frac{K_1}{s^{\nu_1}}$$

式中，ν_1 为扰动作用点前的积分个数。

设 $G_2(s)$ 中包含 ν_2 个积分环节，其增益为 K_2，于是

$$\lim_{s \to 0} G_2(s) = \lim_{s \to 0} \frac{K_2}{s^{\nu_2}}$$

式中，ν_2 为扰动作用点后的积分个数。

设 $H(s)$ 中不含积分环节，其增益为 α，于是

$$\lim_{s \to 0} H(s) = \alpha$$

则系统的跟随稳态误差为

$$e_{\text{ssr}} = \lim_{s \to 0} \frac{sR(s)}{[1 + G_1(s)G_2(s)H(s)]H(s)} = \lim_{s \to 0} \frac{sR(s)}{\left[1 + \dfrac{K_1 K_2 \alpha}{s^{(\nu_1 + \nu_2)}}\right]\alpha} \quad (3\text{-}16)$$

系统的扰动稳态误差为

$$e_{\text{ssd}} = \lim_{s \to 0} \frac{sG_2(s)D(s)}{1 + G_1(s)G_2(s)H(s)}$$

$$= \lim_{s \to 0} \frac{\dfrac{sK_2}{s^{\nu_2}}D(s)}{\left[1 + \dfrac{K_1 K_2 \alpha}{s^{(\nu_1 + \nu_2)}}\right]} \approx \lim_{s \to 0} \frac{s^{(\nu_1 + 1)}}{K_1 \alpha}D(s) \quad (3\text{-}17)$$

由以上两式可以看出：

1) 系统的稳态误差与系统中所包含的积分环节的个数 ν（或 ν_1，下同）有关，因此工程上往往把系统中所包含的积分环节的个数 ν 称为型别，或无静差度。

若 $\nu = 0$，称为 0 型系统（又称零阶无静差）。
若 $\nu = 1$，称为 Ⅰ 型系统（又称一阶无静差）。
若 $\nu = 2$，称为 Ⅱ 型系统（又称二阶无静差）。

由于包含两个以上积分环节的系统不易稳定，所以很少采用 Ⅱ 型以上的系统。

2) 对于同一个系统，由于作用量和作用点不同，一般说来，其跟随稳态误差和扰动稳态误差是不同的。对于随动系统，前者是主要的；对于恒值控制系统，则后者是主要的。

跟随稳态误差 e_{ssr} 与前向通路积分个数 ν 和开环增益 K 有关。ν 越多，K 越大，则跟随稳态精度越高。

扰动稳态误差 e_{ssd} 与扰动量作用点前的前向通路积分个数 ν_1 和增益 K_1 有关，ν_1 越多，K_1 越大，则对扰动信号的稳态精度越高。

【例 3-4】 已知系统结构如图 3-10 所示，输入信号 $r(t) = t$，扰动信号 $d(t) = 0.5$，试计算系统的稳态误差。

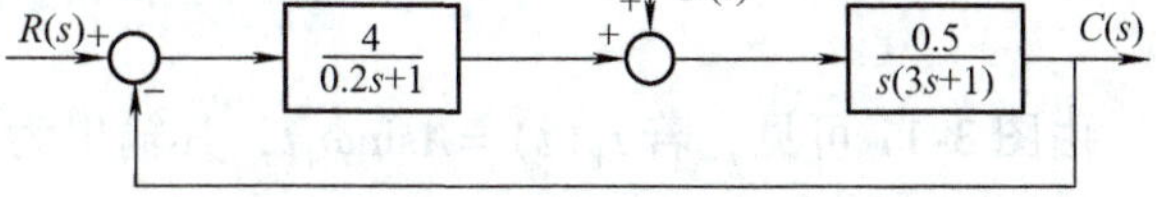

图 3-10 例 3-4 系统结构

【解】 由图 3-10 可知：

$$K_1 = 4, \ \nu_1 = 0, \ K_2 = 0.5, \ \nu_2 = 1, \ \alpha = 1, \ R(s) = \frac{1}{s^2}, \ D(s) = \frac{0.5}{s}$$

则在输入信号作用下的稳态误差 e_{ssr} 为

$$e_{\text{ssr}} = \lim_{s \to 0} \frac{sR(s)}{\left[1 + \dfrac{K_1 K_2 \alpha}{s^{(\nu_1 + \nu_2)}}\right]\alpha} = \lim_{s \to 0} \frac{s\dfrac{1}{s^2}}{1 + \dfrac{2}{s}} = 0.5$$

在扰动信号作用下的稳态误差 e_{ssd} 为

$$e_{\text{ssd}} \approx \lim_{s \to 0} \frac{s^{(\nu_1 + 1)}}{K_1 \alpha} D(s) = \lim_{s \to 0} \frac{s}{4} \frac{0.5}{s} = 0.125$$

总稳态误差为

$$e_{\text{ss}} = e_{\text{ssr}} + e_{\text{ssd}} = 0.5 + 0.125 = 0.625$$

3.2 频率特性法

频率特性法是控制理论中常用的另一种分析方法，它通过系统开环频率特性的图形来分析闭环控制系统的暂态特性和稳态特性。频率特性法具有明确的物理意义，许多系统和元件的频率特性都可以用实验方法测定，这对于一些机理复杂、难以采用解析方法求出系统数学模型的情况，具有很大的工程实用意义。

3.2.1 频率特性的基本概念

频率特性又称频率响应，它是系统（或元件）对不同频率正弦输入信号的响应特性。对于线性系统，若其输入信号为正弦量，则其稳态输出信号也将是同频率的正弦量，但是其幅值和相位一般都不同于输入量。若逐次改变输入信号的角频率 ω，则输出信号的幅值与相位都会发生变化，如图 3-11 所示。

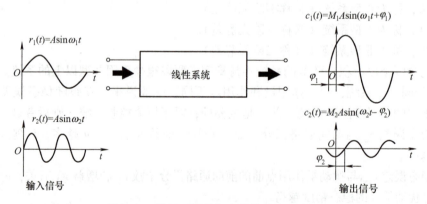

图 3-11 线性系统的频率特性响应示意图

由图 3-11 可见，若 $r_1(t) = A\sin\omega_1 t$，其输出为

$$c_1(t) = A_1 \sin(\omega_1 t + \varphi_1) = M_1 A \sin(\omega_1 t + \varphi_1)$$

即振幅增加至 M_1 倍，相位超前了 φ_1。若改变频率 ω，使 $r_2(t) = A\sin\omega_2 t$，则系统的输出变为

$$c_2(t) = A_2 \sin(\omega_2 t - \varphi_2) = M_2 A \sin(\omega_2 t - \varphi_2)$$

这时输出量的振幅减少为原来的 M_2 倍（$M_2 < 1$），相位滞后 φ_2。因此，若以角频率 ω

为自变量，系统输出量振幅增长的倍数 M 和相位的变化量 φ 为两个因变量，这便是系统的频率特性。

一个稳定的线性系统，幅值 M 和相位 φ 都是角频率 ω 的函数（随 ω 变化而变化），所以通常写成 $M(\omega)$ 和 $\varphi(\omega)$。这意味着，它们的值对不同的角频率可能是不同的。

$M(\omega)$ 称为幅值频率特性，简称幅频特性；$\varphi(\omega)$ 称为相位频率特性，简称相频特性。两者统称频率特性或幅相频率特性。频率特性常用符号 $G(j\omega)$ 表示。幅频特性 $M(\omega)$ 表示为 $|G(j\omega)|$，相频特性 $\varphi(\omega)$ 表示为 $\angle G(j\omega)$，三者可写成下面的形式：

$$G(j\omega) = |G(j\omega)| \angle G(j\omega)$$

同一个系统（或环节）的频率特性 $G(j\omega)$ 与其传递函数 $G(s)$ 之间存在确切的简单关系，将传递函数 $G(s)$ 中的 s 用 $j\omega$ 代替，就可以得到其频率特性 $G(j\omega)$，即

$$G(j\omega) = G(s)\big|_{s=j\omega}$$

3.2.2 频率特性的表示方式

（1）数学式表示方式　频率特性 $G(j\omega)$ 是一个复数，可以在复平面上表示为实部和虚部的直角坐标系形式，也可以表示为幅值和相角的极坐标形式和指数形式，如图 3-12 所示。

因此，频率特性的几种数学表示形式如下：

$$G(j\omega) = |G(j\omega)| \angle G(j\omega) = U(\omega) + jV(\omega) = M(\omega)e^{j\varphi(\omega)}$$

显然，幅频特性可表示为

$$M(\omega) = |G(j\omega)| = \sqrt{U^2(\omega) + V^2(\omega)} \qquad (3\text{-}18)$$

相频特性可表示为

$$\varphi(\omega) = \angle G(j\omega) = \arctan\frac{V(\omega)}{U(\omega)} \qquad (3\text{-}19)$$

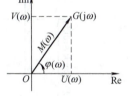

图 3-12　频率特性的几种表示方法

（2）图形表示方式

1）极坐标图（奈氏图）。当 ω 从 $0 \to \infty$ 变化时，根据频率特性的极坐标表示式，$G(j\omega) = |G(j\omega)| \angle G(j\omega) = M(\omega) \angle \varphi(\omega)$，可以计算出每一个 ω 值所对应的幅值 $M(\omega)$ 和相位 $\varphi(\omega)$。将它画在极坐标平面上，就得到了频率特性的极坐标图。

如果把复数 $G(j\omega)$ 表示成矢量，那么 $M(\omega)$ 即为矢量的模，$\varphi(\omega)$ 即为矢量的幅角。而频率特性的极坐标图，就是矢量 $G(j\omega)$ 的矢端在 ω 由 $0 \to \infty$ 时的运动轨迹。该轨迹又称为幅相频率特性曲线，或奈奎斯特曲线，简称奈氏曲线。图 3-13 为常见的二、三阶系统的幅相频率特性曲线。

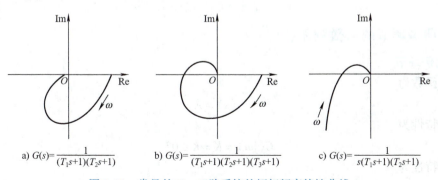

a) $G(s) = \dfrac{1}{(T_1 s+1)(T_2 s+1)}$　　b) $G(s) = \dfrac{1}{(T_1 s+1)(T_2 s+1)(T_3 s+1)}$　　c) $G(s) = \dfrac{1}{s(T_1 s+1)(T_2 s+1)}$

图 3-13　常见的二、三阶系统的幅相频率特性曲线

2）对数频率特性曲线（伯德图）。幅相频率特性曲线是以 ω 作为变量来分析研究系统的频率特性的曲线，但其在定量分析上有一定的困难。所以在工程上采用了另外一种图形表达方式，即对数频率特性曲线，又称伯德图。

对数频率特性的定义为

$$\begin{cases} L(\omega) = 20\lg M(\omega) \\ \varphi(\omega) = \angle G(j\omega) \end{cases} \tag{3-20}$$

式中，$L(\omega)$ 为对数幅频特性，单位为 dB；$\varphi(\omega)$ 为对数相频特性，单位为°。

对数幅频特性曲线的横坐标表示频率 ω，按对数分度，即以 $\lg\omega$ 标注刻度，单位为 rad/s。但习惯上为方便读数，标注的是频率 ω 本身的数值，因此，对 ω 而言，横轴的刻度是不均匀的。$\lg\omega$ 每变化一个单位长度，ω 将变化 10 倍（以后称之为一个"10 倍频程"）。两者的相应关系如图 3-14 所示。

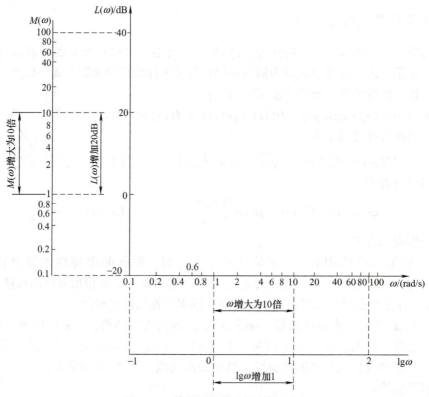

图 3-14 伯德图的横坐标和纵坐标

3.2.3 典型环节的对数频率特性

1. 比例环节

传递函数为

$$G(s) = K$$

频率特性为

$$G(j\omega) = K = K\angle 0°$$

对数频率特性为

$$\begin{cases} L(\omega) = 20\lg K \\ \varphi(\omega) = 0° \end{cases}$$

比例环节的伯德图如图 3-15 所示。

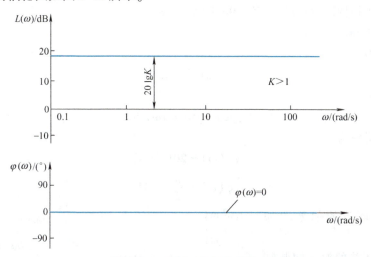

图 3-15 比例环节的伯德图

由图 3-15 可见，比例环节的对数幅频特性 $L(\omega)$ 为水平直线，其高度为 $20\lg K$；对数相频特性 $\varphi(\omega)$ 为与横轴重合的水平直线。当系统增设比例环节后，系统的 $L(\omega)$ 将向上（或向下）平移，而 $L(\omega)$ 的形状不会改变，系统 $\varphi(\omega)$ 将不受任何影响。这是比例环节的一大特点。

2. 积分环节

传递函数为

$$G(s) = \frac{1}{Ts} = \frac{K}{s} \quad \left(K = \frac{1}{T}\right)$$

频率特性为

$$G(j\omega) = \frac{1}{jT\omega} = -j\frac{1}{T\omega} = \frac{1}{T\omega}\angle -90°$$

对数频率特性为

$$\begin{cases} L(\omega) = 20\lg\dfrac{1}{T\omega} = -20\lg(T\omega) \\ \varphi(\omega) = -\dfrac{\pi}{2} = -90° \end{cases}$$

积分环节的伯德图如图 3-16 所示。

积分环节的对数幅频特性曲线 $L(\omega)$ 可表述为：在 $\omega = 1$ 处过 $L(\omega) = 20\lg K$ 的点（或在 $\omega = 1/T$ 处过零分贝线），斜率为 -20dB/dec 的直线，如图 3-16

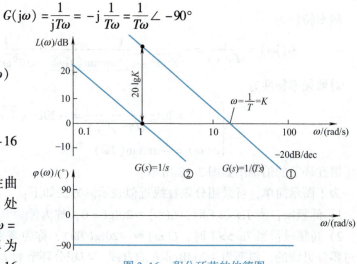

图 3-16 积分环节的伯德图

中的斜直线①所示。积分环节的 $L(\omega)$ 过零分贝线的点的数值即为增益 K。当 $K=1$ 时，即 $G(s)=\dfrac{1}{s}$，这时 $\omega=\dfrac{1}{T}=1\text{rad/s}$，直线在 $\omega=1\text{rad/s}$ 处穿过零分贝线，如图 3-16 中的斜直线②所示。对数相频特性 $\varphi(\omega)$ 为一条 $-90°$ 的水平直线。

3. 理想微分环节

传递函数为

$$G(s)=\tau s$$

频率特性为

$$G(\text{j}\omega)=\text{j}\tau\omega=\tau\omega\angle 90°$$

对数频率特性为

$$\begin{cases}L(\omega)=20\lg(\tau\omega)\\ \varphi(\omega)=\dfrac{\pi}{2}=90°\end{cases}$$

理想微分环节的伯德图如图 3-17 所示。

理想微分环节的对数幅频特性曲线 $L(\omega)$ 可表述为：在 $\omega=1$ 处过 $L(\omega)=20\lg K$ 的点（或在 $\omega=1/\tau$ 处过零分贝线），斜率为 $+20\text{dB/dec}$ 的斜直线。对数相频特性 $\varphi(\omega)$ 为一条 $+90°$ 的水平直线。

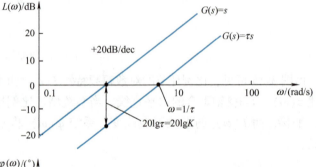

图 3-17 理想微分环节的伯德图

4. 惯性环节

传递函数为

$$G(s)=\dfrac{1}{Ts+1}$$

频率特性为

$$G(\text{j}\omega)=\dfrac{1}{\text{j}T\omega+1}=\dfrac{1}{\sqrt{T^2\omega^2+1}\angle\arctan(T\omega)}=\dfrac{1}{\sqrt{T^2\omega^2+1}}\angle-\arctan(T\omega)$$

对数频率特性为

$$\begin{cases}L(\omega)=20\lg\dfrac{1}{\sqrt{T^2\omega^2+1}}=-20\lg\sqrt{T^2\omega^2+1}\\ \varphi(\omega)=-\arctan(T\omega)\end{cases}$$

惯性环节的伯德图如图 3-18 所示。

为了图示简单，可采用分段直线近似表示。方法如下：

1) 低频段：当 $T\omega\ll 1$ 时，$L(\omega)\approx 20\lg 1=0$，称为低频渐近线。

2) 高频段：当 $T\omega\gg 1$ 时，$L(\omega)\approx -20\lg(T\omega)$，称为高频渐近线。这是一条在 $\omega=1/T$ 处过零分贝线的、斜率为 -20dB/dec 的直线，与积分环节的 $L(\omega)$ 相同。

当 $\omega\to 0$ 时，惯性环节的对数幅频特性趋近于低频渐近线；当 $\omega\to\infty$ 时，趋近于高频

渐近线。当 $\omega = 1/T$ 时，高、低频渐近线相接（它们的幅值均为零），因此 $\omega = 1/T$ 称为<u>交接频率</u>。对数相频特性 $\varphi(\omega)$ 低频渐近线为 $\varphi(\omega) = 0$ 的水平线，其高频渐近线为 $\varphi(\omega) = -\pi/2 = -90°$ 水平线，交接频率处的相位：当 $\omega = 1/T$ 时，$\varphi(\omega) = -\arctan(T\omega)|_{\omega=\frac{1}{T}} = -\frac{\pi}{4} = -45°$，如图 3-18 所示。

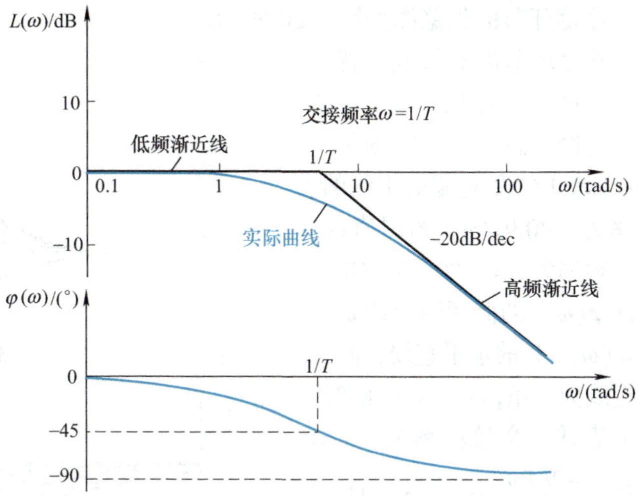

5. 比例微分环节

传递函数为

$$G(s) = \tau s + 1$$

频率特性为

$$G(j\omega) = j\tau\omega + 1 = \sqrt{\tau^2\omega^2 + 1}\,\underline{/\arctan(\tau\omega)}$$

对数频率特性为

$$\begin{cases} L(\omega) = 20\lg\sqrt{\tau^2\omega^2 + 1} \\ \varphi(\omega) = \arctan(\tau\omega) \end{cases}$$

比例微分环节的伯德图如图 3-19 所示。

如图 3-19 所示，比例微分环节与惯性环节的对数频率特性曲线对称于横轴，交接频率 $\omega = 1/\tau$。

6. 振荡环节

传递函数为

$$G(s) = \frac{1}{T^2s^2 + 2\xi Ts + 1}$$

频率特性为

$$G(j\omega) = \frac{1}{T^2(j\omega)^2 + 2\xi T(j\omega) + 1} = \frac{1}{(1 - T^2\omega^2) + j2\xi T\omega}$$

$$= \frac{1}{\sqrt{(1 - T^2\omega^2)^2 + (2\xi T\omega)^2}}\,\underline{/\arctan\frac{2\xi T\omega}{1 - T^2\omega^2}}$$

$$= \frac{1}{\sqrt{(1 - T^2\omega^2)^2 + (2\xi T\omega)^2}}\,\underline{/-\arctan\frac{2\xi T\omega}{1 - T^2\omega^2}}$$

对数频率特性为

$$\begin{cases} L(\omega) = -20\lg\sqrt{(1 - T^2\omega^2)^2 + (2\xi T\omega)^2} \\ \varphi(\omega) = -\arctan\frac{2\xi T\omega}{1 - T^2\omega^2} \end{cases}$$

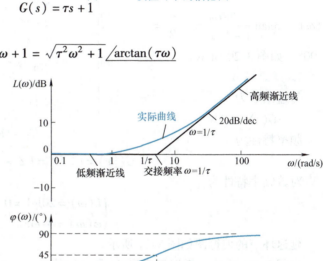

图 3-18　惯性环节的伯德图

图 3-19　比例微分环节的伯德图

振荡环节的伯德图如图 3-20 所示。

振荡环节的对数幅频特性 $L(\omega)$ 的低频渐近线也是一条零分贝线,高频渐近线则是一条在 $\omega = 1/T$ 处过零分贝线的、斜率为 $-40\mathrm{dB/dec}$ 的斜直线,交接频率为 $\omega = 1/T$。对数相频特性 $\varphi(\omega)$ 的低频渐近线是一条 $\varphi(\omega) = 0$ 的水平直线,高频渐近线为一条 $\varphi(\omega) = -180°$ 的水平直线,交接频率处,$\omega = 1/T$,$\dfrac{-2\xi T\omega}{1-T^2\omega^2} \to -\infty$,此时 $\varphi(\omega) = \arctan\dfrac{-2\xi T\omega}{1-T^2\omega^2} = -\dfrac{\pi}{2} = -90°$,如图 3-20 所示。

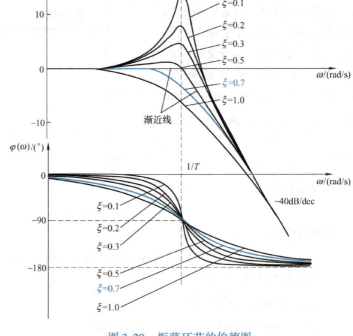

图 3-20　振荡环节的伯德图

7. 延迟环节

传递函数为
$$G(s) = \mathrm{e}^{-\tau_0 s}$$
频率特性为
$$G(\mathrm{j}\omega) = \mathrm{e}^{-\mathrm{j}\tau_0\omega} = 1 \angle -\tau_0\omega$$
对数频率特性为
$$\begin{cases} L(\omega) = 20\lg 1 = 0 \\ \varphi(\omega) = -\omega\tau_0 \end{cases}$$

延迟环节的伯德图如图 3-21 所示。

由图 3-21 可见,延迟环节的对数幅频特性 $L(\omega)$ 为一条 0dB 的水平直线;而对数相频特性 $\varphi(\omega)$,当 ω 增大时,$\varphi(\omega)$ 的数值也随之增大。

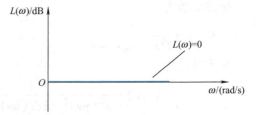

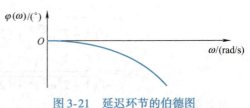

图 3-21　延迟环节的伯德图

3.2.4　开环对数频率特性曲线的绘制

控制系统一般都是由一些典型环节串联组成的,若各环节的传递函数已知,则可参照典型环节的频率特性曲线,绘制出系统的开环频率特性曲线。

若系统的开环传递函数为
$$G(s) = G_1(s)G_2(s)G_3(s)$$
其对应的开环频率特性则为
$$G(\mathrm{j}\omega) = G_1(\mathrm{j}\omega)G_2(\mathrm{j}\omega)G_3(\mathrm{j}\omega)$$

$$= M_1(\omega)\mathrm{e}^{\mathrm{j}\varphi_1(\omega)} M_2(\omega)\mathrm{e}^{\mathrm{j}\varphi_2(\omega)} M_3(\omega)\mathrm{e}^{\mathrm{j}\varphi_3(\omega)}$$
$$= M_1(\omega) M_2(\omega) M_3(\omega)\mathrm{e}^{\mathrm{j}[\varphi_1(\omega)+\varphi_2(\omega)+\varphi_3(\omega)]}$$

由上式可得其对数幅频特性为
$$L(\omega) = 20\lg[M_1(\omega)M_2(\omega)M_3(\omega)]$$
$$= 20\lg M_1(\omega) + 20\lg M_2(\omega) + 20\lg M_3(\omega)$$
$$= L_1(\omega) + L_2(\omega) + L_3(\omega)$$

对数相频特性为
$$\varphi(\omega) = \varphi_1(\omega) + \varphi_2(\omega) + \varphi_3(\omega)$$

由此可见，串联环节总的对数幅频特性等于各串联环节对数幅频特性的和，其总的对数相频特性等于各串联环节对数相频特性的和。

由典型环节的对数幅频特性可见，在低频段，惯性、振荡和比例微分等环节的低频渐近线均为零分贝线。因此，对数幅频特性 $L(\omega)$ 的低频段主要取决于比例环节和积分环节（理想微分环节一般很少出现）。而在 $\omega=1\mathrm{rad/s}$ 处，积分环节为过零点，因此在 $\omega=1\mathrm{rad/s}$ 处，对数幅频特性的高度仅取决于比例环节，即 $L(\omega)|_{\omega=1}=20\lg K$。此时的斜率，则主要取决于积分环节的多少，每多一个积分环节，斜率便降低 20dB/dec。若有 ν 个积分环节，则在 $\omega=1\mathrm{rad/s}$ 处的斜率便为 $-20\nu\mathrm{dB/dec}$。在确定了低频段以后，若遇到惯性环节，经过交接频率，$L(\omega)$ 的斜率便降低 20dB/dec；若遇到振荡环节，经过交接频率，斜率便降低 40dB/dec；若遇到比例微分环节，经过交接频率，斜率则增加 20dB/dec。掌握了以上规律，就可以直接画出串联环节总的渐近对数幅频特性了。其步骤如下：

1）分析系统是由哪些典型环节串联组成的，将这些典型环节的传递函数都化成标准形式（分母常数项为1）。

2）根据比例环节的 K 值，计算 $20\lg K$。

3）在半对数坐标纸上，找到横坐标为 $\omega=1\mathrm{rad/s}$、纵坐标为 $L(\omega)=20\lg K$ 的点，过该点作斜率为 $-20\nu\mathrm{dB/dec}$ 的斜线，其中 ν 为积分环节的数目。

4）计算各典型环节的交接频率，将各交接频率按由低到高的顺序进行排列，并按下列原则依次改变 $L(\omega)$ 的斜率：

① 若过惯性环节的交接频率，斜率减去 20dB/dec；

② 若过比例微分环节的交接频率，斜率增加 20dB/dec；

③ 若过振荡环节的交接频率，斜率减去 40dB/dec。

5）如果需要，可对渐近线进行修正，即可得到较精确的对数幅频特性曲线。

图 3-22　某自动控制系统框图

【例 3-5】　某自动控制系统的框图如图 3-22 所示，图中已标明系统的有关参数，试画出该系统的开环频率特性曲线（伯德图）。

【解】　由图 3-22 可得该系统的开环传递函数为
$$G(s) = \frac{5\times 0.15\times 20}{0.1}\times\frac{0.1s+1}{s^2(0.02s+1)} = 150\times\frac{1}{s^2}\times\frac{1}{0.02s+1}(0.1s+1)$$

由上式可见，系统由一个比例环节、两个积分环节、一个惯性环节和一个比例微分环节串联组成。

（1）对数幅频特性

1）低频段的绘制：

由于 $K=150$，所以 $L(\omega)$ 在 $\omega=1\text{rad/s}$ 处的高度为

$$20\lg K = 20\lg 150 = 43.5\text{dB}$$

由于含两个积分环节，其低频段斜率为

$$2\times(-20\text{dB/dec}) = -40\text{dB/dec}$$

2）中、高频段的绘制：

比例微分环节的交接频率为

$$\omega_1 = \frac{1}{0.1}\text{rad/s} = 10\text{rad/s}$$

惯性环节的交接频率为

$$\omega_2 = \frac{1}{0.02}\text{rad/s} = 50\text{rad/s}$$

因此，在低频段为 -40dB/dec 的斜直线；经 $\omega_1=10\text{rad/s}$ 处，遇到比例微分环节，斜率应增加 20dB/dec，成为 -20dB/dec 的斜直线；再经 $\omega_2=50\text{rad/s}$ 处，又遇到一惯性环节，斜率应降低 20dB/dec，又成为 -40dB/dec 的斜直线。如图3-23a所示。

（2）对数相频特性

1）比例环节：$\varphi_1(\omega)=0$，如图3-23b中水平直线①所示。

2）两个积分环节：$\varphi_2(\omega)=-180°$，如图3-23b中水平直线②所示。

3）比例微分环节：$\varphi_3(\omega)=\arctan 0.1\omega$，如图3-23b中曲线③所示。

4）惯性环节：$\varphi_4(\omega)=-\arctan 0.02\omega$，如图3-23b中曲线④所示。

系统的开环对数相频特性为以上各环节相频特性的叠加，如图3-23b所示。

在 MATLAB 控制系统工具箱中，用于对数频率特性曲线绘制的函数是 bode( )，其调用方式为

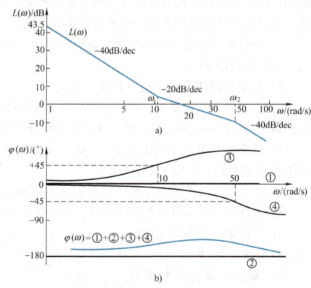

图3-23 系统的开环对数频率特性（伯德图）

```
bode(sys)
```

其中，sys 为系统模型。用该函数绘制的对数频率特性曲线，频率范围将根据系统零极点自动确定。

【例3-6】假设某系统的开环传递函数为

$$G(s) = \frac{80(s+1)}{s(s+4)(s+5)}$$

试用 MATLAB 绘制该系统的对数频率特性曲线。

【解】 在 MATLAB 命令窗口中输入以下命令：

```
>>sys = zpk([ -1],[0, -4, -5],[80])
>>bode(sys)
>>grid on
```

运行结果如图 3-24 所示。

3.2.5 控制系统性能的频域分析

1. 系统稳定性的频域分析

对数频率稳定判据是系统稳定性的频域判据之一，它是根据开环对数幅频特性曲线与对数相频特性曲线的相互关系来判别闭环系统的稳定性的。

1) 对数频率稳定判据的内容。若系统开环是稳定的，则闭环系统稳定的充要条件是：

当 $L(\omega)$ 线过 0dB 线时，对应的 $\varphi(\omega)$ 在 $-180°$ 线的上方；

或当 $\varphi(\omega) = -180°$ 时，对应的 $L(\omega)$ 在 0dB 线的下方。

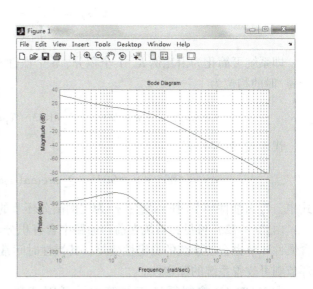

图 3-24 例 3-6 图

如图 3-25 所示，图中的 ω_c 称为增益穿越频率，简称穿越频率。

2) 稳定裕量。稳定裕量表示系统相对稳定的程度，亦即表示了系统的相对稳定性。系统的稳定裕量通常用相位稳定裕量和增益稳定裕量来表示。在工程计算中，通常只要求计算相位稳定裕量 γ。下面介绍相位稳定裕量的定义和计算公式。

相位稳定裕量 γ 可定义为

$$\gamma = \varphi(\omega_c) - (-180°) = 180° + \varphi(\omega_c)$$
(3-21)

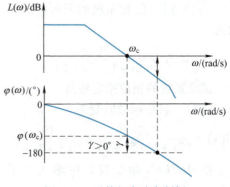

图 3-25 对数频率稳定判据

由上述定义可见：当 $\omega = \omega_c$ 时，相位角 $\varphi(\omega_c)$ 离边界条件（$-180°$）的"距离"，就是相位稳定裕量 γ，如图 3-25 所示。

若 $\gamma > 0°$，则系统是稳定的。γ 越大，则表示系统离稳定边界"距离"越远，系统稳定性越好，工作越可靠。

若 $\gamma = 0°$，则系统处于稳定边界。

若 $\gamma < 0°$，则系统不稳定。

对于一般闭环控制系统，通常希望 $\gamma = 30° \sim 45°$。

相位稳定裕量 γ 的计算方法（对最小相位系统）是：由开环传递函数 $G(s)$ 作系统的开环对数幅频特性曲线（一般以渐近线近似代替），从图中得到穿越频率 ω_c（计算或图解均可），计算出对应 ω_c 的相位 $\varphi(\omega_c)$，再由式(3-21)求得 γ。

若系统开环传递函数的形式为

$$G(s) = \frac{K\prod_{i=1}^{m}(\tau_i s + 1)}{s^\nu \prod_{j=1}^{n}(T_j s + 1)}$$

即系统可简化为由比例 K、ν 个积分、n 个惯性和 m 个比例微分环节组成的，则其对应于 ω_c 时的相位为

$$\varphi(\omega_c) = -\nu \times 90° - \sum_{j=1}^{n}\arctan(T_j\omega_c) + \sum_{i=1}^{m}\arctan(\tau_i\omega_c)$$

代入式(3-21)有

$$\gamma = 180° - \nu \times 90° - \sum_{j=1}^{n}\arctan(T_j\omega_c) + \sum_{i=1}^{m}\arctan(\tau_i\omega_c) \tag{3-22}$$

式中，T_j 为惯性环节时间常数；τ_i 为比例微分环节的时间常数。

由式(3-22)可见，系统在前向通路中含有积分环节将使系统的稳定性严重变差；系统含惯性环节也会使系统的稳定性变差，其惯性时间常数越大，这种影响就越显著；比例微分环节则可改善系统的稳定性。

在 MATLAB 控制系统工具箱中，可用函数 margin 来计算相位稳定裕量，调用格式为

```
margin(sys)
```

【例 3-7】 已知系统的开环传递函数为

$$G(s) = \frac{10}{(2s+1)(5s+1)}$$

试求系统的相位稳定裕量。

【解】 将原函数转变为

$$G(s) = \frac{10}{(2s+1)(5s+1)} = \frac{10}{10s^2 + 7s + 1}$$

在 MATLAB 命令窗口中输入以下命令：

```
>> sys = tf([10],[10,7,1])
>> margin(sys)
```

运行结果如图 3-26 所示，可知系统的相位稳定裕量 $\gamma = 40.5°$。

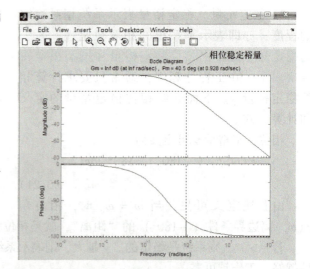

图 3-26 例 3-7 图

2. 开环对数频率特性与系统性能的关系

1) 低频段。低频段通常是指开环对数幅频特性曲线在第一个转折频率以前的区段。这

一频段的形状完全由系统开环传递函数中所含积分环节的个数 ν 和开环放大倍数 K 决定。因此，开环对数幅频特性曲线的低频段反映了系统的稳态性能。低频段曲线的斜率越陡、位置越高，对应于系统积分环节的个数越多、开环放大倍数越大，则闭环系统在稳定的前提下，其稳态误差越小，稳态精度越高。

2）中频段。中频段是指开环对数幅频特性曲线在穿越频率附近的一段区域。在这一段区域的特征量为相位稳定裕量 γ 和穿越频率 ω_c，它们与动态时域指标间存在着如下确定的关系：

① 系统的相位稳定裕量越大，其最大超调量越小（$\gamma\uparrow \rightarrow \sigma\%\downarrow$）。

② 系统的穿越频率越大，其调整时间越短（$\omega_c\uparrow \rightarrow t_s\downarrow$）。

因此，系统的开环对数幅频特性的中频段表征着系统的动态性能。

3）高频段。高频段是指开环对数幅频特性曲线在中频段以后的一段区域。由于远离 ω_c，一般分贝值又较低，故高频段对系统动态性能影响不大。系统开环对数幅频特性在高频段的幅值，直接反映了系统对输入端高频干扰信号的抑制能力。高频段的分贝值越低，表明系统的抗干扰能力越强。

实训 3.1　MATLAB 分析系统稳定性

1. 实训目的

1）掌握 MATLAB 软件的稳定性分析方法。

2）能使用 MATLAB 软件辅助分析系统的稳态误差。

2. 实训设备

1）计算机一台。

2）MATLAB 软件一套。

3. 实训内容与步骤

1）在 MATLAB 中输入下列单位负反馈系统的开环传递函数，并判断系统的稳定性。

① $G(s) = \dfrac{10(s+1)}{s(s-1)(s+5)}$

② $G(s) = \dfrac{10}{s(s+1)(2s+3)}$

2）通过 Simulink 工具箱建立图 3-27 所示系统的模型，并计算出 $r(t)=1, d(t)=-0.5$ 时的系统稳态误差。

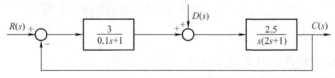

图 3-27　某系统框图

4. 实训报告

1）将实训中输入的 MATLAB 命令记录下来。

2）记录程序运行结果，并对结果进行分析。

5. 思考

在图 3-27 的系统框图中，若输入信号 $r(t)=2t$，该如何用 Simulink 建立系统的仿真模型？并求此时的系统稳态误差。

实训 3.2　二阶系统分析

1. 实训目的

1) 掌握 Simulink 工具箱的使用。

2) 能使用 Simulink 工具箱辅助分析二阶控制系统。

2. 实训设备

1) 计算机一台。

2) MATLAB 软件一套。

3. 实训内容与步骤

设二阶系统传递函数为 $G_0(s) = \dfrac{\omega_n^2}{s^2 + 2\xi\omega_n s + \omega_n^2}$，利用 Simulink 工具箱建立该系统的模型。

1) $\omega_n = 2\text{rad/s}$ 不变时，观察 ξ 分别为 0.1、0.8、1.0、2.0 时的单位阶跃响应曲线；利用 Simulink 工具箱建立模型如图 3-28 所示。

2) $\xi = 0.8$ 不变时，观察 ω_n 分别为 2rad/s、5rad/s、8rad/s、10rad/s 时的单位阶跃响应曲线。

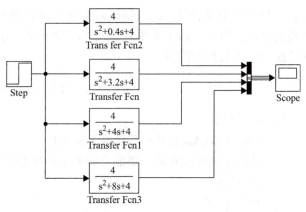

图 3-28　二阶系统仿真模型

3) 通过 Simulink 仿真运行，比较采用不同参数时系统的动态响应情况，并列表分析，得出结论。

4. 实训报告

1) 画出实训中的 Simulink 仿真模型。

2) 记录仿真运行结果，并对结果进行分析。

5. 思考

分析不同参数对系统性能的影响。

实训 3.3　MATLAB 的频率特性分析

1. 实训目的

1) 掌握 MATLAB 软件的基本使用方法。

2) 能使用 MATLAB 软件分析频率特性。

2. 实训设备

1) 计算机一台。

2) MATLAB 软件一套。

3. 实训内容与步骤

通过调用 MATLAB 的 bode( ) 函数及 margin( ) 函数，绘制下列系统的对数频率特性曲线，并比较系统的性能指标，将比较结果填入表 3-2 中。

① $G(s) = \dfrac{10}{s(0.1s+1)}$

② $G(s) = \dfrac{10(s+1)}{s^2(0.1s+1)}$

表 3-2　系统性能指标对比

性能指标		系统①	系统②
低频段	斜率		
	$L(10^{-1})$		
中频段	γ		
	ω_c		
高频段	斜率		
	$L(10^3)$		

4. 实训报告

1）将实训中输入的 MATLAB 命令记录下来。

2）记录程序运行结果，并对结果进行分析。

思考题与习题

3.1　已知系统的开环传递函数如下所示，判别其所对应闭环系统的稳定性。

1) $G(s) = \dfrac{400}{s(s+10)}$

2) $G(s) = \dfrac{100}{s^2}$

3) $G(s) = \dfrac{s+100}{s^2(s+10)}$

4) $G(s) = \dfrac{0.4(s+2.5)}{s^2(s+10)}$

5) $G(s) = \dfrac{10(0.45s+1)}{(0.4s+1)(0.5s+1)(0.6s+1)}$

3.2　已知某系统框图如图 3-29 所示，试用 MATLAB 分析该闭环系统的动态性能。

3.3　已知某系统框图如图 3-30 所示，设输入量为 $r(t)=6t$，扰动量为单位阶跃信号，试求系统的稳态误差 e_{ss} 及稳态值 $c(t)$。

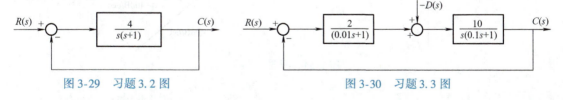

图 3-29　习题 3.2 图　　　　图 3-30　习题 3.3 图

3.4　试绘制下列系统的对数频率特性曲线。

1) $G(s) = \dfrac{5}{2s+1}$

2) $G(s) = \dfrac{10}{(s+0.2)(s+5)}$

3) $G(s) = \dfrac{25(s+0.2)}{s^2(s+10)}$

3.5 已知某系统的开环传递函数为

$$G(s) = \dfrac{0.001(1+100s)^2}{s^2(1+10s)(1+0.125s)(1+0.05s)}$$

试绘出系统的开环对数幅频特性曲线。

3.6 已知某调节器的对数幅频特性曲线如图 3-31 所示，试写出该调节器的传递函数。

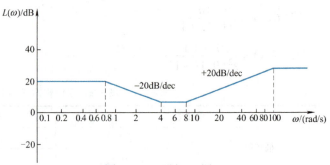

图 3-31 习题 3.6 图

3.7 已知系统框图如图 3-32 所示，试用开环对数频率特性曲线判断闭环系统的稳定性。

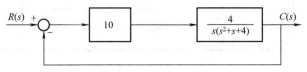

图 3-32 习题 3.7 图

3.8 已知单位负反馈系统的开环传递函数为

$$G(s) = \dfrac{10}{s(0.1s+1)(0.5s+1)}$$

试绘制系统的对数频率特性曲线，并求出穿越频率 ω_c 和相位裕量 γ。

3.9 某最小相位系统的开环对数幅频特性的渐近特性曲线如图 3-33 所示，试写出该系统的开环传递函数，并求此系统的相位稳定裕量 γ。

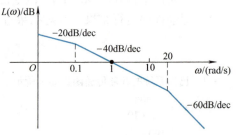

图 3-33 习题 3.9 图

3.10 如图 3-34 所示，已知系统 Ⅰ 和 Ⅱ 的开环对数幅频特性，试比较这两个系统的性能。

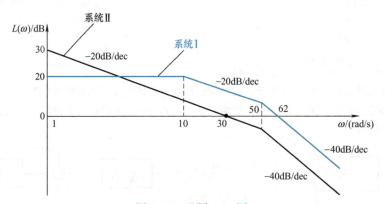

图 3-34 习题 3.10 图

第 4 章 控 制 规 律

【主要知识点及学习要求】
1）掌握系统校正的概念。
2）掌握典型的控制规律及其特点。
3）掌握 Simulink 仿真辅助分析设计系统的方法。

4.1 控制系统的校正

4.1.1 校正的概念

当自动控制系统的稳态性能或动态性能不能满足所要求的性能指标时，首先考虑调整系统中可以调整的参数，如增益、时间常数、黏性阻尼液体的黏性系数等；若通过调整参数仍无法满足要求时，则可以在原有的系统中有目的地增添一些装置和元件，人为地改变系统的结构和性能，使之满足所要求的性能指标，我们把这种方法称为系统校正。增添的装置和元件称为校正装置和校正元件。

4.1.2 校正的方式

根据校正装置在系统中所处位置的不同，一般分为串联校正、反馈校正和复合校正。

1. 串联校正

如果校正装置 $G_c(s)$ 串联在系统固有部分的前向通道中，则称为串联校正，如图 4-1 所示。由于串联校正易于实现，因此在工程实践中应用较多。

2. 反馈校正

将校正装置 $G_c(s)$ 与需要校正的环节进行反馈连接，形成局部反馈回路，称为反馈校正，如图 4-2 所示。反馈校正可以改善被反馈包围的环节特性，抑制这些环节的参数波动或非线性因素对系统性能的不利影响。

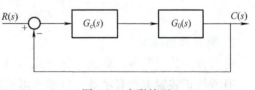

图 4-1 串联校正

3. 复合校正

复合校正是在反馈控制的基础上，引入输入补偿构成的校正方式，通常可以分为两种：一种是引入给定输入信号补偿，如图 4-3a 所示；另一种是引入扰动输入信号补偿，如图 4-3b 所示。校正装置将直接或间接测出给定输入信号 $R(s)$ 和扰动输入信号 $D(s)$，经过适当变换后，作为附加校正信号输入到系统，可使扰动对系统的影响得到补偿，从而控制和抵消扰动对输出的影响，提高系统的控制精度。

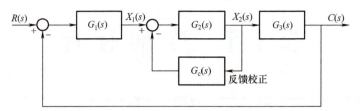

图 4-2　反馈校正

在控制系统设计中，常用的校正方式是串联校正和反馈校正。

4.1.3　常用校正装置

根据校正装置本身是否有电源，可将校正装置分为无源校正装置和有源校正装置。

1. 无源校正装置

无源校正装置通常是由一些电阻和电容组成的二端口网络。图 4-4 所示是几种典型的无源校正装置。根据它们对频率特性的影响，又分为相位滞后校正、相位超前校正和相位滞后-超前校正。

无源校正装置电路简单、组合方便、无需外供电源，但本身没有增益，只有衰减，且输入阻抗较低，输出阻抗又较高。

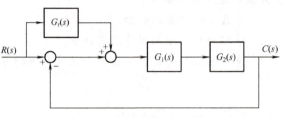

a) 引入给定输入信号补偿的复合校正

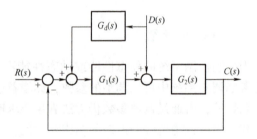

b) 引入扰动输入信号补偿的复合校正

图 4-3　复合校正

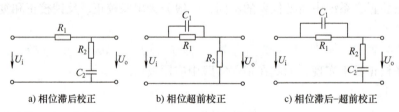

a) 相位滞后校正　　b) 相位超前校正　　c) 相位滞后-超前校正

图 4-4　无源校正装置

2. 有源校正装置

有源校正装置是由运算放大器组成的调节器。图 4-5 所示是几种典型的有源校正装置。

有源校正装置本身有增益，且输入阻抗高，输出阻抗低。它的缺点是电路较复杂，需另外提供电源。

4.1.4　校正应用举例

图 4-6 为一随动系统框图，图中 $G_1(s)$ 为随动系统的固有部分。现对其进行串联校正，串联一个比例校正装置，比例系数 $K_c=0.5$。

校正前、后系统的伯德图如图 4-7 所示。

第4章 控制规律

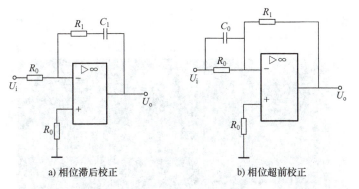

a) 相位滞后校正　　　　b) 相位超前校正

图 4-5　有源校正装置

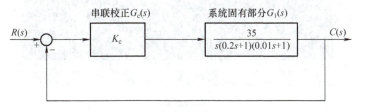

图 4-6　具有校正环节的系统框图

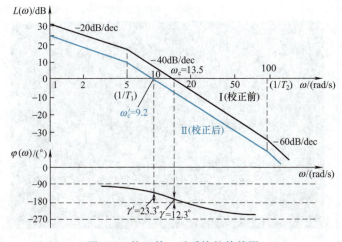

图 4-7　校正前、后系统的伯德图

利用 MATLAB 的 Simulink 工具箱对系统进行仿真分析，可得系统的阶跃响应曲线如图 4-8 所示。

由图 4-7 和图 4-8 可以看出，加入串联校正装置，降低系统增益后：

1）系统的相对稳定性得到改善，超调量下降，振荡次数减少。

2）增益降低为原来的 1/2，系统的稳态精度变差。

当然，若将串联校正装置的比例系数设置为大于 1，即增加系统的增益，系统性能变化与上述相反。由图 4-8b 还可以看出，虽然系统增益降为原来的一半，但最大超调量仍达 50%，这是由于系统含有一个积分环节和两个较大的惯性环节造成的。因此要进一步改善系统的性能，可考虑采用具有微分环节的校正装置，如比例微分（PD）校正装置、比例积分微

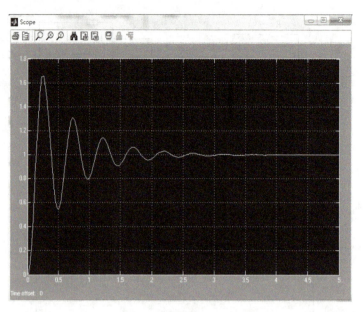

a) 校正前

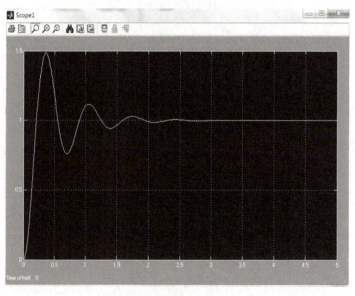

b) 校正后

图 4-8　校正前、后系统的阶跃响应曲线

分(PID)校正装置等。

在过程控制系统中，控制器(或称调节器)是整个控制系统的核心，它将被控变量与设定值进行比较，得到偏差 $e(t)$，然后按不同规律进行运算，产生一个能使偏差减至零或很小值的控制信号 $u(t)$，以提高控制系统的性能。由于它是在原有系统的基础上，为了提高系统性能而人为增设的装置，因此控制器就是一种校正装置，具有系统校正的功能。

所谓控制器的控制规律，就是指控制器的输入 $e(t)$ 与输出 $u(t)$ 的关系，即

$$u(t) = f[e(t)]$$

控制器的控制规律来源于人工操作规律,是在模仿、总结人工操作经验的基础上发展起来的。控制器的基本控制规律可归纳为四种:位式控制、比例控制、积分控制和微分控制。其中,除位式控制是断续控制外,其他三种都是连续控制。工业上常用的控制规律是这些基本规律的组合,如比例积分(PI)控制、比例微分(PD)控制和比例积分微分(PID)控制。

4.2 位式控制

1. 理想的双位控制

双位控制是位式控制中最简单的形式。其控制器的输出只有两个值:最大值和最小值。当测量值大于设定值,即偏差信号 $e(t)$ 小于零时,控制器的输出信号 $u(t)$ 为最大值(或最小值);而当测量值小于设定值时,即偏差信号 $e(t)$ 大于零时,控制器的输出信号 $u(t)$ 为最小值(或最大值)。其输出特性如图4-9所示。

理想双位控制规律的数学表达式为

$$\begin{cases} 当 e(t) > 0 时, u(t) = u_{max} \\ 当 e(t) < 0 时, u(t) = u_{min} \end{cases} \quad 或 \quad \begin{cases} e(t) < 0 时, u(t) = u_{max} \\ e(t) > 0 时, u(t) = u_{min} \end{cases}$$

图4-10所示为一个温度双位控制系统示意图。被控对象是一个电热器,工艺要求控制热流体的出口温度。使用热电偶测量该温度,并将温度信号送到双位温度控制器,由双位温度控制器根据温度的变化情况来接通或切断电源。当出口温度低于设定值时,双位温度控制器的输出使电源接通,进行加热,流体的温度上升;当出口温度高于设定值时,双位温度控制器的输出使电源断开,流体的温度又会逐渐下降。

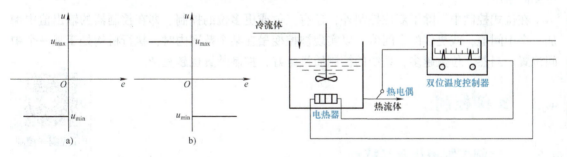

图4-9 理想双位控制输出特性　　　图4-10 温度双位控制系统示意图

2. 实际的双位控制

很明显,理想的双位控制器有一个很大的缺点,即控制机构的动作非常频繁,容易损坏系统中的执行机构(如继电器、电磁阀等),这样就很难保证双位控制系统安全可靠运行。实际的双位控制器是有中间区的,即当测量值大于或小于设定值时,控制器的输出不能立即变化,只有当偏差达到一定数值时,控制器的输出才发生变化,其双位控制输出特性如图4-11所示。

有了中间区后,当出口温度高于设定值时,双位温度控制器的输出并不立即发生变化。电热器继续通电,流体温度继续上升,直至偏差达到中间区的上限,双位温度控制器的输出才发生变化，切断电源，使流体的温度逐渐下降。同理，当流体的温度低于设定值时，双位温度控制器的输出也不立即发生变化，一直要到其偏差达到中间区的下限时，才接通电热器的电源，使流体的温度再次上升，从而保证流体的温度在一定范围内波动，如图 4-12 所示。

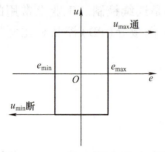

图 4-11　实际双位控制输出特性

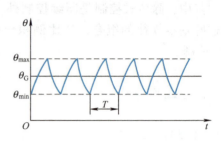

图 4-12　实际双位控制的过程曲线

由于双位控制是断续控制作用下的等幅振荡过程，因此分析双位控制过程时，一般使用振幅和周期作为品质指标。在图 4-12 中，振幅为 $\theta_{max} - \theta_{min}$，周期为 T。理想的情况是振幅小、周期长。对于同一个双位控制系统来说，过渡过程的振幅和周期是有矛盾的，若要求振幅小，则周期必然短，将使执行机构的动作次数增多，可动部件容易损坏；若要求周期长，则振幅必然大，将使被控变量的波动超出允许范围。一般的设计原则是，满足振幅在允许范围内的条件下，尽可能使周期最长。

双位控制器结构简单，容易实现控制，且价格便宜，适用于单容对象且对象时间常数较大、负荷变化较小、过程时滞小、工艺允许被控变量在一定范围内波动的场合，如压缩空气的压力控制，恒温箱、管式炉的温度控制以及贮槽的液位控制等。在实际使用中，只要选用带上、下限触头的检测仪表、双位控制器，再配上继电器、电磁阀、执行器等，即可构成双位控制系统。

在位式控制中，除了双位控制外，还有三位或更多位的控制。即在控制器的输出值中增加一个中间值，或更多的中间值，以实现被控变量在某个范围内时，执行机构处于某一个中间位置。当然，位数越多，系统的控制质量越好，控制装置也越复杂。

4.3　比例控制

4.3.1　比例控制规律及其特点

在位式控制系统中，被控变量不可避免地会有持续的等幅振荡过程，因此只能适用于控制要求不高的场合。对于大多数的控制系统，生产工艺要求被控变量在过渡过程结束后，能稳定在某一个值上。人们从人工操作的实践中认识到，当控制器的输出变化量与输入变化量（即设定值和测量值之间的偏差）成比例时，就能实现这一目标，这就是比例（P）控制。可以用数学式表示如下：

$$\Delta u = K_c e$$

式中，Δu 是控制器输出变化量；K_c 是控制器的放大倍数，即比例增益；e 是控制器的输入，即偏差。

由上式可知，控制器的输出变化量与输入偏差成正比，在时间上没有时滞。其开环输出特性如图 4-13 所示。

4.3.2 比例度

从比例控制规律的数学式中可以看出，比例控制器的放大倍数 K_c 决定了比例作用的强弱。在工业上，通常用比例度 δ 来衡量比例控制作用的强弱。所谓比例度 δ，就是指控制器输入的相对变化量与相应的输出相对变化量之比的百分数，其定义式为

$$\delta = \frac{\dfrac{e}{(Z_{max} - Z_{min})}}{\dfrac{\Delta u}{(u_{max} - u_{min})}} \times 100\%$$

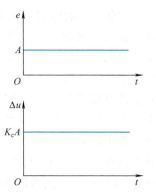

图 4-13　阶跃偏差作用下比例控制器的开环输出特性

式中，e 为控制器输入信号的变化量，即偏差信号；Δu 为控制器输出信号的变化量，即控制命令；$(Z_{max} - Z_{min})$ 为控制器输入信号的变化范围，即量程；$(u_{max} - u_{min})$ 为控制器输出信号的变化范围。

也就是说，控制器的比例度 δ 可理解为：要使输出信号作全范围变化，输入信号必须改变全量程的百分之几。

在单元组合仪表中，控制器的输入和输出都是标准统一信号，即

$$(Z_{max} - Z_{min}) = (u_{max} - u_{min})$$

此时比例度可表示为

$$\delta = \frac{1}{K_c} \times 100\%$$

式中，$K_c = \dfrac{\Delta u}{e}$。

因此，比例度 δ 与比例放大倍数 K_c 成反比。δ 越小，K_c 越大，比例控制作用就越强；反之，δ 越大，K_c 就越小，比例控制作用就越弱。

4.3.3 比例度对过渡过程的影响

使用比例控制器控制系统时，在闭环运行下比例度 δ 对系统过渡过程的影响如图 4-14 所示。由图 4-14 可知：

1）比例控制是有余差的控制。例如，储罐液位控制系统在初始状态时，进料量等于出料量，控制器输出为 u_o，设定值与液位测量值相等。当负荷增大，即出料量增大时，控制器输出为 $u = K_c e + u_o$，增加的控制输出 $K_c e$ 使进料的增加量等于出料的增加量，液位达到新的稳态值。这表明，比例控制是有余差的控制，余差的大小与比例度 δ 有关，与负荷的变化量有关。在同样的负荷变化扰动下，比例度越小，比例增益越大，余差越小；在相同比例度下，负荷变化量越大，余差越大。

2）比例度 δ 对闭环系统稳定性的影响。无论是在设定值变化还是负荷（扰动）变化的情况下，比例度 δ 越小，系统的振荡越剧烈，稳定性越差。当 δ 太小时，系统可能出现等幅振荡，甚至发散振荡；反之，系统越稳定，如图 4-14 所示。

比例度 δ 越小，振荡频率越高，把被控变量拉回到设定值所需时间就短。

比例度 δ 的选取与对象的特性有关。一般而言，如果对象是较稳定的，即当广义对象的放大倍数较小、时间常数较大、时滞较小时，控制器的比例度 δ 可以取得小一些，以提高系统的灵敏度；反之，如果对象的纯滞后较大、时间常数较小以及放大倍数较大，δ 就应该取得大一些，否则达不到稳定性的要求。在工业生产中，定值控制系统通常要求控制系统具有振荡不太剧烈、余差不太大的过渡过程，即衰减比在 4:1~10:1 的范围内，而随动控制系统衰减比一般在 10:1 以上。

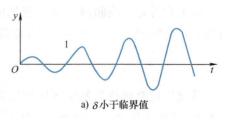

a) δ 小于临界值

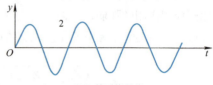

b) δ 等于临界值

通常，工业上常见系统的比例度 δ 的参考选取范围如下：

1）压力控制系统为 30%~70%。
2）流量控制系统为 40%~100%。
3）液位控制系统为 20%~80%。
4）温度控制系统为 20%~60%。

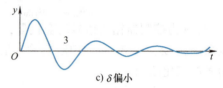

c) δ 偏小

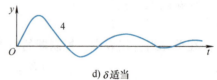

d) δ 适当

在基本控制规律中，比例控制是最基本、最主要，也是应用最普遍的控制规律，它能较为迅速地克服扰动的影响，使系统很快地稳定下来。比例控制作用通常适用于扰动幅度较小、负荷变化不大、过程时滞（指 τ/T）较小或者控制要求不高的场合。这是因为负荷变化越大，余差越大，如果负荷变化小，则余差就不太显著；过程的 τ/T 越大，振荡越厉害，若把比例度 δ 放大，这样余差也就越大，如果 τ/T 较小，δ 可小一些，余差也就相应减小。在控制要求不高、允许有余差存在的场合，当然可以用比例控制，如在液位控制中，往往只要求液位稳定在一定的范围之内，没有严格要求，只有当比例控制系统的控制指标不能

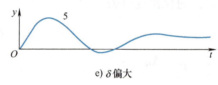

e) δ 偏大

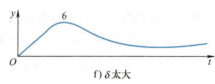

f) δ 太大

图 4-14 δ 对系统过渡过程的影响

满足工艺生产要求时，才需要在比例控制的基础上适当引入积分或微分控制作用。

4.4 积分控制

4.4.1 积分控制规律及其特点

在工业生产中，为了保证控制质量，许多控制系统中是不允许存在余差的，因此，必须在比例控制的基础上引入积分控制。

PID控制-I 控制

积分控制是控制器的输出变化量 Δu 与输入偏差值 e 随时间的变化成正比的控制规律，亦即控制器的输出变化速度与输入偏差值成正比。其数学表达式为

$$\Delta u = K_I \int_0^t e\,dt = \frac{1}{T_I} \int_0^t e\,dt$$

式中，K_I 为控制器的积分速度；T_I 为控制器的积分时间（$T_I = 1/K_I$）。

从积分控制的数学表达式可以看出，输出信号 Δu 的大小不仅与偏差信号 e 的大小有关，还与偏差 e 存在时间的长短有关。当输入偏差存在时，控制器的输出会不断变化，而且偏差存在的时间越长，输出信号的变化量也越大。直到偏差等于零时，控制器的输出不再变化而稳定下来。反之，当控制器的输出稳定下来不再变化时，输入偏差一定是零。所以，在积分控制时，余差最终会等于零，也就是说，积分作用可以消除余差。力图消除余差是积分控制作用的重要特性。

在幅度为 A 的阶跃偏差作用下，积分控制器的开环输出特性如图 4-15 所示。

由图 4-15 可以看出，积分控制器的开环输出特性曲线是一条斜率不变的直线，直到控制器的输出达到最大值或最小值而无法再进行积分为止，输出直线的斜率（即输出的变化速度）正比于控制器的积分速度 K_I。积分速度越大，在同样的时间内积分控制器的输出变化量越大，即积分作用越强；反之，积分作用越弱。

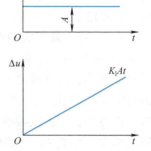

图 4-15 阶跃偏差作用下的积分控制器的开环输出特性

与比例控制不同的是，在输入偏差为零时，比例控制器的输出变化量 Δu 是零，即处在初始位置上，而积分控制器的输出却可以处在任何数值的位置上。

虽然消除余差是积分控制的显著优点，但在工业上却很少单独使用积分控制。因为与比例控制相比，积分控制器的输出变化总是滞后于偏差的变化，控制作用不可能像比例控制那样及时，从而难以对扰动进行及时且有效的抑制。

从图 4-16 可以看出，比例控制的输出 Δu_P 与 e 是同步的，e 增大，Δu_P 也增大；e 减小，Δu_P 也减小。因此变化是及时的。而积分控制的输出则不然，在第一个前半周期内，测量值一直低于设定值，出现负偏差，所以 Δu_I 按同一方向累积。t 从 0 到 t_1，负偏差不断增大，Δu_I 也不断增大，是合理的，但 t 从 t_1 到 t_2，负偏差已经逐渐减小，但是 Δu_I 还是继续增大，这就暴露了积分作用的滞后性，结果往往超调，使被控变量波动得很厉害，引入积分作用后会使系统易于振荡。因此，生产上通常将比例作用与积分作用组合成比例积分控制规律来使用。

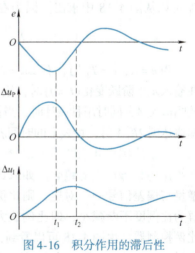

图 4-16 积分作用的滞后性

4.4.2 比例积分控制规律与积分时间

将比例作用与积分作用组合成比例积分（PI）控制规律来使用，既能及时控制，又能消除余差。

比例积分控制规律的数学表达式为

$$\Delta u = K_c \left(e + \frac{1}{T_I} \int_0^t e \, dt \right)$$

比例积分控制器的输出是比例作用和积分作用两部分之和。图 4-17 是其输入与输出特性曲线。

当输入偏差是一个阶跃信号时,由于比例作用的输出与输入偏差成正比,因此控制器一开始($t=0$ 时)的输出也应该是阶跃变化,而此时积分作用的输出应为零;当 $t>0$ 时,偏差为一个恒值,其大小不再变化,所以比例输出也应是恒值,而积分输出则应以恒定的速度不断增大。由此可知,图 4-17 中输出的垂直上升部分是由比例作用引起的,而慢慢上升部分是由积分作用引进的。

在 K_c 和 A 确定的情况下,直线的斜率将取决于积分时间 T_I 的大小。T_I 越大,直线越平坦,说明积分作用越弱;T_I 越小,直线越陡峭,说明积分作用越强。积分作用的强弱也可以用在相同时间下控制器积分输出的大小来衡量。T_I 越大,则控制器的输出越小;T_I 越小,则控制器的输出越大。当 T_I 趋于无穷大时,控制器实际上已成为一个纯比例控制器了,因而 T_I 是描述积分作用强弱的一个物理量。

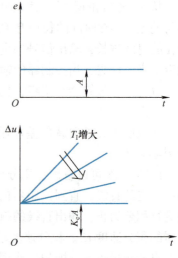

图 4-17 比例积分控制器的输入与输出特性曲线

积分时间 T_I 定义为:在阶跃偏差作用下,控制器的输出达到比例输出的两倍所经历的时间。比例积分控制器在投运之前,需对比例度 δ 和积分时间 T_I 进行校验。积分时间 T_I 可以从图 4-18 中求出。因为在任何时间 t,控制器的输出为

$$\Delta u = K_c e + \frac{K_c}{T_I} e t = K_c e \left(1 + \frac{1}{T_I} t\right)$$

当 $e=A$,$t=T_I$ 时,有 $\Delta u = 2K_c A$。因此,只要在输入发生阶跃变化($t=0$)时,记下控制器输出变化的幅值 $K_c A$,同时用秒表计时,当控制器输出变化的幅值达到 $2K_c A$ 时,秒表上的时间就是积分时间 T_I。

一个比例积分控制器可以看作粗调的比例作用与细调的积分作用的组合。如果比例控制器的输出增量与偏差信号一一对应,则比例积分控制器可理解为比例度不断减小,即比例放大倍数不断加大的比例控制器。由图 4-18 可以看到,在偏差作阶跃变化时,一开始 Δu 是 e 的 K_c 倍,随着时间的推延,Δu 不断增大,则控制器的比例放大倍数也将趋于无穷大,因而它能最终消除控制系统的余差。一旦余差消除,即控制器的输入偏差 $e=0$,控制器的输出将稳定在输出范围内的任意值上。因此,这种控制器也可看作一种工作点不断改变的比例控制器。

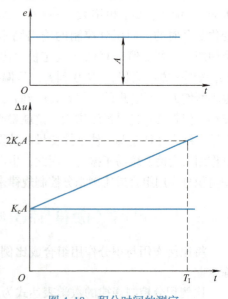

图 4-18 积分时间的测定

4.4.3 积分时间对系统过渡过程的影响

在一个纯比例控制的闭环系统中引入积分作用时，若保持控制器的比例度 δ 不变，则可从图 4-19 所示的曲线中看到，随着 T_I 的减小，积分作用不断增强，消除余差时间变快，但控制系统的振荡加剧，系统的稳定性下降；但 T_I 过小，则可能导致系统不稳定。因为 T_I 太小，扰动作用下的最大偏差下降过快，振荡频率增加。

比例积分控制器在克服扰动时，比例部分的主要作用是将偏差迅速减小到接近于零，而积分部分的主要作用则是能消除接近于零而比例作用又无法加以响应的余差。引入积分作用后，虽然消除了余差，但也降低了系统的稳定性。因此，要保持原有的稳定程度，必须减小比例放大倍数 K_c，这又使系统的其他控制指标有所下降。

由于比例积分控制器既保留了比例控制器响应及时的优点，又能消除余差，故适应范围较广，大多数控制系统都能使用。其积分时间 T_I 应根据不同的对象特性加以选择，一般情况下 T_I 的大致范围如下：

1) 压力控制：$T_I = 0.4 \sim 3 \text{min}$。
2) 流量控制：$T_I = 0.1 \sim 1 \text{min}$。
3) 温度控制：$T_I = 3 \sim 10 \text{min}$。
4) 液位控制：一般不需积分作用。

4.5 微分控制

4.5.1 微分控制规律及其特点

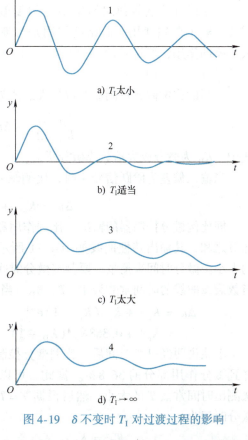

图 4-19 δ 不变时 T_I 对过渡过程的影响

虽然在比例作用的基础上增加了积分作用后可以消除余差，但为了抑制超调，必须减小比例放大倍数，这将使控制器的整体性能变差。当对象滞后很大，或负荷变化剧烈时，则不能对系统进行及时控制。而且偏差的变化速度越大，产生的超调就越大，需要的控制时间也越长。在这种情况下，可以使用微分控制，因为比例和积分控制都是根据已形成的偏差进行动作的，而微分控制却是根据偏差的变化趋势进行动作的，从而避免产生较大的偏差，还可以缩短控制时间。

PID控制-D控制

理想微分控制是指控制器的输出变化量 Δu 与输入偏差 e 的变化速度成正比的控制规律，其数学表达式为

$$\Delta u = T_D \frac{de}{dt}$$

式中，T_D 为控制器的微分时间。

理想微分控制器在阶跃偏差信号作用下的开环输出特性是一个幅度无穷大、脉宽趋于零的尖脉冲，如图 4-20 所示。可见，微分控制器的输出只与偏差的变化速度有关，而与偏差的存在与否无关，即偏差固定不变时，不论其数值有多大，微分作用都无输出。

4.5.2 比例微分控制规律及微分时间

由于微分控制规律对恒定不变的偏差没有克服能力，因此一般不单独使用。而比例作用是控制作用中最基本、最主要的作用，所以常将微分作用与比例作用结合，构成比例微分控制规律（PD）。

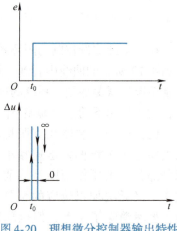

图 4-20 理想微分控制器输出特性

实际的比例微分控制器的数学表达式为

$$\frac{T_D}{K_D}\frac{d\Delta u}{dt} + \Delta u = K_c\left(T_D\frac{de}{dt} + e\right)$$

式中，K_D 为微分放大倍数或微分增益。

当输入偏差为阶跃信号 A 时，比例微分（PD）控制器的输出为

$$\Delta u = K_c A + K_c A(K_D - 1)e^{-\frac{K_D}{T_D}t}$$

即比例微分控制器的输出是比例作用和微分作用两部分之和，其输出特性曲线如图 4-21 所示。微分作用的大小由微分时间来衡量，要测定微分时间，可以假设指数衰减曲线的时间常数为 $T = T_D/K_D$。当 $t = T$ 时，有

$$\Delta u = K_c A + K_c A(K_D - 1)e^{-1}$$
$$= K_c A + 0.368 K_c A(K_D - 1)$$

上式说明经过 T 时间后，比例微分控制器的输出下降到微分作用部分的 36.8%。据此，可以用实验的方法测出时间常数 T 的大小。然后根据 $T = T_D/K_D$，求出微分时间为

$$T_D = K_D T$$

即微分时间 T_D 是时间常数 T 的 K_D 倍。

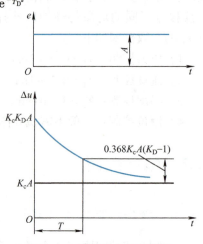

图 4-21 比例微分控制器的输出特性曲线

在负荷变化剧烈、扰动幅度较大或过程容量滞后较大的系统中，适当引入微分作用，可在一定程度上提高系统的控制质量。这是因为当控制器在感受到偏差后再进行调节，生产过程已经受到较大幅度扰动的影响，或者扰动已经作用了一段时间。而引入微分作用后，当被控变量一有变化时，根据变化趋势适当加大控制器的输出信号，将有利于克服扰动对被控变量的影响，抑制偏差的增长，从而提高系统的稳定性。如果要求引入微分作用后仍然保持原来的衰减比 n，则可适当减小控制器的比例度，一般可减小 10% 左右，从而使控制系统的控制指标得到全面改善。但是，如果引入的微分作用太强，即 T_D 太大，反而会引起控制系统剧烈振荡，这是必须注意的。在通常的微分作用中，微分放大倍数 $K_D > 1$。如果 $K_D < 1$，则比例微分环节产生的超前作用小于一阶滞后环节产生

的滞后作用，故称为"反微分"。反微分具有滤波作用，对于某些反应太快的流量控制系统，采用反微分作用可以起到很好的滤波效果。

4.5.3 比例微分控制系统的过渡过程

微分时间 T_D 的大小对系统过渡过程的影响如图 4-22 所示。从图 4-22 中可见，若 T_D 取得太小，则对系统的控制指标没有影响或影响甚微，如图中曲线①所示；选取适当的 T_D，系统的控制指标将得到全面的改善，如图中曲线②所示；但若 T_D 取得过大，即引入太强的微分作用，反而可能导致系统产生剧烈的振荡，如图中曲线③所示。

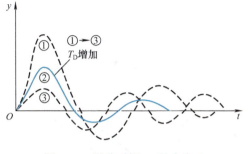

图 4-22 微分时间 T_D 的大小对系统过渡过程的影响

4.6 比例积分微分控制

比例、积分、微分三种控制方式各有其独特的作用。比例控制是基本的控制方式，自始至终起着与偏差相对应的控制作用；引入积分控制后，可以消除纯比例控制无法消除的余差；而加入微分控制，则可以在系统受到快速变化扰动的瞬间，及时加以抑制，增加系统的稳定程度。将三种方式组合在一起，就是比例积分微分（PID）控制，其数学表达式为

理想 PID

$$\Delta u = K_c \left(e + \frac{1}{T_I} \int_0^t e dt + T_D \frac{de}{dt} \right)$$

实际 PID

$$\Delta u = K_c \left[e + \frac{1}{T_I} \int_0^t e dt + e(K_D - 1) e^{-\frac{K_D}{T_D}t} \right]$$

当输入偏差为阶跃变化，即 $e = A$ 时，实际 PID 控制器的输出为

$$\Delta u = K_c A + \frac{K_c A}{T_I} t + K_c A (K_D - 1) e^{-\frac{K_D}{T_D}t}$$

图 4-23 所示是实际比例积分微分控制器的输出特性曲线。从图中可以看出，比例作用是始终起作用的基本分量；微分作用在偏差出现的一开始有很大的输出，具有超前作用，然后逐渐消失；积分作用则在开始时作用不明显，随着时间的推移，其作用逐渐增大，起主要控制作用，直到余差消失为止。

比例积分微分控制器有 3 个参数可以选择：比例度 δ，积分时间 T_I，微分时间 T_D。δ 越小，比例作用越强；T_I 越小，积分作用越强；T_D 越大，微分作用越强。把微分时间调到零，就成了比例积分控制器；把积分时间调到无穷大，则成了比例微分控制器。

比例积分微分（PID）控制器适用于被控对象负荷变化较大、容量滞后较大、扰动变化较强、工艺不允许有余差存在且控制质量要求较高的场合。虽然 PID 控制规律综合了各种控制规律的优点，具有较好的控制性能，但这并不意味着它在任何情况下都是最合适的。只有根据被控对象的特性合理选择比例度、积分时间和微分时间，才能获得较高的控制质量。比例

积分微分控制器中各种组合方案的控制效果如图 4-24 所示。

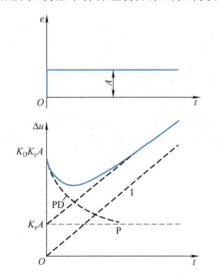

图 4-23　实际比例积分微分控制器的输出特性曲线

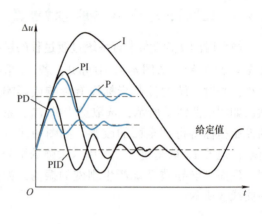

图 4-24　PID 控制器各种组合方案控制效果

各类生产过程对象常用的控制规律如下：

1）液位：一般要求不高，用 P 或 PI 控制规律。

2）流量：时间常数较小，测量中混有扰动，用 PI 或加反微分控制规律。

3）压力：介质为液体的时间常数较小，介质为气体的时间常数中等，用 P 或 PI 控制规律。

4）温度：容量滞后较大，用 PID 控制规律。

4.7　控制系统 Simulink 辅助设计分析

如图 4-25 所示，设某控制系统的传递函数为 $G(s) = \dfrac{200}{(s+4)(s+1)}$，利用 Simulink 仿真工具辅助分析在不同的控制方式下，系统的动态响应情况。

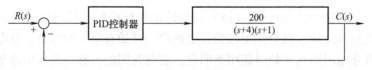

图 4-25　系统的控制框图

在 Simulink 工具箱中建立模型，如图 4-26 所示。系统未采用控制器控制时，仿真运行结果如图 4-27a 所示。

1. 采用比例（P）控制

令 P 控制器 $K_c = 0.5$，在 Simulink 工具箱中建立模型，仿真运行结果如图 4-27b 所示，从图中可以看出，采用比例控制，系统动态性能得到改善，但存在稳态误差。

令 P 控制器 $K_c = 0.2$，仿真运行结果如图 4-27c 所示，从图中可以看出，比例系数减小，超调量减小，稳态误差增加。

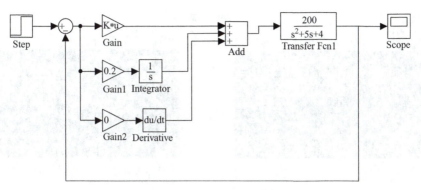

图 4-26　系统 Simulink 仿真模型

2. 采用比例积分(PI)控制

令 PI 控制器 $K_c=0.2$，$K_i=1$，使控制器中的比例微分部分与系统固有部分的大惯性环节相抵消。仿真运行结果如图 4-27d 所示，从图中可以看出，采用 PI 控制后，不仅系统动态性能得到改善，而且因积分作用的引入，消除了稳态误差。

令 PI 控制器 $K_c=0.2$，$K_i=0.5$，仿真运行结果如图 4-27e 所示，从图中可以看出，积分系数减小，超调量下降，振荡减小，误差为零。

3. 采用比例微分(PD)控制

令 PD 控制器 $K_c=0.2$，$K_d=2$，仿真运行结果如图 4-27f 所示，从图中可以看出，采用 PD 控制后，因微分作用的引入，极大地加快了系统的响应速度。

令 PD 控制器 $K_c=0.2$，$K_d=0.5$，仿真运行结果如图 4-27g 所示，从图中可以看出，微分系数减小，调整曲线变陡，稳态误差不受影响。

4. 采用比例积分微分(PID)控制

令 PID 控制器 $K_c=0.2$，$K_i=0.5$，$K_d=2$，仿真运行结果如图 4-27h 所示，从图中可以看出，采用 PID 控制后，不仅系统的动态性能得到极大的改善，并且无稳态误差。

令 PID 控制器 $K_c=0.2$，$K_i=0.5$，$K_d=0.5$，仿真运行结果如图 4-27i 所示。

从以上四种不同的控制规律的仿真运行结果可以看出，各种控制规律所起的作用是不一样的，其中 PID 控制规律兼顾了系统稳态性能和动态性能，是控制效果最好的一种方式。在实际应用时，应根据实际情况，在满足性能要求的前提下，选择适合的控制规律即可。

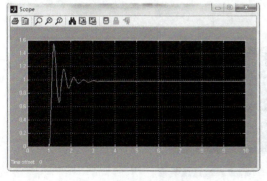
a) 未采用控制器控制

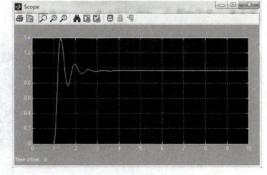
b) 采用P控制，$K_c=0.5$

图 4-27　采用不同的控制方式的系统单位阶跃响应曲线

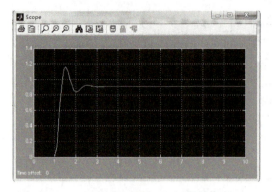

c) 采用P控制，$K_c=0.2$

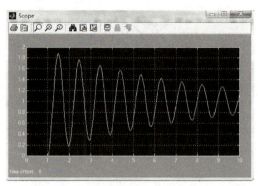

d) 采用PI控制，$K_c=0.2$，$K_i=1$

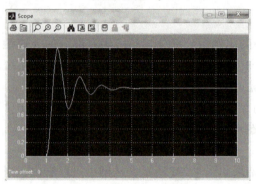

e) 采用PI控制，$K_c=0.2$，$K_i=0.5$

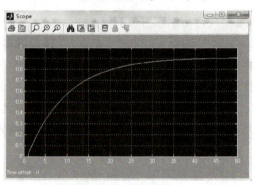

f) 采用PD控制(横轴已放大)，$K_c=0.2$，$K_d=2$

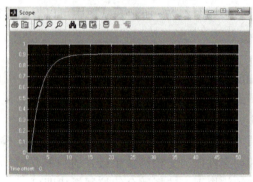

g) 采用PD控制(横轴已放大)，$K_c=0.2$，$K_d=0.5$

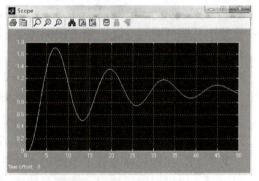

h) 采用PID控制(横轴已放大)，$K_c=0.2$，$K_i=0.5$，$K_d=2$

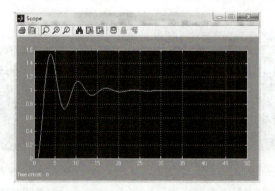

i) 采用PID控制(横轴已放大)，$K_c=0.2$，$K_i=0.5$，$K_d=0.5$

图 4-27　采用不同的控制方式的系统单位阶跃响应曲线(续)

实训 4.1　Simulink 仿真实验

1. 实训目的

1）掌握 Simulink 工具箱的使用。

2）能使用 Simulink 仿真辅助分析控制系统。

2. 实训设备

1）计算机一台。

2）MATLAB 软件一套。

3. 实训内容与步骤

1）设一单位负反馈系统的开环传递函数为 $G_0(s) = \dfrac{20}{(s+20)(s+5)}$，利用 Simulink 工具箱建立该系统的模型。

2）通过 Simulink 仿真运行，比较采用不同的控制规律时，系统的动态响应情况，将仿真运行结果填入表 4-1 中。

表 4-1　采用不同控制规律时系统的动态响应

动态响应	P	PI	PD	PID
控制器传递函数				
最大超调量				
调整时间				
振荡次数				
稳态误差				

3）分析表 4-1，得出结论。

4. 实训报告

1）画出实训中的 Simulink 仿真模型。

2）记录仿真运行结果，并对结果进行分析。

5. 思考

对于同一种控制规律，当采用参数不同的传递函数时，会有怎样的结果，请对比分析。

思考题与习题

4.1　图 4-28 为某单位负反馈系统校正前、后的开环对数幅频特性曲线，比较系统校正前后的性能变化。

4.2　什么是比例控制规律、积分控制规律和微分控制规律？它们各有什么特点？

4.3　什么是比例度、积分时间和微分时间？它们对过渡过程分别有什么影响？

4.4　某混合器出口温度控制系统如图 4-29a 所示，系统框图如图 4-29b 所示，其中 $K_1 = 5.4$，$K_2 = 1$，$K_d = 1.48$，$T_1 = 5\text{min}$，$T_2 = 2.5\text{min}$，调节器比例增益为 K_c，F 为一扰动信号，利用 Simulink 仿真辅助分析：

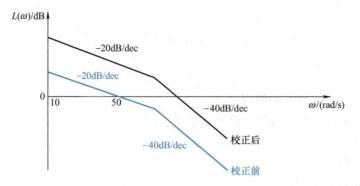

图 4-28 习题 4.1 图

1) 当 $\Delta F = 10$、K_c 分别为 2.4 和 0.48 时，系统的扰动阶跃响应 $T_F(t)$。
2) 当 $\Delta T_r = 2$ 时，系统设定值的阶跃响应 $T_R(t)$。
3) 分析调节器比例增益 K_c 对设定值阶跃响应和扰动阶跃响应的不同影响。

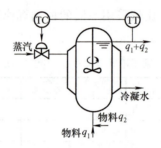

a) 混合器出口温度控制系统示意图

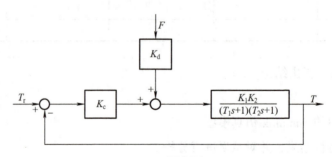

b) 系统框图

图 4-29 习题 4.4 图

第 5 章　过程参数检测仪表与变送器

【主要知识点及学习要求】
1) 了解过程参数检测仪表的信号制与传输方式。
2) 掌握误差的计算方法。
3) 掌握变送器量程调整、零点调整和零点迁移的方法。
4) 掌握温度、压力、流量、物位参数测量仪表的类型、选用及安装。

5.1　过程参数检测仪表概述

过程参数检测与变送作为过程控制技术的重要组成部分，是实现过程控制的基础。本章将介绍过程控制中常见的温度、压力、流量和物位等参数测量仪表的类型及其应用。

过程控制系统一般是负反馈控制系统。系统中至少包括四个基本组成部分：被控对象（或称被控过程）、检测装置（包括传感器和变送器）、控制器（或称调节器）和执行机构。其中，检测装置是过程控制系统的重要组成部分。对于任何一个针对物理过程的负反馈控制系统，检测装置都是不可或缺的，而且不管控制器采用何种形态，都必须通过检测装置进行信号的采集。由于检测装置的性能指标是反映负反馈控制系统品质的基本要素，因此，了解过程控制系统中各种检测装置的基本原理，掌握检测装置的工作特性是非常重要的。

5.1.1　传感器与变送器

过程参数检测仪表通常由传感器和变送器组成。

1. 传感器

能感受规定的被测量，并按照一定规律将其转换为可用电量的器件或装置就是传感器。传感器通常由敏感元件、传感元件及测量转换电路三部分组成，如图 5-1 所示。

图 5-1　传感器组成框图

(1) 敏感元件　敏感元件是直接感受被测物理量，并以确定关系输出另一物理量的元件。例如，体温计中的水银是热敏感元件，它将感受到的温度变化反映为体温计中水银高度的变化；再如弹簧秤中的弹簧是力敏感元件，它将受力的变化反映为弹簧的伸长量。

敏感元件可分为以下三类。
1) 物理类：基于力、热、光、电、磁和声等物理效应。
2) 化学类：基于化学反应的原理。

3) 生物类：基于酶、抗体和激素等分子识别功能。

通常根据其基本感知功能可分为热敏元件、光敏元件、气敏元件、力敏元件、磁敏元件、湿敏元件、声敏元件、放射线敏感元件、色敏元件和味敏元件等。

（2）传感元件　传感元件的作用是将敏感元件输出的非电量转换为电参量，如转换成电阻、电感、电容、电流及电压等。

（3）测量转换电路　测量转换电路的作用是将传感元件输出的电参量转换为便于传输和处理的电量。

2. 变送器

变送器是把传感器的输出信号转变为可被控制器识别的信号的一种转换器。在工业现场也把能输出标准信号的传感器称为变送器，这是因为目前大多数传感器的输出信号已经是通用控制器可以接收的标准信号，此信号可以不经过变送器的转换而直接被控制器所识别。所以，传统意义上的变送器应该是：把传感器的输出信号转换为可被控制器或测量仪表接受的标准信号的仪器。

变送器的种类很多，一般分为温度变送器、压力变送器、液位变送器、电流变送器、电量变送器、流量变送器及重量变送器等。

5.1.2　检测仪表的信号制与传输方式

为了方便有效地把自动控制系统中各类现场仪表与控制室内的仪表和装置连接起来，构成各种各样的控制系统，仪表之间应有统一的标准信号进行联络和传输。

1. 信号制

信号制是指在成套仪表系列中，各仪表的输入/输出之间采用何种统一的标准信号进行联络和传输的问题。

采用统一标准信号制后，可使同一系列的各种仪表很容易地构成系统，还可通过各种转换器将不同系列的仪表连接起来混合使用，从而扩大了仪表的应用范围。另外，由于各种变量被转换为统一的标准信号，使得各类控制仪表与工业控制计算机或集散控制系统等现代化技术工具配合使用更加方便。

过程控制仪表使用的联络信号一般可分为气压信号和电动信号。

1）标准气压信号。根据国际电工委员会标准 IEC384 制订的国家标准 GB/T 777—2008 《工业自动化仪表用模拟气动信号》规定，气动控制仪表统一使用 20~100kPa 的模拟气压信号作为仪表之间的联络与传输信号制，如国产的 QDZ 型仪表就采用这种信号制。

2）标准电动信号。电动控制仪表联络与传输的信号主要分为模拟信号和数字信号两大类。在实际应用中，无论是从现场仪表传输至控制室，还是控制室内的各仪表之间的联络，用得最多的还是模拟信号。根据国际电工委员会标准 IEC381 和 IEC381A 制订的国家标准 GB/T 3369.1—2008《过程控制系统用模拟信号　第1部分：直流电流信号》规定，电动模拟信号的统一标准信号制是 DC4~20mA 或 DC0~20mA，国产 DDZ-Ⅲ型仪表就采用这种信号制。

电动模拟信号有直流电流信号、直流电压信号、交流电流信号和交流电压信号四种。为什么采用直流电流信号作为标准信号呢？这是由于直流信号不受传输线路中电感、电容及负荷性质的影响，抗扰动能力强、不存在相移问题，且便于进行模-数转换，因而在过程控制仪表及装置中，直流信号得到了广泛的应用。而使用电流信号的原因主要是电流信号比电压信号更适合远距离传输。

2. 检测仪表的传输方式

检测仪表的信号传输方式一般有两种：串联型和并联型。

（1）串联型　当使用直流电流信号作为传输信号时，一台发送仪表的输出电流同时传输给几台接收仪表，此时，所有接收仪表均应串联，如图5-2所示。

由于多台仪表是串联工作的，当一台仪表发生故障时，将影响到其他仪表的正常工作，各台接收仪表没有公共接地点。若要和计算机等其他装置联用，则需在仪表的输入、输出之间采用直流隔离电路。因为负载串联工作易造成变送器、调节器等仪表输出端处于电压较高的工作状态，仪表的功放管易被击穿损坏，从而使仪表可靠性降低。

（2）并联型　并联型传输通常需要使用标准电压信号，标准电压信号有 $1\sim5V$、$0\sim5V$ 和 $0\sim10V$ 三种单极性信号，分别与 $4\sim20mA$ 和 $0\sim20mA$ 电流信号相对应。

当使用直流电压信号作为传输信号时，一台发送仪表的输出电压要同时送给几台接收仪表，此时，这些接收仪表均应并联，如图5-3所示。

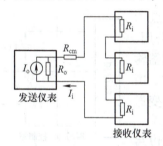

图5-2　电流信号传输时仪表之间的连接

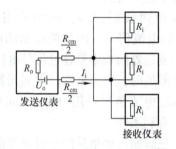

图5-3　电压信号传输时仪表之间的连接

控制室中的DDZ-Ⅲ型各接收仪表之间和TF型组装控制仪表系统内部各组件间的信号传输，即属于此种信号传输方式。

这种传输方式的接收仪表输入阻抗很高，易引入扰动，所以不适于远距离传输，一般仅在控制室内部仪表之间采用。

当使用直流电流作为传输信号，且仪表接收方式为电压信号时，接收的各台仪表也应并联，如图5-4所示。DDZ-Ⅲ型仪表的现场变送器与控制室仪表之间的信号传输，即属于这种传输方式。

3. 变送器的信号传送与供电方式

变送器是现场仪表，其供电电源来自于控制室，而输出信号又要传送到控制室去。通常，变送器信号传送和供电的方式有三种，即四线制、两线制和三线制。

（1）四线制　如果采用四线制传输，则供电电源和输出信号分别用两根导线，供电电源多为 AC220V 或 DC24V，如图5-5所示。这种传输方式

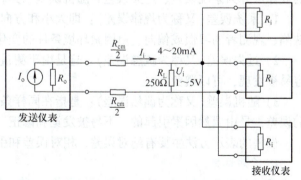

图5-4　电流传输、电压接收时仪表之间的连接

由于采用电源与信号分别传送的方式,因此对电流信号的零点及元器件的功耗无严格要求。四线制传输转换电路复杂、功耗大,一般适用于高精度检测。

(2)两线制　如果采用两线制传输,则变送器与控制室之间仅用两根导线传输,这两根导线既是电源线,又是信号线,供电电源为DC24V,如图5-6所示。

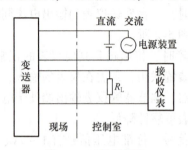

图5-5　四线制传输

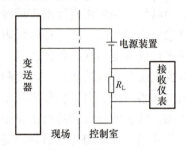

图5-6　两线制传输

采用两线制变送器,不仅可以节省大量电缆线和安装费用,而且有利于安全防爆,因此,这种变送器得到了较快的发展。

要实现两线制传输,必须采用活零点(信号起点为DC4mA)的电流信号。因为两线制的电源线与信号线公用,电源供给变送器的功率是通过信号电流提供的,在变送器输出电流下限值时,应保证它的内部元器件仍能正常工作。国际统一标准电流信号采用DC4~20mA,为制作两线制变送器创造了有利条件。

(3)三线制　如果采用三线制传输,即电流输出可以与电源共用一根线(共用VCC或者GND),节省了一根线,供

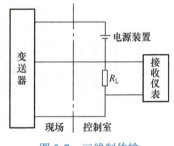

图5-7　三线制传输

电电源为DC24V,如图5-7所示。采用这种方式可减小变送器的体积和重量,提高抗扰动性能、简化接线。

5.1.3　误差的概念及表述

对于任何检测仪表来说,仪表准确度和误差都是最基本和最重要的特性参数。

所谓误差,是指仪表实测值与被测物理量自身真实(或客观)取值的差异,误差按出现的规律可分为系统误差、过失误差和随机误差三类。

1)系统误差(又称为规律误差):即大小和方向均不改变的误差。它主要由仪表本身的缺陷、观测者的习惯或偏向、单因素环境条件的变化等造成的,比较容易消除和修正。

2)过失误差(又称为疏忽误差):这是由于测量者在测量过程中疏忽大意造成的,比较容易被发现,可以避免。

3)随机误差(又称为偶然误差):是指在同样条件下反复测量多次,每次结果均不重复的误差,是由偶然因素引起的,不易被发觉和修正。

误差的表示方法主要有绝对误差、相对误差和引用误差。

1. 绝对误差

绝对误差是指仪表的实测示值 x 与真值 x_a 的差值,表示为 Δx,即

$$\Delta x = x - x_a$$

其中，真值是指被测物理量的自身真实(或客观)取值。

绝对误差反映了测量值偏离真值的大小，是其他形式误差表达式的基本要素。

2. 相对误差

相对误差是绝对误差 Δx 与真值 x_a 的比值，表示为 γ_a，即

$$\gamma_a(x) = \frac{\Delta x}{x_a} \tag{5-1}$$

通常将相对误差表示成百分数的形式，用于比较不同测量结果的可靠性。例如，两台仪表的绝对误差均为5℃，但其真值分别为100℃和500℃，其相对误差分别为

$$\gamma_{a1} = 5℃/100℃ = 0.05 = 5\%$$

$$\gamma_{a2} = 5℃/500℃ = 0.01 = 1\%$$

显然，后者测量的准确程度更高。

3. 引用误差

引用误差是绝对误差 Δx 与检测仪表量程 B_X 之比的百分数，用 γ_b 表示，即

$$\gamma_b(x) = \frac{\Delta x}{B_X} \times 100\% \tag{5-2}$$

最大引用误差是指仪表在整个量程范围内的最大示值绝对误差 Δx_m 与仪表量程上限 B_m 的比值，用百分数表示。仪表的准确度就是用最大引用误差表示的。

4. 准确度

准确度又称为精度，主要用于反映仪表的准确程度。当使用测量仪表对生产过程中的工艺参数进行测量时，不但需要知道仪表示值是多少，还要知道测量结果的准确程度。准确度是指测量结果与实际值相一致的程度，它是测量的一个基本特征。

绝对误差不能作为仪表准确度的尺度，因为仪表的准确度不仅与绝对误差有关，还与仪表的量程有关。例如，两台量程不同的同一类仪表，如果它们的绝对误差相同，则量程大的仪表准确度较量程小的要高。因此，为了正确反映仪表的准确程度，采用最大引用误差来表示准确度，即仪表的准确度是指仪表允许的最大绝对误差与仪表量程之比的百分数，表示为

$$准确度 = \frac{仪表允许的最大绝对误差}{仪表的量程} \times 100\% = \frac{(x - x_0)_{max}}{a - b} \times 100\% \tag{5-3}$$

式中，x_0、x 分别为被测量的实际值(真值)、仪表的测量值；a、b 分别为仪表测量范围的上限值和下限值。

仪表的准确度按照国家标准规定的允许误差大小划分成若干等级。我国的自动化仪表准确度等级有：0.005、0.02、0.1、0.35、0.5、1.0、1.5、2.5、4。一般工业用的仪表准确度等级为 0.5～4。仪表的准确度等级通常用一定的符号形式标志在仪表面板上，如 ①.0 或 △1.5。

仪表的校表是指如何确定仪表的准确度等级，而仪表的选表是指如何选择仪表的准确度等级。下面用两个例题说明如何校表及选表。

【例5-1】 某台测温仪表的测温范围为 200～700℃，校验该表时得到的最大绝对误差为 +4℃，试确定该仪表的准确度等级。

【解】 该仪表的最大引用误差为

$$\gamma_{bmax} = \frac{+4}{700-200} \times 100\% = +0.8\%$$

如果将该仪表的误差去掉"+"与"%"，其数值为 0.8。由于国家规定的准确度等级中没有 0.8，同时，该仪表的误差超过了 0.5 级仪表所允许的最大误差，所以，确定这台测温仪表的准确度等级为 1.0 级。

【例 5-2】 某台测温仪表的测温范围为 0~1000℃。根据工艺要求，温度指示值的误差不允许超过 ±7℃，试问：应如何选择仪表的准确度等级才能满足以上要求？

【解】 根据工艺要求，仪表允许的最大相对误差为

$$\gamma_{a允} = \frac{\pm 7}{1000-0} \times 100\% = \pm 0.7\%$$

如果将仪表的允许误差去掉"±"与"%"，其数值介于 0.5~1.0 之间，如果选择准确度等级为 1.0 级的仪表，其允许的误差为 ±1.0%，超过了工艺上允许的数值，故应选 0.5 级仪表才能满足工艺要求。

由上述两个例题可知，根据仪表的校验数据来确定仪表准确度等级和根据工艺要求来选择仪表的准确度等级是不一样的。根据仪表的校验数据来确定仪表的准确度等级，仪表的允许误差应大于或等于仪表校验所得的最大相对误差的百分数；根据工艺要求选择仪表准确度等级时，仪表的允许误差应小于或等于工艺上所允许的最大相对误差的百分数。

在选择仪表准确度等级时，应根据工艺上的实际需要，不能片面追求高准确度，以免造成浪费，因为准确度高的仪表价格也高，且维护技术要求也高。

5.1.4 变送器的量程调整、零点调整和零点迁移

变送器在自动检测和控制系统中的作用，是将各种被测工艺变量（如压力、流量、液位及温度等）变换成相应的统一标准信号，并传送到指示仪、运算器和调节器中，供指示、记录和控制。

变送器的构成原理如图 5-8 所示。变送器的输出与输入之间的关系仅取决于测量部分和反馈部分的特性，而与放大器的特性几乎无关。变送器的量程确定后，其测量部分转换系数 K_i 和反馈系数 K_f 都是常数。因此，变送器的输出与输入关系为线性关系，如图 5-9 所示。

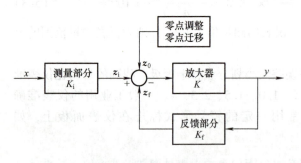

图 5-8 变送器的构成原理

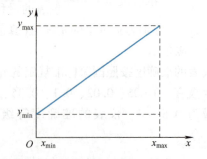

图 5-9 变送器输出与输入关系

图 5-9 中，x_{max}、x_{min} 分别为变送器测量范围的上限值和下限值，且 $x_{min} = 0$；y_{max}、y_{min} 分别为输出信号的上限值和下限值。

（1）变送器的量程调整 量程调整的目的是使变送器输出信号的上限值 y_{max} 与测量范围

的上限值 x_{max} 相对应。变送器量程调整前后的输入/输出特性曲线如图 5-10 所示，量程调整相当于改变输入/输出特性曲线的斜率，也就是改变变送器输出信号 y 与输入信号 x 之间的比例系数。

量程调整的方法，通常是改变反馈部分的反馈系数 K_f。K_f 越大，量程就越大；K_f 越小，量程就越小。有些变送器还可以通过改变测量部分的转换系数 K_i 来调整量程。

(2) 变送器的零点调整和零点迁移　零点调整和零点迁移的目的都是使变送器输出信号的下限值 y_{min} 与测量信号的下限值 x_{min} 相对应。在 $x_{min}=0$ 时为零点调整（如图 5-11 所示）；在 $x_{min}\neq 0$ 时为零点迁移调整。在实际测量中，为了正确选择变送器的量程大小，提高测量准确度，常常需要将测量的起始点迁移到某一数值（正值或负值），这就是所谓的零点迁移。在尚未迁移时，测量起始点为零；当测量的起始点由零变为某一正值时，称为正迁移；反之，当测量起始点由零变为某一负值时，称为负迁移。变送器零点迁移前后的输入/输出特性曲线如图 5-12 所示。零点迁移后，变送器的输入/输出特性曲线沿 x 坐标轴向右或向左平移了一段距离，其斜率并没有改变，即变送器的量程不变。若采用零点迁移后，再辅以量程压缩，可以提高仪表的测量准确度和灵敏度。

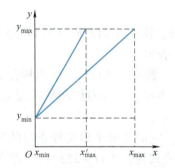
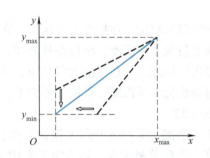

图 5-10　变送器量程调整前后的输入/输出特性曲线　　图 5-11　变送器零点调整前后的输入/输出特性曲线

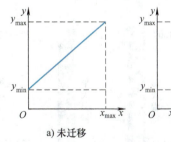
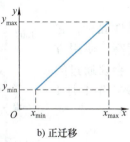
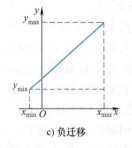

a) 未迁移　　　　　　　　　b) 正迁移　　　　　　　　　c) 负迁移

图 5-12　变送器零点迁移前后的输入/输出特性曲线

实现零点调整和零点迁移的方法是在负反馈放大器的输入端加上一个零点调整信号 z_0，如图 5-8 所示。当 z_0 为负值时可实现正迁移；而当 z_0 为正值时则可实现负迁移。

5.1.5　检测仪表的分类

检测仪表种类很多，分类不尽相同，常用的分类方法有以下几种。

(1) 按被测量分类　可分为温度检测仪表、压力检测仪表、流量检测仪表、物位检测仪表、机械量检测仪表及过程分析仪表等。本书依据这种方法进行分类。

（2）按测量原理分类 可分为电容式、电磁式、压电式、光电式、超声波式及核辐射式检测仪表等。

（3）按输出信号分类 可分为输出模拟信号的模拟式仪表、输出数字信号的数字式仪表以及输出开关信号的检测开关(如振动式物位开关、接近开关)等。

（4）按采用换能分类 可分为一次仪表和二次仪表。能量转换一次的称为一次仪表，能量转换两次的称为二次仪表。例如，热电偶本身将热能转换成电能，故称为一次仪表，若再将电能用电位计(或毫伏计)转换成指针移动的机械能时，则进行了第二次能量转换，故称为二次仪表。另外，换能的次数超过两次的往往都按两次定义。

5.2 温度检测仪表

温度是表征物体冷热程度的物理量，温度只能通过物体随温度变化的某些特性来间接测量，而用来度量物体温度数值的标尺称为温标。它规定了温度的读数起点(零点)和测量温度的基本单位。目前国际上用得较多的温标有华氏温标、摄氏温标、热力学温标和国际实用温标。

华氏温标规定：在标准大气压下，水的冰点为32°F，沸点为212°F，中间划分为180等份，每等份为1华氏度，单位符号为°F。华氏温度用θ表示。

摄氏温标规定：在标准大气压下，水的冰点为0℃，沸点为100℃，中间划分为100等份，每等份为1摄氏度，单位符号为℃。摄氏温度用t表示。摄氏温度和华氏温度的关系：$\theta = 1.8t + 32$。

热力学温标又称为开尔文温标，或称为绝对温标，它规定分子运动停止时的温度为绝对零度，单位符号为K。热力学温度用T表示。换算公式为：$T = t + 273.15$，即在标准大气压下，水的冰点为273.15K，沸点为373.15K。华氏温标、摄氏温标和热力学温标的对比如图5-13所示。

国际实用温标是一个国际协议性温标，它与热力学温标接近，而且复现精度高，使用方便。目前国际通用的温标是1989年会议通过的1990年国际温标ITS-90。我国自1994年1月1日起全面实施ITS-90国际温标。

ITS-90国际温标简介如下：

（1）温度单位 热力学温度(符号为T)是基本物理量，它的单位为开尔文(符号为K)，定义水三相点为热力学温度273.16K。由于以前的温标定义中使用了与273.15K(冰点)的差值来表示温度，因此现在仍保留这个方法。

根据定义，摄氏度的大小等于开尔文，温差亦可以用摄氏度或开尔文来表示。国际温标ITS-90同时定义国际开尔文温度(符号为T_{90})和国际摄氏温度(符号为t_{90})，换算公式

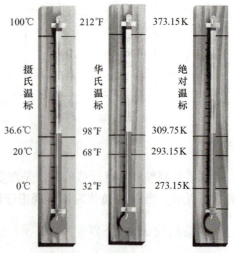

图5-13 华氏温标、摄氏温标和热力学温标的对比

为 $t_{90} = T_{90} - 273.15$。

(2) 国际温标 ITS-90 的通则　ITS-90 由 0.65K 向上到普朗克辐射定律使用单色辐射实际可测量的最高温度。ITS-90 是这样制订的，即在全量程中，任何温度的 T_{90} 值非常接近于温标采纳时 T 的最佳估计值，与直接测量热力学温度相比，T_{90} 的测量要方便得多，而且更为精密，并具有很高的复现性。

(3) ITS-90 的定义

第一温区为 0.65~5.00K，T_{90} 是由 3He 和 4He 的蒸气压与温度的关系式来定义的。

第二温区为 3.0K 到氖三相点(24.5561K)之间，T_{90} 是用氦气体温度计来定义的。

第三温区为平衡氢三相点(13.8033K)到银的凝固点(961.78℃)之间，T_{90} 是由铂电阻温度计来定义的。它使用一组规定的定义固定点及利用规定的内插法来分度。

第四温区为银凝固点(961.78℃)以上的温区，T_{90} 是按普朗克辐射定律来定义的，复现仪器为光学高温计。

5.2.1　概述

在工业生产过程中，温度检测非常重要，因为很多化学反应或物理变化都必须在规定的温度下才能正常进行，否则将得不到合格的产品，甚至会造成生产事故。因此可以说温度的检测与控制是保证产品质量、降低生产成本、确保安全生产的重要手段。但是温度不能直接测量，只能借助于冷热不同物体之间的热交换，或者物体的某些物理性质随温度的不同而变化的性质来间接测量。

温度的测量范围很广，所用的测温仪表种类也很多。按测温范围不同，常把测量 600℃ 以上温度的仪表称为高温计，而把测量 600℃ 以下温度的仪表称为温度计。按工作原理不同，可分为膨胀式温度计、热电偶温度计、热电阻温度计、压力式温度计、辐射高温计和光学高温计等。按感温元件和被测介质接触与否，可分为接触式与非接触式两大类。测温仪表的分类及性能比较见表 5-1，常见测温仪表的外形如图 5-14 所示。

表 5-1　测温仪表的分类及性能比较

测温方式	温度计名称	简单原理及常用测温范围	优点	缺点
接触式	热膨胀	玻璃温度计	液体受热时体积膨胀 -100~600℃	价廉、准确度较高、稳定性好	易破损，只能安装在易观察的地方，不能远传
		双金属温度计	金属受热时线性膨胀 -50~600℃	示值清楚、机械强度较好	准确度较低
		压力式温度计	温包内的气体或液体因受热而改变压力 -50~600℃	价廉、最易就地集中检测	毛细管机械强度差，损坏后不易修复
	热电阻	热电阻温度计 热敏电阻温度计	导体或半导体的电阻值随温度而改变 -200~600℃	测量准确，可用于低温或低温差测量	不能测高温，需注意环境温度的影响
	热电偶	热电偶温度计	两种不同金属导体接点受热产生热电动势 -50~1600℃	测量准确，和热电阻相比，安装、维护方便，不易损坏	需冷端温度补偿，在低温段测量准确度较低

(续)

测温方式	温度计名称	简单原理及常用测温范围	优点	缺点
非接触式	热辐射	光学高温计	加热体的亮度随温度高低而变化 700~3200℃	测温范围广，携带使用方便，价格便宜	只能目测，必须熟练才能测得比较准确的数据
		光电高温计	与光学高温计相同 50~2000℃	反应速度快，可实现自动测量	构造复杂，价格高
		辐射高温计	加热体的辐射能量随温度高低而变化 50~2000℃	反应速度快	误差较大

a) 玻璃温度计

b) 压力式温度计

c) 热电阻温度计

d) 光学高温计

e) 辐射高温计

图 5-14 常见测温仪表的外形

5.2.2 热电偶

热电偶是目前温度测量领域中应用最为广泛的传感器之一，与其他温度传感器相比，具有准确度高、测温范围广、结构简单、性能稳定、使用方便及热容量小等优点，并且其输出为电压信号，方便传送与控制。

热电偶工作原理

热电偶是基于热电效应原理进行温度测量的。它所构成的测温系统如图 5-15a 所示，包括热电偶、显示仪表及导线三部分。其中，热电偶是系统中的测温元件；显示仪表 D 用来显示热电偶产生的热电动势大小，可以采用动圈式仪表实现；导线 C 用来连接热电偶和显示仪表。

1. 热电偶的工作原理

热电偶由两种不同材料的金属导体 A 和 B 焊接或铰接而成，如图 5-15b 所示。金属导体 A、B 称为热电极，放置于测温场所中的一端称为热电偶的热端，又称测量端、工作端。另

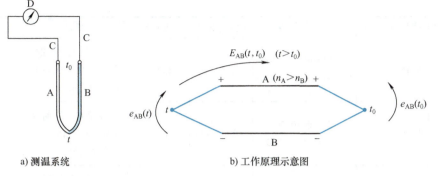

图 5-15 热电偶测温

A、B—热电偶　C—导线　D—显示仪表　t—热端温度　t_0—冷端温度

一端要求放置于恒定温度的场合下，称为冷端，又称参考端、自由端，常通过导线与仪表连接，如图 5-15a 所示。使用时，将热电偶的热端插入需要测量温度的生产设备中，冷端置于生产设备的外面，当两端所处的温度不同时，在热电偶的闭合回路中就会产生热电动势，这种现象称为热电效应。设热端温度为 t，冷端温度为 t_0，则在两金属 A 和 B 接触点处的接触电动势分别为 $e_{AB}(t)$、$e_{AB}(t_0)$，热电偶回路的热电动势 $E_{AB}(t,t_0)$ 为两个接触电动势之差，如图 5-15b 所示，即

$$E_{AB}(t,t_0) = e_{AB}(t) - e_{AB}(t_0) \tag{5-4}$$

理论和实验证明，热电偶的热电动势大小只与热电极 A、B 的材质、热端和冷端的温度有关，而与导体的粗细、长短及导体的接触面积无关。当冷端温度不变时，热电偶回路的热电动势是热端温度的单值函数。

值得注意的是，如果热电偶两接触点温度相同，则回路总的热电动势必然等于零。两接触点温差越大，热电动势越大；如果热电偶两电极材料相同，即使两端温度不同，即 $t \neq t_0$，总输出热电动势仍为零，因此必须由两种不同金属材料构成热电偶。

从 1986 年起，我国按国际标准制定了热电偶生产和使用的国家标准。表 5-2 列出了几种常用标准型热电偶的材料、分度号及特点，便于大家选用。

表 5-2　几种常用的标准型热电偶

热电偶名称	代号	分度号	热电偶材料	测温范围/℃	平均灵敏度	特点	补偿导线
铂铑$_{30}$-铂铑$_6$	WRR	B	正极铂70%，铑30% 负极铂94%，铑6%	0~1800	8μV/℃	价贵、稳定、精度高，可在氧化性环境中使用	冷端在 0~100℃ 间可不用补偿导线
铂铑$_{13}$-铂	WRQ	R	正极铂87%，铑13% 负极铂100%	0~1600	12μV/℃	热电动势较小，灵敏度低，高温下机械强度下降，对污染非常敏感	冷端在 0~100℃ 间可不用补偿导线
铂铑$_{10}$-铂	WRP	S	正极铂90%，铑10% 负极铂100%	0~1600	10μV/℃	同上。热电特性的线性度比B好	铜-铜镍合金
镍铬-镍铝[①]	WRN	K	正极镍89%，铬10% 负极镍94%，铝3%	0~1300	40μV/℃	线性度好，价廉	铜-铜镍

(续)

热电偶名称	代号	分度号	热电偶材料	测温范围/℃	平均灵敏度	特点	补偿导线
镍铬–铜镍[2]	WRE	E	正极镍89%，铬10% 负极铜60%，镍40%	-200~900	68μV/℃	灵敏度高，价廉，可在氧化及弱还原环境中使用	
铜–铜镍[2]	WRC	T	正极铜100% 负极铜60%，镍40%	-200~400	43μV/℃	最便宜，但铜易氧化，用于150℃以下温度测量	
铁–铜镍[2]	WRF	J	正极铁100% 负极铜55%，镍45%	-200~1200	55μV/℃	可用于氧化和还原环境，并且耐H_2及CO气体腐蚀，多用于炼油及化工	
镍铬硅–镍硅	WRM	N	正极镍84.4%，铬14.2%，硅1.4% 负极镍95.5%，硅4.4%，镁0.1%	-200~1300	39μV/℃	线性度好，热电动势较高，灵敏度较好，稳定性和均匀性较好，抗氧化性能强，价格便宜	铁–铜镍

① K型热电偶的负极也常用"镍硅"。
② E、T、J型热电偶的负极"铜镍"也称为"康铜"。

由于热电偶的热电动势与被测温度之间呈非线性关系，二者不能用一个简单的公式来描述，故将 $E—t$ 之间的关系制成分度表，附录A和附录B中给出了S型和K型热电偶在不同温度下产生的热电动势。

由于热电偶的分度值都是以冷端温度等于0℃时为基准的，所以当冷端温度不为0℃而为 t_0 时，温度与热电动势之间的关系可用下式进行计算：

$$E(t, t_0) = E(t, 0) - E(t_0, 0) \tag{5-5}$$

式中，$E(t, 0)$ 和 $E(t_0, 0)$ 分别为热电偶的热端温度为 t 和 t_0，而冷端温度为0℃时产生的热电动势，其值可从附录的热电偶分度表中直接查得。

【例5-3】 用一只镍铬-镍铝热电偶（分度号为K）测量炉温，已知热电偶工作端温度为800℃，自由端温度为20℃，求热电偶产生的热电动势 $E(800, 20)$。

【解】 由附录B可以查得

$$E(800, 0) = 33.275\text{mV}$$
$$E(20, 0) = 0.798\text{mV}$$

将以上数据代入式(5-5)得

$E(800, 20) = E(800, 0) - E(20, 0) = 33.275\text{mV} - 0.798\text{mV} = 32.477\text{mV}$

【例5-4】 某铂铑$_{10}$-铂热电偶（分度号为S）在工作时，自由端温度 $t_0 = 30$℃，测得热电动势 $E(t, t_0) = 14.200\text{mV}$，求被测介质的实际温度。

【解】 由附录A可以查得

$$E(30, 0) = 0.173\text{mV}$$

代入式(5-5)变换得

$$E(t,0) = E(t,30) + E(30,0) = 14.200\text{mV} + 0.173\text{mV} = 14.373\text{mV}$$

再由附录 A 可以查得 14.373mV 所对应的温度 t 为 1400℃。

热电偶在与显示仪表相连时，回路中必定要引入第三种导体 C，如图 5-15a 所示。此时，$E_{AB}(t,t_0) = e_{AB}(t) + e_{BC}(t_0) + e_{CA}(t_0)$，如图 5-16 所示。

由于
$$e_{AB}(t_0) + e_{BC}(t_0) + e_{CA}(t_0) = 0$$
$$-e_{AB}(t_0) = e_{BC}(t_0) + e_{CA}(t_0)$$

所以，$E_{AB}(t,t_0) = e_{AB}(t) - e_{AB}(t_0)$，与式(5-4)完全相同。

由此可见，当回路中接入第三种导体后，只要保证该导体两端温度相同，热电偶回路中所产生的热电动势与没有接入第三种导体时所产生的热电动势就相同。所以，当热电偶回路接入各种显示仪表、变送器及连接导线时，均不会影响热电偶所产生的热电动势值。

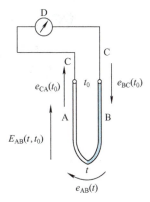

图 5-16 引入第三种导体 C 热电动势分析

2. 热电偶的结构

图 5-17 为普通热电偶的基本结构。热电偶一般做成棒形，由热电极、绝缘管、保护管和接线盒四个基本部分构成。

（1）热电极　热电偶常根据所用的热电极材料种类来命名，如铂铑-铂热电偶、镍铬-镍铝热电偶等。热电极的直径大小由材料的价格、机械强度、电导率，热电偶的用途及测量范围等因素决定。贵金属热电偶热电极直径通常为 0.015~0.5mm，普通金属热电偶电极直径通常为 0.2~3.2mm，热电偶的长度由工作端在介质中的插入深度及安装条件选定，通常为 350~2000mm。

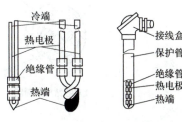

图 5-17 普通热电偶的基本结构

（2）绝缘管　主要用以防止两根热电极短路，其材料由热电偶使用的温度范围及绝缘性能的要求而定。通常用陶瓷、石英等制作绝缘管。

（3）保护管　主要用于将热电极与被测温介质隔离，使之免受化学侵蚀或机械损伤。热电极套上绝缘管后再装入保护管内，对保护管的基本要求是经久耐用与传热良好。常用的保护管材料分为金属和非金属两大类，如无缝钢管、石英管等。应根据热电偶类型、测温范围等因素选择保护管材料。

（4）接线盒　连接导线通过接线盒同测量仪表相连，接线端子上注明了热电极的正极和负极。此外，由于盒盖与盒体的密封，可防止灰尘、雨水和有害气体进入保护管内，损坏热电偶或妨碍测温正常进行。

3. 热电偶的类型

根据热电偶的基本结构可分为以下几种。

（1）普通热电偶　常见普通热电偶的外形如图 5-18 所示。

普通热电偶主要用于测量气体、蒸汽和液体等介质的温度，根据测量范围和环境的不同，可选择合适的热电偶和保护管。安装时的连接可用螺纹或法兰方式连接，根据使用状态可适当选用密封式普通型或高压固定螺纹型。

（2）铠装热电偶　铠装热电偶是将热电极、绝缘材料和金属保护管组合在一起，经拉伸加工而成的坚实组合体。它的内芯有单芯和双芯两种，如图 5-19a、b 所示。

常见铠装热电偶的外形如图 5-19c 所示。

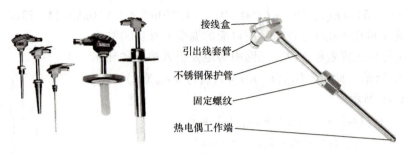

图 5-18 常见普通热电偶的外形

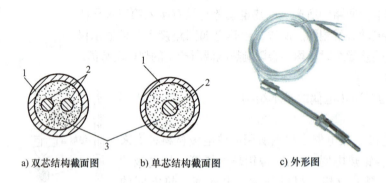

a) 双芯结构截面图　　b) 单芯结构截面图　　c) 外形图

图 5-19 铠装热电偶截面图及外形图
1—套管　2—热电极　3—绝缘材料

铠装热电偶的优点是小型化，对被测温度反应快，力学性能好，结实牢靠，耐振动和耐冲击，可以弯成各种形状。可用于位置狭小的测温场合。

(3) 薄膜热电偶　这种热电偶是用真空蒸镀(或真空溅射)、化学涂层等工艺，将热电极材料沉积在绝缘基板上形成的一层金属薄膜，如图 5-20 所示。其电极的类型为铁-铜镍、铁-镍、铜-铜镍及镍铬-镍铝等。测温范围为 -200 ~ 300℃。热电极材料以片状、针状和直接蒸镀等三种方式置于被测物体表面上，图 5-21 为片状方式。

薄膜热电偶的优点是热电偶工作端既小又薄(厚度可达 $0.01 \sim 0.1 \mu m$)，因而热惯性小，反应快，主要用于测量瞬变的表面温度和微小面积上的温度。

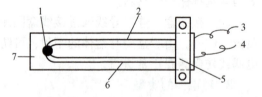

图 5-20 薄膜热电偶
1—测量接点　2—铁膜　3—铁丝　4—镍丝
5—接头夹具　6—镍膜　7—衬架

4. 热电偶冷端温度的影响及补偿

由热电偶的测温原理可知，只有在热电偶的冷端温度不变时，热电动势的大小才是热端温度的单值函数。同时，热电偶分度表和根据分度表刻度的显示仪表又都要求冷端温度恒为 0℃，否则将产生测量误差。然而，在实际使用中，热电偶的冷端是暴露在装置外的，受环境温度波动的影响，不可能保持恒定，更不可能保持在 0℃。因此，必须采取措施，对热电偶冷端温度的影响进行补偿。

(1) 利用补偿导线延伸冷端　由于热电偶的价格和安装等因素，其长度非常有限，所以当冷端离热源很近时,冷端的温度极易受到被测介质温度的影响,同时还会受到周围环境温度的影响,使冷端的温度难以保持恒定。因此,首先要把冷端引到温度恒定的地方。利用补偿导线,可以部分地解决冷端温度恒定问题。

补偿导线一般用廉价的金属材料做成,不同分度号的热电偶所配的补偿导线也不同。例如,镍铬-镍铝热电偶的补偿导线用铜(正极)和铜镍(负极),它的热电特性在 0~100℃范围内和对应的热电偶几乎完全一样。使用补偿导线构成的测温系统接线如图 5-21 所示。这样就使得热电偶的冷端从原来很不稳定的温度 t_1 处移到了温度比较稳定的 t_0 处。

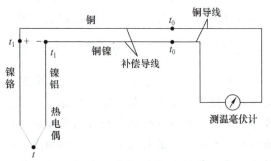

图 5-21 使用补偿导线构成的测温系统接线

各种补偿导线都有规定的颜色,用以分辨所配用的热电偶分度号及正、负极性,以防接错。常用热电偶的补偿导线见表 5-3。

表 5-3 常用热电偶的补偿导线

补偿导线型号	配用热电偶的分度号	补偿导线材料		补偿导线颜色	
		正极	负极	正极	负极
SC	S(铂铑$_{10}$-铂)	SPC(铜)	SNC(铜镍)	红	绿
KC	K(镍铬-镍铝)	KPC(铜)	KNC(铜镍)	红	蓝
KX	K(镍铬-镍铝)	KPX(镍铬)	KNX(镍硅)	红	黑
EX	E(镍铬-铜镍)	EPX(镍铬)	ENX(铜镍)	红	棕
JX	J(铁-铜镍)	JPX(铁)	JNX(铜镍)	红	紫
TX	T(铜-铜镍)	TPX(铜)	TNX(铜镍)	红	白

(2)冷端温度的补偿 接入补偿导线以后,虽然使热电偶的冷端延伸到了温度相对稳定的环境,但它仍受周围环境温度的影响,既不为 0℃,也不恒定。所以还要采取措施对冷端温度的影响做进一步的补偿。常用的补偿方法有冰浴法、查表修正法、校正仪表零点法和补偿电桥法等。

冰浴法就是将冷端放入冰水混合物中,保持冷端为 0℃。这种方法多用于实验室中对热电偶的检定。

查表修正法是用计算的方法来修正冷端温度,可消除冷端温度为恒定值时对测温的影响。该方法只适用于实验室或临时测温,在连续测量中显然是不实用的。

校正仪表零点法将显示仪表的机械零点调至 t_0 处,相当于在输入热电偶热电动势之前就给显示仪表输入了电动势 $E(t_0,0)$,该方法只能在测温要求不太高的场合下应用。

补偿电桥法就是在热电偶的测量电路中附加一个电动势,该电动势一般是由图 5-22 所示的补偿电桥提供的。电桥中,$R_1 \sim R_3$ 为锰铜丝绕成的等值固定电阻,而 R_t 则为与

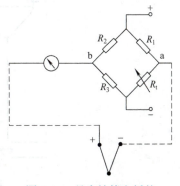

图 5-22 具有补偿电桥的
热电偶测温补偿电路

补偿导线末端处于同一环境、感受同一温度的铜电阻。当环境温度变化时，该桥路产生的电动势也随之变化，而且在数值和极性上基本能抵消冷端温度变化所引起的热电动势的变化值，以达到自动补偿的目的。即在工作端温度不变时，如果冷端温度在一定范围内变化，总的热电动势值将不受影响，从而很好地实现了温度补偿。

【企业案例】 核电厂废液蒸发器的液位测量

在核电厂废液处理系统中，废液蒸发器是重要的工艺设备。核电厂废液蒸发器采用自然循环外加热式蒸发器。蒸发器液位通过连锁进料阀进行自动调节控制，使蒸发器液位保持在目标液位。蒸发器液位的平稳控制在废液蒸发处理时起关键作用。液位过高时，会因蒸汽带液影响汽水分离；液位过低时，会影响蒸汽和废液的自然循环，对系统稳定运行造成影响。因此，保证蒸发器液位测量的准确、可靠非常重要。

废液蒸发器由加热器和蒸发器组成。加热器分为管程和壳程。加热器管程内废液通过蒸汽加热至沸腾汽化，使汽液混合的废液密度显著降低，在加热器和蒸发器之间形成不平衡静压差，从而获得向上的推动力，再由加热器上出口流入蒸发器。废液在体积质量差的作用下循环蒸发。由蒸发器顶部管道排出废液蒸发产生的二次蒸汽，由蒸发器底部管道补充废液，使液位达到动态平衡。待废液中不可蒸发物浓度达到一定指标，再将废液全部排空。废液具有温度高、放射性高、化学物质多等特点。

根据废液介质特性及测量条件，废液蒸发器液位测量选用差压式液位计，安装示意图如图 5-23 所示。蒸发器液位保持在取压口 B 与取压口 C 之间，取压口 A、取压口 B 处为液相，取压口 C 处为气相，取压口 A 处为液位零点。

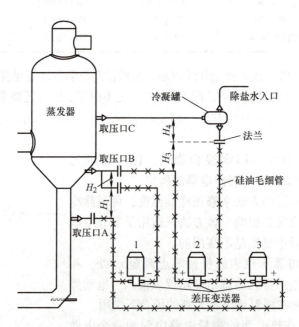

图 5-23 差压式液位计安装示意图

5.2.3 热电阻

热电阻是中低温区最常用的一种温度传感器。它的主要特点是测量准确度高,性能稳定。其中铂热电阻是热电阻中测量准确度最高的一种,它不仅广泛应用于工业测温,而且被制成标准的基准仪。

热电阻

1. 测温原理

热电阻是利用导体和半导体在温度变化时自身电阻也随之发生变化的原理来测量温度的。热电阻温度计主要有两种类型:金属热电阻和半导体热敏电阻。金属热电阻在温度升高时,电阻值将增加;但半导体热敏电阻的电阻值一般随温度的升高而减小,其灵敏度比金属热电阻高。

热电阻测温系统由热电阻、测量显示仪表及连接导线三部分组成,如图5-24所示。

热电阻适用于测量 −200 ~ 500℃ 液体、气体、蒸气及固体表面的温度。热电阻的输出信号较大,比相同温度范围的热电偶温度计具有更高的灵敏度和测量准确度,而且无冷端温度补偿问题;电阻信号便于远传,较电动势信号易于处理,且抗干扰能力强。其缺点是连接导线的电阻值易受环境温度的影响而产生测量误差,所以必须采用三线制接法,如图5-24所示。

图 5-24 热电阻测温系统

2. 常用金属热电阻

目前金属热电阻主要包括铂热电阻和铜热电阻两大类。常用的铂热电阻有两种:分度号分别为 Pt100 和 Pt10,其中 100、10 表示温度 $t = 0℃$ 时的电阻值,即 R_0 分别为 100Ω 和 10Ω。常用的铜热电阻也有两种:分度号分别为 Cu100 和 Cu50,其中 100、50 表示温度 $t = 0℃$ 时的电阻值,即 R_0 分别为 100Ω 和 50Ω。

金属热电阻的主要技术性能见表5-4。

表 5-4 金属热电阻的主要技术性能

材 料	铂(WZP)	铜(WZC)
使用温度范围/℃	−200 ~ 960	−50 ~ 150
电阻率/($\Omega \cdot m \times 10^{-6}$)	0.0981 ~ 0.106	0.017
0 ~ 100℃间电阻温度系数 α(平均值)/(1/℃)	0.00385	0.00428
化学稳定性	在氧化性介质中较稳定,不能在还原性介质中使用,尤其在高温情况下	超过100℃易氧化
特性	特性近于线性、性能稳定、准确度高	线性较好、价格低廉、体积大
应用	适于较高温度测量,可作为标准测温装置	适于测量低温、无水分、无腐蚀性介质的温度

工业用 WZ 系列装配式热电阻可直接和二次仪表连接使用。可以测量各种生产过程中 −200 ~ 420℃ 的液体、蒸汽、气体介质及固体表面的温度。由于它具有良好的电输出特性,可为显示仪、记录仪、调节器、扫描器、数据记录仪及计算机提供准确的温度变化信号。

3. 金属热电阻的外形及结构

（1）热电阻的外形　常用金属热电阻的外形如图 5-25 所示。

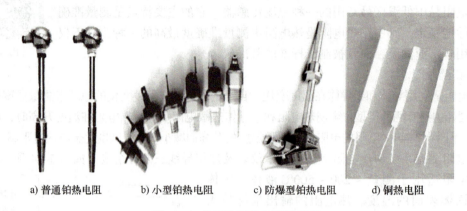

a) 普通铂热电阻　　b) 小型铂热电阻　　c) 防爆型铂热电阻　　d) 铜热电阻

图 5-25　常用金属热电阻的外形

（2）金属热电阻的结构　金属热电阻一般由测温元件（电阻体或电阻丝）、保护管和接线盒三部分组成，如图 5-26 所示。按其保护管结构形式分为装配式和铠装式两种。

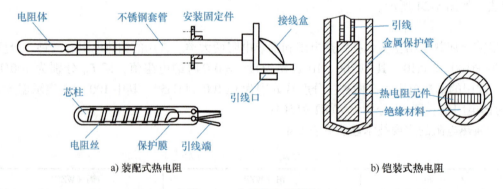

a) 装配式热电阻　　　　　　　　　　b) 铠装式热电阻

图 5-26　金属热电阻结构

4. 半导体热敏电阻

半导体热敏电阻（简称热敏电阻）的材料是由锰、镍、铜、钴、铁等金属的氧化物按一定比例混合烧结而成的半导体。热敏电阻有正温度系数（PTC）、负温度系数（NTC）和临界温度系数（CTR）三种。具有负温度系数的热敏电阻主要用于温度的检测，具有正温度系数和临界温度系数的热敏电阻主要是利用在特定温度下的电阻值急剧变化的特性构成温度开关元件。

热敏电阻与金属热电阻相比较，电阻温度系数大、灵敏度高，可用于测量微小的温度变化值。但其阻值与温度的关系为非线性，元件的稳定性和互换性较差，因此不能用于 350℃ 以上的高温测量。

典型的热敏电阻有圆形、珠形、圆片形等形式，广泛应用于汽车、家电等领域。

5.2.4 温度变送器

温度变送器的作用是将热电偶或热电阻输出的电动势值或电阻值转换成统一的标准信号,再送给其他仪表进行指示、记录或控制。图 5-27 为使用温度变送器的温度检测系统组成框图。

图 5-27　使用温度变送器组成的温度检测系统组成框图

温度变送器种类很多,常用的有 DDZ-Ⅲ型温度变送器、智能型温度变送器等。图5-28 所示为国产 SBW 系列温度变送器,其中 SBWR 热电偶温度变送器、SBWZ 热电阻温度变送器是 DDZ-Ⅲ型 S 系列仪表中的现场安装式温度变送单元,采用两线制传输方式,将热电偶、热电阻的输出信号变换成与被测温度呈线性关系的 DC 4~20mA 标准电流信号。变送器可以安装于热电偶、热电阻的接线盒内,与之形成一体化结构,也可单独安装在仪表盘内作为转换单元。

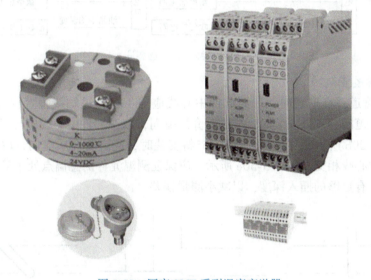

图 5-28　国产 SBW 系列温度变送器

5.2.5 温度测量仪表的选择、安装与维护

1. 测温仪表的选择

热电偶及热电阻等测温元件在测量温度时,必须同被测对象接触才能感受被测温度的变化,这种测量仪表称为接触式温度测量仪表。这类仪表若不注意合理选择和正确安装,则不能达到经济而有效地测量温度的目的。

图 5-29 为一般工业用测温仪表的选型原则。

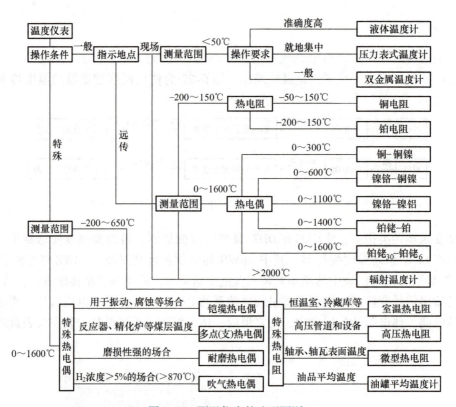

图 5-29 测温仪表的选型原则

2. 测温元件的安装

1) 与工艺管道垂直安装时，取源部件中心线应与工艺管道轴线垂直相交，如图 5-30a 所示；在工艺管道的拐弯处安装时，应逆着介质流向，取源部件中心线应与工艺管道中心线相重合，如图 5-30b 所示；与工艺管道呈 45°斜安装时，应逆着介质流向，取源部件中心线应与工艺管道中心线相交，如图 5-30c 所示。应保证测温元件的感温点处于管道中流速最大处，测温元件应有足够的插入深度，以减小测量误差。

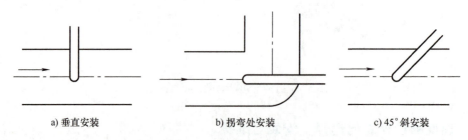

图 5-30 测温元件的安装位置

2) 若工艺管道过小（安装时各类玻璃液体温度计直径小于 50mm，热电偶、热电阻、双金属温度计直径小于 80mm 的管道），安装测温元件处应安装扩大管，如图 5-31 所示。

3) 热电偶、热电阻的接线盒面盖应向上，以避免雨水或其他液体、脏物进入接线盒中影响测量，如图 5-32 所示。

图 5-31　测温元件处安装扩大管　　　　图 5-32　接线盒面盖向上安装

4）为了防止热量散失，测温元件应插在有保温层的管道或设备处。

5）测温元件安装在负压管道中时，必须保证其密封性，以防外界冷空气进入，使读数降低。

3. 测温元件的布线要求

1）按照规定的型号配用热电偶的补偿导线，注意热电偶的正、负极与补偿导线的正、负极的正确连接，不要接错。

2）热电阻的线路电阻一定要符合所配二次仪表的要求。

3）为了保护连接导线与补偿导线不受外来的机械损伤，应把连接导线或补偿导线穿入钢管内或线槽板。

4）导线应尽量避免有接头，应具有良好的绝缘性能，尽量避开交流动力线，禁止与交流输电线合用一根穿线管，以免引起电磁感应。

5）补偿导线不应有中间接头，否则应加装接线盒。另外，最好与其他导线分开敷设。

4. 温度测量仪表的维护

温度测量仪表常见的故障主要有：

1）温度指示不正常，偏高、偏低或忽高忽低。

2）温度指示变化缓慢或不变化。

检修要点如下：

1）了解工艺状况，被测介质是气相还是液相。

2）检查仪表的安装位置。

3）检查热电偶补偿导线型号是否正确，是否接反。

4）检查接线盒密封情况，接线是否遭腐蚀或线路虚接。

5.3　压力检测仪表

在工业自动化生产过程中，压力和差压的检测相当广泛，正确测量和控制压力是保证生产良好运行，达到优质高产、低功耗的重要环节，如锅炉汽包压力、炉膛压力检测，加热炉压力等。此外，还有一些不易直接测量的参数（如液位、流量等）往往需要通过压力或差压的检测来间接获取。因此，压力和差压的测量在各类工业生产中（如石油、电力、化工、环保等领域）占有重要地位。

5.3.1 概述

1. 压力

在工程上，压力定义为垂直而均匀地作用在单位面积上的力，其数学表达式为

$$p = \frac{F}{S}$$

式中，p 为压力，单位为帕（Pa）；F 为垂直作用力，单位为牛（N）；S 为受力面积，单位为平方米（m²）。

工程上压力的表示方法如图 5-33 所示，常用的压力物理量有以下几个：

1) 绝对压力：以完全真空（即绝对零压）作参考点的压力称为绝对压力，用符号 p_1 表示。

2) 大气压力：由地球表面大气层空气重力所产生的压力称为大气压力，用符号 p_0 表示。

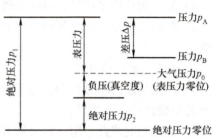

图 5-33 压力的表示方法

3) 表压力：以大气压力为参考点，大于或小于大气压力的压力称为表压力。工业上所用的压力仪表指示值多为表压力。表压力等于绝对压力与大气压力之差，即 $p_{表压} = p_1 - p_0$。

4) 真空度：当被测压力低于大气压力的压力值，称为负压，也叫真空度。真空度等于大气压力与绝对压力之差，即 $p_{真空度} = p_0 - p_2$。

5) 差压（力）：任意两个相关压力之差称为差压（Δp）。

实际使用中，根据压力测量值的大小还采用 kPa（千帕）、MPa（兆帕）及 Pa（帕）等单位。压力单位换算对照见表 5-5。

表 5-5 压力单位换算对照表

压力单位	帕/Pa	兆帕/MPa	工程大气压/（kgf/cm²）	物理大气压/atm	汞柱/mmHg	水柱/mH₂O	磅力/英寸²/（lbf/in²）	巴/bar
帕/Pa	1	1×10^{-6}	1.0197×10^{-5}	9.869×10^{-6}	7.501×10^{-3}	1.0197×10^{-4}	1.450×10^{-4}	1×10^{-5}
兆帕/MPa	1×10^{6}	1	10.197	9.869	7.501×10^{3}	1.0197×10^{2}	1.450×10^{2}	10
工程大气压/（kgf/cm²）	9.807×10^{4}	9.807×10^{-2}	1	0.9678	735.6	10	14.22	0.9807
物理大气压/atm	1.0133×10^{5}	0.10133	1.0332	1	760	10.33	14.70	1.0133
汞柱/mmHg	1.3332×10^{2}	1.3332×10^{-4}	1.3595×10^{-3}	1.3158×10^{-3}	1	0.0136	1.934×10^{-2}	1.3332×10^{-3}
水柱/mH₂O	9.806×10^{3}	9.806×10^{-3}	0.1	0.09678	73.55	1	1.422	0.09806
磅力/英寸²/（lbf/in²）	6.895×10^{3}	6.895×10^{-3}	0.07031	0.06805	51.71	0.7031	1	0.06895
巴/bar	1×10^{5}	0.1	1.0197	0.9869	750.1	10.197	14.50	1

2. 压力检测仪表的分类

压力检测仪表的品种规格很多，分类方法也不尽相同，常用的分类方法是依据仪表的工作原理进行分类，见表 5-6。常见压力检测仪表如图 5-34 所示。

表 5-6 压力检测仪表的分类及原理比较

压力检测仪表的种类		检测原理	主要特点	用途
液柱式压力计	U形管压力计	液体静力平衡原理（被测压力与一定高度的工作液体产生的重力相平衡）	结构简单、价格低廉、准确度较高、使用方便 但测量范围较窄，玻璃易碎	适于低微静压测量，高准确度者可用作基准仪器，不适于工厂使用
	单管压力计			
	倾斜管压力计			
	补偿微压计			
弹性式压力计	弹簧管压力计	弹性元件弹性变形原理	结构简单、牢固、使用方便、价格低廉	用于高、中、低压的测量，应用十分广泛
	波纹管压力计		具有弹簧管压力计的特点，有的因波纹管位移较大，可制成自动记录型	用于测量400kPa以下的压力
	膜片压力计		除具有弹簧管压力计的特点外，还能测量黏度较大的液体压力	用于测量低压
	膜盒压力计		其特点同弹簧管压力计	用于测量低压或微压
活塞式压力计	单活塞式压力计	液体静力平衡原理	比较复杂和贵重	用于作为基准仪器，校验压力计或实现精密测量
	双活塞式压力计			
电气式压力计	压力传感器	应变式压力传感器	导体或半导体的应变效应原理	能将压力转换成电量，并进行远距离传送	用于控制室集中显示、控制
		霍尔式压力传感器	导体或半导体的霍尔效应原理		
	压力（差压）变送器（分常规式和智能式）	力矩平衡式变送器	力矩平衡原理	能将压力转换成统一标准电信号，并进行远距离传送	
		电容式变送器	将压力转换成电容的变化		
		电感式变送器	将压力转换成电感的变化		
		扩散硅式变送器	将压力转换成硅杯阻值的变化		
		谐振式变送器	将压力转换成振荡频率的变化		

3. 测压原理

基于弹性形变的测压在工业生产应用中占有重要地位，同时也是各种先进测压仪表的共同基础。弹性压力计是利用能够将压力变化转换为位移变化的弹性敏感元件检测压力的变化，然后利用测量转换电路将压力的变化转换成电量变化的传感器。常见测量压力的弹性敏感元件有弹簧管、波纹管和膜片等，其元件结构和测量范围见表 5-7。其中，波纹膜和波纹管多用于微压和低压的测量；单圈和多圈弹簧管可用于高、中、低压或真空度的测量。

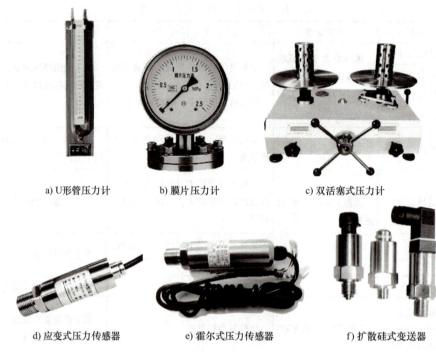

图 5-34 常见压力检测仪表

表 5-7 测量压力的弹性敏感元件

类型	弹簧管式		波纹管式	薄膜式		
	单圈弹簧管	多圈弹簧管	波纹管	平薄膜	波纹膜	挠性膜
结构						
测量范围	0~981MPa	0~98.1MPa	0~0.981MPa	0~98.1MPa	0~0.981MPa	0~0.0981MPa

5.3.2 压力计

压力或真空度测量仪表按照信号转换原理的不同，大致分为四类：液柱式压力计、弹性式压力计、活塞式压力计及电气式压力计，见表 5-6。这里主要介绍弹性式压力计（也称弹性压力计）。

当被测压力作用于弹性元件时，弹性元件便产生相应的弹性变形（即机械位移），根据变形量的大小，可以测得被测压力的数值。弹性压力计的组成框图如图 5-35 所示。

其中，弹性元件是核心部分，其作用是感受压力并产生弹性变形，弹性元件采用何种形式要根据测量要求来选择和设计；弹性元件与指示机构之间是变换放大机构，其作用是将弹性元件的变形进行变换和放大；指示机构（如指针与刻度标尺）用于给出压力示值；调整机构用于调整零点和量程。

机械式弹簧管压力计主要由测量元件、传动放大机构和显示机构三部分组成，其结构如

图 5-36 所示。被测压力由接头 9 通入，使弹簧管 1 的自由端 B 向其右上方移动，同时通过拉杆 2 带动扇形齿轮 3 逆时针偏转，带动中心齿轮 4 顺时针偏转，使与其同轴的指针 5 偏转，这样在仪表刻度板 6 的标尺指示出压力值。

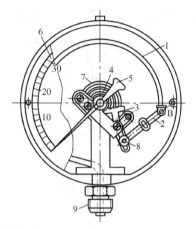

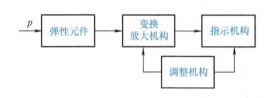

图 5-35 弹性压力计组成框图

图 5-36 机械式弹簧管压力计
1—弹簧管　2—拉杆　3—扇形齿轮　4—中心齿轮
5—指针　6—仪表刻度板　7—游丝
8—调整螺钉（或滑销）　9—接头

弹簧管压力计结构简单，使用方便，价格低廉，测压范围宽，应用十分广泛。一般弹簧管压力计的测压范围为 $-10^5 \sim 10^9$ Pa，精度最高可达 ±0.1%。

压力计的外壳一般均涂有不同的色标，用来表示该表所适用的介质类型。特殊介质弹簧管压力计的色标见表 5-8。

表 5-8　特殊介质弹簧管压力计的色标

被测介质	色标颜色	被测介质	色标颜色
氧气	天蓝色	乙炔	白色
氢气	深绿色	其他可燃气体	红色
氨气	黄色	其他惰性气体或液体	黑色
氯气	褐色		

弹簧管、波纹管、膜片及膜盒等压力敏感元件都是将外部压力转换为位移量来反映被测压力的。如果在此基础上将位移信号再进行电量的转换，构成压力—位移—电量的变换，就实现了被测压力的电测量。显然，以电信号（电流或电压）来反映压力的大小，可以非常方便地实现信号的远传、显示和控制，也可以与其他检测装置、控制装置一起，通过计算机或微处理器，实现信号的综合、运算，完成各种控制处理。

5.3.3　压力传感器

压力传感器是压力检测系统中的重要组成部分，由各种压力敏感元件将被测压力信号转换成容易测量的电信号输出，用于显示仪表显示压力值，或供控制和报警使用。压力传感器的种类很多，此处主要介绍应变式压力传感器、霍尔式压力传感器和压阻式压力传感器。

(1) 应变式压力传感器　应变式压力传感器利用电阻应变原理构成，电阻应变片有金属和半导体应变片两类，被测压力使应变片产生应变，当应变片产生压缩（拉伸）时，其阻值减小（增加），再通过桥式电路获得相应的毫伏级电动势输出，并用毫伏计或其他记录仪表显示出被测压力，从而组成应变式压力计。图5-37为应变式压力传感器原理示意图。

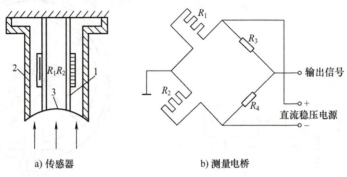

图5-37　应变式压力传感器原理示意图
1—应变筒　2—外壳　3—密封膜片

(2) 霍尔式压力传感器　霍尔式压力传感器是根据霍尔效应制成的，即利用霍尔元件将由压力所引起的弹性元件的位移转换成霍尔电动势，从而实现压力的测量。霍尔效应如图5-38所示，将Y轴方向通过电流I的霍尔片放入Z轴方向磁感应强度为B的磁场中，在X轴方向就会产生霍尔电动势，霍尔电动势的大小可表示为

$$U_H = R_H BI$$

式中，U_H为霍尔电动势；R_H为霍尔常数，与霍尔片材料、几何形状有关；B为磁感应强度；I为控制电流的大小。

霍尔电动势与磁感应强度及电流成正比。增大B和I值可增大霍尔电动势U_H，但两者都有一定限度，一般I为3~20mA，B约为几千高斯（1Gs = 10^{-4}T），所得的霍尔电动势U_H约为几十毫伏。导体也有霍尔效应，不过它们的霍尔电动势远比半导体的霍尔电动势小。

将霍尔元件与弹簧管配合，就组成了霍尔式弹簧管压力传感器，如图5-39所示。当被测压力引入后，在被测压力作用下，弹簧管自由端产生位移，从而改变了霍尔片在非均匀磁场中的位置，使所产生的霍尔电动势与被测压力成比例。利用这一电动势即可实现远距离测量显示和自动控制。

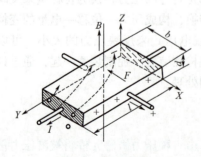

图5-38　霍尔效应

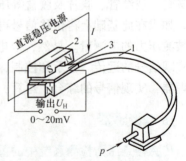

图5-39　霍尔式弹簧管压力传感器
1—弹簧管　2—磁钢　3—霍尔片

(3) 压阻式压力传感器　压阻式压力传感器利用单晶硅的压阻效应构成，如图5-40所示。它采用单晶硅片作为弹性敏感元件，利用集成电路的工艺在单晶硅的特定方向扩散一组等值电阻，将电阻接成桥式电路，并将单晶硅片置于传感器腔内。当压力发生变化时，单晶硅产生应变，使直接扩散在上面的应变电阻产生与被测压力成比例的变化，再由桥式电路获得相应的电压输出信号。

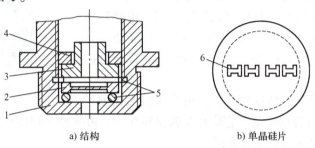

图5-40　压阻式压力传感器结构

1—基座　2—单晶硅片　3—导环　4—螺母　5—密封垫圈　6—等效电阻

压阻式压力传感器具有精度高、工作可靠、频率响应高、迟滞小、尺寸小、重量轻、结构简单、便于实现显示数字化等优点，除用于测量压力外，还可用于测量差压、高度、速度及加速度等参数。

5.3.4　压力变送器

压力变送器可将液体、气体或蒸气的压力、液位、流量等被测变量转换成统一的标准信号。压力变送器的类型很多，有矢量机构式、微位移式以及利用通信器组态来进行仪表调校及参数设定的智能式压力变送器。

矢量机构式压力变送器是依据力矩平衡原理工作的，变送器的体积大、重量大，受环境温度影响大，因有机械杠杆和电磁反馈环节，所以易损坏，其机电一体化结构给调校、维修带来困难。

随着过程控制水平的提高，可编程序调节器、可编程序控制器、DCS等高精度、现代化的控制仪表及装置广泛应用于工业过程控制，这对测量变送环节提出了更高的要求。于是没有机械传动装置、最大位移量不超过0.1mm的微位移式压力（差压）变送器应运而生。根据所用测量元件的不同，常见的微位移式压力（差压）变送器有电容式、电感式、扩散硅式和谐振式等。

1. 电容式压力变送器

电容式压力变送器是一种开环检测仪表，具有结构简单、过载能力强、可靠性好、测量精度高等优点，其输出信号是标准的DC4~20mA电流信号。常见的有1151系列、1751系列。其外形如图5-41所示。

电容式压力变送器由测量部件、转换电路和放大电路三部分组成。其中测量部件如图5-42a所示，工作原理框图如图5-42b所示。

在无压力信号或两侧通入压力信号相等时，测量膜片处于中间位置，两侧电容器的电容量相等。当被测介质的高、低两个压力信号分别通入左、右两个压室时，压力作用于两侧隔离膜片上，通过隔离膜片和元件内的填充液传送到测量膜片两侧，压力差会使测量膜片发生位移，使之与固定弧形电极间的距离发生变化，导致两个电容值也发生变化，从而实现了被测压力到电容量的转换。

然后通过转换电路将电容值转换成电流的变化，与反馈信号、调零及迁移信号一起经放大和输出限制电路转换成 4~20mA 的标准信号，作为变送器的输出。这个电流与被测压力为一一对应的线性关系，从而实现了压力的测量。

电容式压力变送器的精度较高，其引用误差不超过量程的 0.25%。其结构特点决定了它能经受振动和冲击，可靠性和稳定性都较高，且体积小、重量轻，零点、量程调整都较为方便。

图 5-41 电容式压力变送器外形

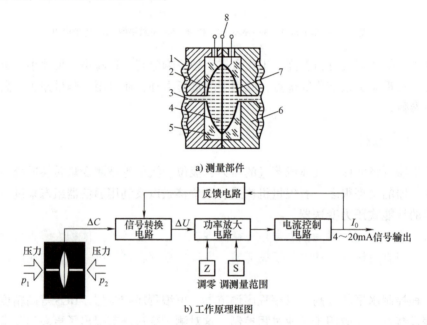

图 5-42 电容式压力变送器的测量部件及工作原理框图
1—隔离膜片 2、7—固定弧形电极 3—硅油 4—测量膜片 5—玻璃层 6—底座 8—引出端

2. 智能压力变送器

智能式变送器（Intelligent Transmitter）是由传感器和微处理器结合而成的。它充分利用了微处理器的运算和存储能力，可对传感器的数据进行处理，包括对测量信号的处理（如滤波、放大、A-D 转换等）、数据显示、自动校正和自动补偿等。例如，用带有温度补偿的电容式压力传感器与微处理器联用，构成准确度为 0.1 级的压力或差压变送器，其量程范围为 100∶1，时间常数为 0~36s 可调，通过手持通信器，可对 1500m 范围内的现场变送器进行工作参数的设定、量程调整以及向变送器输入信息数据。

ST3000 是由 Honeywell 公司推出的智能压力变送器。它利用微处理器的运算和存储能力，对传感器的测量数据进行计算、存储和数据处理，其工作原理框图如图 5-43 所示。该变送器能测量气体、液体和蒸汽的流量、温度、压力和液位。

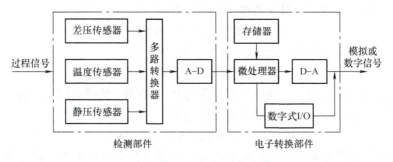

图 5-43　ST3000 工作原理框图

智能压力变送器的特点是可进行远程通信。利用手持通信器，可对现场变送器进行各种运行参数的选择和标定。其准确度高，使用和维护方便。通过编制各种程序，使变送器具有自修正、自补偿、自诊断及错误方式告警等多种功能，因而提高了变送器的准确度，简化了调整、校准与维护过程，促使变送器与微机、控制系统直接对话。

由于智能压力变送器总体性能好，能长期稳定地工作，所以每 5 年才需校验一次，智能压力变送器与手持通信器相结合，可远离生产现场，尤其是危险或不易到达的地方，给变送器的运行和维护带来了极大的方便。

5.3.5　压力计的选择、安装与维护

正确选择及安装压力计，是保证仪表在生产过程中发挥应有作用的重要环节。

1. 压力计的选择

应根据生产过程对压力测量的要求，结合其他方面的有关情况，具体分析和全面考虑后选用压力计。选择压力计时，一般应注意以下一些问题。

（1）仪表类型的选用　仪表的选型必须满足生产过程的要求，例如，是否要求指示值远传或变送、自动记录或报警等；被测介质的性质及状态（如腐蚀性强弱、温度高低、黏度大小、脏污程度及是否易燃易爆等）是否对仪表提出了专门的要求；仪表安装的现场环境条件（如高温、电磁场、振动及安装条件等）对仪表有无特殊要求等。统筹分析这些条件后，正确选用仪表类型，是仪表正常工作并确保生产安全的重要前提。

（2）仪表量程的选择　仪表的量程是仪表标尺刻度上、下限之差。究竟应选择多大量程的仪表，应由生产过程需要测量的压力大小来决定。为了避免压力计超过负荷而受到破坏，仪表的上限值应高于生产过程中可能出现的最大压力。对于弹性式压力计而言，在被测压力比较平稳的情况下，压力计上限值应为被测最大压力的 4/3 倍；在压力波动较大的测量场合，压力计上限值应为被测压力最大值的 3/2 倍。为了保证测量准确度，所测压力的数值不应太接近仪表的下限，一般被测压力的最小值应不低于仪表量程的 1/3。

（3）仪表准确度等级的选择　在仪表量程确定之后，应根据生产过程对压力测量所能允许的最大误差来决定仪表应有的准确度等级，据此从产品系列中选用。常用压力表的准确度等级为 1.0 级、1.6 级、2.5 级和 4.0 级。

【例 5-5】　某压力容器内介质的正常工作压力范围为 0.4～0.6MPa，用弹簧管压力表进行检测。要求测量误差不大于被测压力的 5%，试确定该压力表的量程和准确度等级。

【解】 由题意可知，被测对象的压力比较稳定，设弹簧管压力表的量程为 A，则根据压力计上限值应大于被测压力最大值的 3/2 倍，可得

$$A > 0.6 \text{MPa} \times 3/2 = 0.9 \text{MPa}$$

根据被测压力的最小值应不低于仪表量程的 1/3，有

$$A < 0.4 \text{MPa} \div 1/3 = 1.2 \text{MPa}$$

故根据仪表的量程系列，可选用量程范围为 0～1.0MPa 的弹簧管压力表。

由题意可知，被测压力允许的最大绝对误差为

$$\Delta p_{max} = 0.4 \text{ MPa} \times 5\% = 0.02 \text{MPa}$$

仪表准确度等级的选取应使其最大引用误差不超过允许测量误差。对于测量范围为 0～1.0MPa 的压力表，其最大引用误差为

$$\gamma_{bmax} = 0.02 \text{MPa} \times 100\% / 1.0 \text{MPa} = 2\%$$

故应选取 1.6 级的压力表。

2. 压力计的安装

压力计的安装是否正确，将直接影响到测量结果的准确性及仪表的寿命。一般应注意以下事项：

1) 取压点的设置必须有代表性，应选在能正确且及时反映被测压力实际数值的地方。例如，设置在被测介质流动平稳的部位，不应太靠近有局部阻力或其他受干扰的地方。取压管内端面与设备连接处的内壁应保持平齐，不应有凸出物或毛刺，以免影响流体的平稳流动。

2) 测量蒸汽压力时，应加装冷凝管，以避免高温蒸汽与测温元件接触，对于有腐蚀性或黏度较大、有结晶、沉淀等介质，可安装适当的隔离罐，罐中充以中性隔离液，以防腐蚀或堵塞导压管和压力计，如图 5-44 所示。

3) 取压口到压力计之间应装有切断阀，以备检修压力计时使用，切断阀应装设在靠近取压口的地方。需要进行现场检验或经常冲洗导压管的地方，切断阀可改用三通阀。

4) 当被测压力较小，而压力计与取压口又不在同一高度上时，对由此高度引起的测量误差，应进行修正。

5) 当被测压力波动剧烈和频繁（如泵、压缩机的出口压力）时，应安装缓冲器或阻尼器。

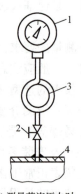

a) 测量蒸汽压力时

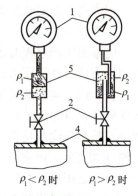
b) 测量有腐蚀性等介质

图 5-44 压力计安装示意图
1—压力计 2—切断阀 3—凝液管
4—取压容器 5—隔离罐

3. 压力测量仪表的维护

压力测量仪表常见的故障主要有：

1) 无法正确显示压力值。
2) 测量有误差。
3) 不能准确反映压力变化。
4) 压力表变差大，跳跃转动。

检修要点如下：
1）检查环境温度是否在仪表允许范围内。
2）检查取压点位置是否合适。
3）检查导压管施工是否不合理，如线路过长、导压管内有积液。
4）是否未定期校验、量程设置不正确或接线错误。

5.4 流量检测仪表

物质的存在一般可以分为三种状态，即固态、液态和气态。流动状态的物体称为流体。在工业中，凡是涉及流体介质的生产流程都有流速与流量的测量和控制问题。在生产过程中，为了有效地进行操作、控制和监督，常需要检测各种流体的流量。

5.4.1 概述

和温度、压力一样，流量也是过程控制中的重要参数，一方面，它是判断生产状况、衡量设备运行效率的重要指标，另一方面，它也是生产操作和控制其他参数（如温度、压力及液位等）的重要依据。例如，重油燃烧制造合成氨原料气时，氧与重油的比例应控制在0.8左右。若氧气流量偏低，则重油燃烧就不完全，会产生大量炭黑；相反，氧气流量过高，则可能引起爆炸。

1. 流量的定义

流量通常是指单位时间内流经工艺管道某截面流体的数量，也就是所谓的瞬时流量；而把在某一段时间内流过工艺管道流体的总和，称为累积流量。

瞬时流量和累积流量可以用体积表示，也可以用重量或质量表示。

（1）体积流量 以体积表示的瞬时流量用 q_V 表示，$q_V = \int_A v \mathrm{d}A$，单位为 $\mathrm{m^3/s}$。其中，A 为截面积，v 为流速。以体积表示的累积流量用 Q_V 表示，$Q_V = \int_0^t q_V \mathrm{d}t$，单位为 $\mathrm{m^3}$。

（2）质量流量 以质量表示的瞬时流量用 q_m 表示，$q_m = \rho q_V$，单位为 $\mathrm{kg/s}$。其中，ρ 为流体密度。以质量表示的累积流量用 Q_m 表示，$Q_m = \rho Q_V$，单位为 kg。

一般用来测量瞬时流量的仪表称为流量计，测量累积流量的仪表称为计量表。

2. 流量的测量方法

测量流量的方法很多，流量检测仪表有差压式、转子式、容积式、流速式等。容积式中又有椭圆齿轮式、腰轮式、旋转活塞式及皮囊式等；流速式中又有水表、涡轮式等。常见流量检测仪表的特性见表5-9，常见流量计外形如图5-45所示。

表5-9 常见流量检测仪表的特性

流量检测仪表种类		检测原理	特 性	用 途
差压式	孔板	基于流体流动的节流原理，利用流体流经节流装置时产生的压力差而实现流量测量	最成熟、最常用的流量测量仪表，其结构简单、安装方便，但差压与流量为非线性关系	适于管径大于50mm、低黏度、大流量、清洁的液体、气体和蒸汽的流量测量
	喷嘴			
	文丘里管			

(续)

流量检测仪表种类		检测原理	特 性	用 途	
转子式	玻璃管转子流量计	基于流体流动的节流原理，利用流体流经转子时，截流面积的变化来实现流量测量	压力损失小，检测范围大，结构简单，使用方便，但需垂直安装	适于小管径，小流量的液体或气体的流量测量，可进行现场指示或信号远传	
	金属管转子流量计				
容积式	椭圆齿轮流量计	采用容积分界的方法，转子每转一周都可送出固定容积的流体，因而可利用转子的转速来实现流量的测量	准确度高、量程宽、对流体的黏度变化不敏感，压力损失较小，安装使用较方便，但结构复杂，成本较高	可用于小流量、高黏度、不含颗粒和杂质，温度不太高的流体流量的测量	液体
	腰轮流量计				液体、气体
	旋转活塞流量计				液体
	皮囊式流量计				气体
流速式	水表	利用叶轮或涡轮被液体冲转后，转速与流量的关系实现流量测量	安装方便，测量准确度高、耐高压，反应快，便于信号远传，不受干扰，需水平安装	可测脉动、洁净、不含杂质的流体流量	
	涡轮流量计				
靶式流量计		利用流体的流量与靶所受到的力之间的关系来实现流量的测量	结构简单，安装方便，对介质没有要求	适于高黏度液体，低雷诺数、易结晶或易凝结以及带有沉淀物或固体颗粒的较低温度流体的流量	
电磁流量计		利用电磁感应原理来实现流量的测量	压力损失小，不受液体物理性质和流动状态的影响，对流量变化反应速度快，但仪表测量系统复杂、成本高、易受外界电磁场干扰，使用时不能有振动	可测量酸、碱、盐等导电液体溶液以及含有固体或纤维的液体的流量	
漩涡式	旋进漩涡型	利用有规则的漩涡运动现象来测量流体的流量	准确度高、测量范围宽、没有运动部件、无机械磨损，维护方便，压力损失小、节能效果明显	可测量各种管道中的液体、气体和蒸汽流量	
	卡门漩涡型				
	间接式质量流量计				

a) 腰轮流量计

b) 刮板式流量计

c) 旋进漩涡型流量计

d) 涡街流量计

图 5-45　常见流量计外形

5.4.2 差压式流量计

差压式流量计

差压式流量计是目前工业生产中检测气体、蒸汽、液体流量最常用的一种检测仪表,是基于流体流动的节流原理,利用流体流经节流装置时产生的压力差而实现流量测量的。差压式流量计所采用的节流装置是标准件,流量系数计算公式相当完备,这使得差压式流量计成为一种可靠性和标准化程度较高的流量检测仪表,在工业生产中得到了广泛应用。

据统计,在石油化工厂、炼油厂等企业中,所用的流量计中70%~80%是差压式流量计。因为其检测方法简单、没有可动部件、工作可靠、适应性强、可不经流量标定就能保证一定的准确度等优点,广泛应用于流程工业中。

差压式流量计主要由三部分组成(见图5-46):第一部分为节流装置,它将被测流量值转换成差压值;第二部分为信号的传输管线;第三部分差压变送器,用来检测差压并转换成标准电流信号,用于量值显示或控制之用。下面重点介绍节流装置。

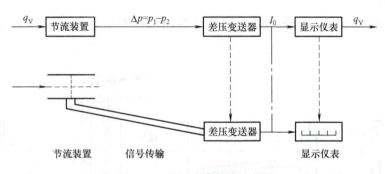

图 5-46 差压式流量计示意图

1. 节流装置

(1) 节流现象和测量原理 流经节流装置的节流现象如图 5-47 所示。流体之所以能够在管道中流动,是因为它具有能量。这个能量由高位的势能或动力设备(泵、鼓风机)获得,它由动压能(动压头)和静压能(静压头)组成,这两种能量同时存在于流体之中并且可以互相转换。

当流体在管道中流动的时候,总能量是不变的,即动、静压头和流动过程中的压力损失之和为一常数,这就是能量守恒定律或伯努利定律。对于不可压缩的理想流体,如果流速为 v,密度为 ρ,静压头为 p,则流体充满管道流动时,其能量方程为

$$\frac{p}{\rho} + \frac{v^2}{2} = 常数 \quad (5-6)$$

式(5-6)中等式左侧第一项为静压能,第二项为动压能。根据流体质量不变定律可知,管道内任一截面所通过的流量相等。

在管道中放置节流件后,流体在节流装置前呈

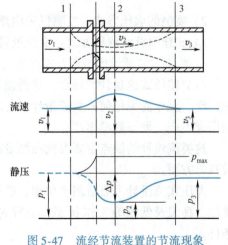

图 5-47 流经节流装置的节流现象

多条稳定的流线向前流动，但流到节流装置附近时，由于管道突然变小，迫使流体在节流件前收缩，流速加快。由能量守恒定律可知，流体在节流装置前流速加大，动压能提高，静压能就会下降。流体向中心加速，流速中央的压力下降，通过孔板时，因流体惯性力的作用继续收缩，大约在孔板后 1/2 内径处截面压力最小、流速最快，静压力最低。在这以后，压力逐渐恢复至最大，流速又降低到原来的数值。由图 5-47 可知，在节流装置后面的压力 p_2 比节流装置前面的压力 p_1 要小，于是产生了一个静压力差 $\Delta p = p_1 - p_2$，由此可以利用静压力差与流速有关的原理进行流量测量。

（2）标准节流装置 差压式流量计常用的标准节流装置有孔板、喷嘴、文丘里管等，如图 5-48 所示。

孔板的优点是应用广泛，结构简单，安装方便，适用于大流量流体的测量，但流体经过孔板后压力损失大，当工艺管道上不允许有较大的压力损失时，不宜采用。喷嘴和文丘里管压力损失较孔板小，但结构比较复杂，不易加工。

（3）取压方式 目前，对各种节流装置取压的方式均不相同。对标准节流装置的取压方式都有明确规定。

1）孔板的取压方式：孔板可以采用角接取压和法兰取压两种取压方式，如图 5-49 所示。

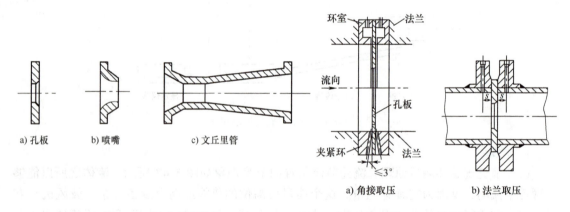

图 5-48　标准节流装置　　　　　图 5-49　取压方式

2）喷嘴的取压方式：喷嘴仅采用角接取压，其结构形式与孔板的角接取压形式相同。

3）文丘里管的取压方式：文丘里管采用角接取压。

2. 差压式流量计的特点及安装使用

（1）差压式流量计的特点 这类流量计结构牢固，性能稳定可靠，使用寿命长，应用范围广泛，至今尚无任何一类流量计可与之相比拟。其检测件与变送器、显示仪表可分别由不同厂家生产，便于规模生产。

这类流量计的缺点主要表现在测量准确度普遍偏低，测量范围较窄，现场安装条件要求较高等方面。

差压式流量计主要适用于单相、混相、洁净、脏污及黏性等流体；常压、高压、真空、常温、高温及低温等工作状态；管径范围从几毫米到几米；亚音速、音速、脉动等流动条件。

（2）差压式流量计的安装和使用　使用差压式流量计时，应注意节流装置的使用条件和设计条件相一致；在安装节流装置时，标有"＋"的一侧应当是流体的入口方向；导压管内径不得小于6mm，长度不得大于16m；应根据介质的性质选择取压点；应从现场环境选择合适的安装地点；测量腐蚀性或易凝固介质的流量时，不宜直接进入差压式流量计，必须采用隔离措施。

5.4.3　转子流量计

在工业生产中，测量小流量、低流速的流体流量时，对流量计的灵敏度、准确度都有一定的要求。转子流量计特别适合用于对管径小于50mm和流量小到几升的流体流量的测量。转子流量计实物如图5-50所示，其内部结构及工作原理如图5-51所示。

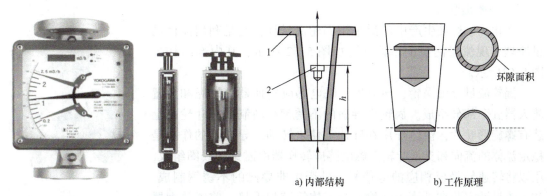

图5-50　转子流量计实物　　　　　图5-51　转子流量计内部结构及工作原理

1—锥形管　2—转子

1. 工作原理

转子流量计主要由两部分组成：一是由下往上逐渐扩大的透明玻璃制成的锥形管；二是放在锥形管内可自由运动的转子。被测流体由锥形管下端进入，流经转子与锥形管之间的环隙，再从上端流出。当流体流过时，位于锥形管中的转子受到向上的力的作用，使其浮起。当这个力正好等于转子重量减去流体对转子的浮力时，转子就悬停在一定的高度上。若流体流量突然由小变大，作用在转子上的向上的力就加大，转子上升，环隙增大，即流通面积增大。随着环隙的增大，流体流速变慢，流体作用在转子上的向上的力也就变小。这样，转子在一个新的高度上重新平衡。由此可见，转子在锥形管中平衡位置的高度 h 与被测介质的流量大小相对应。

转子和锥形管间的环隙面积相当于差压式流量计的节流孔面积，但它是变化的，并与转子高度 h 成近似的线性关系，因此，转子流量计的流量公式可以表示为

体积流量 q_V　　　　　$q_V = \varphi h \sqrt{\dfrac{2}{\rho_f}\Delta p} = \varphi h \sqrt{\dfrac{2V(\rho_t - \rho_f)}{\rho_f A}}$　　　　（5-7）

质量流量 q_m　　　　　$q_m = \varphi h \sqrt{\dfrac{2V(\rho_t - \rho_f)g\rho_f}{A}}$　　　　（5-8）

式中，V 为转子的体积；ρ_t 和 ρ_f 分别为转子和流体的密度；g 为重力加速度；Δp 为转子前后的压差；A 为转子的最大截面积；φ 为仪表常数；h 为转子浮起的高度。

由式(5-7)、式(5-8)可见，转子流量计所测得的流量与转子浮起的高度成正比。

2. 转子流量计的使用条件及注意事项

1）量程比为 10∶1，尤其适合小流量的测量。

2）由于压力损失小，被测介质流量变化时反应快，使用时要垂直安装、不能倾斜。被测介质应由下往上通过，不能接反。

3）被测介质如果有污垢，会使转子质量、环隙流通截面积发生变化，造成误差。

4）选用不同材料的同样形状转子可实现量程的改变。

5）流量计在投入工作时，要缓缓开启前面的阀门。

5.4.4 其他流量计

1. 涡轮流量计

在化工、炼油生产中广泛采用涡轮流量计，它是利用流体动量原理实现流量测量的，其外形如图 5-52 所示，其内部结构如图 5-53所示。

涡轮流量计由涡轮、导流器、磁电感应转换器、外壳和前置放大器五个部分组成。涡轮由导磁的不锈钢材料制成，叶轮芯上装有螺旋形叶片，流体作用在叶片上使之转动。导流器的作用是稳定流体的流向和支承叶轮。磁电感应转换器由磁钢和线圈组成，用以将转速转换成相应的电信号。外壳由非导磁的不锈钢制成，整个流量计安装在外壳上，然后与流体管道相连接。前置放大器用于放大微弱信号，实现远距离传输。

图 5-52 涡轮流量计外形

（1）工作原理 当被测流体流经流量计时，流量计内的涡轮借助流体的动能旋转，由导磁材料制成的涡轮周期性地改变电磁感应系统中的磁阻，使通过线圈的磁通量周期性地发生变化而产生电脉冲信号，经前置放大器放大后传送至相应的流量积算仪表，进行流量的测量。由此可见，当流量发生变化时，线圈输出的电脉冲信号随涡轮旋转速度的变化而变化，脉冲频率越高，表示流量越大。

涡轮流量计准确度高、反应迅速、量程范围宽，可用于脉动流量的测量。

（2）注意事项

1）要求被测介质洁净，变送器前须加过滤器。

2）介质的密度和黏度的变化对指示值有影响，测量气体流量时，必须对密度进行补偿。黏度在 5mPa·s 以下时不需要重新标定。

3）要求水平安装，并且保证在入口直管段的长度为管道内径的 10 倍以上，出口为 5 倍以上。

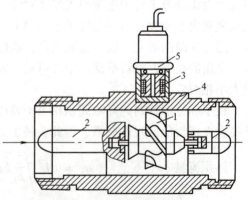

图 5-53 涡轮流量计内部结构
1—涡轮 2—导流器 3—磁电感应转换器
4—外壳 5—前置放大器

2. 电磁流量计

在流量测量中，当被测介质具有导电性时，可以用电磁感应的方法来测量。它的特点是可以测量酸、碱、盐溶液和含有固体颗粒、泥沙及纤维液体的流量。其外形如图 5-54 所示。

（1）工作原理　电磁流量计的工作原理是基于法拉第电磁感应定律。在电磁流量计中，测量导管内的导电介质相当于法拉第实验中的导电金属杆，上下两端的两个电磁线圈产生恒定磁场。当有导电介质流过时，则会产生感应电动势，如图 5-55 所示。

（2）使用特点

1）测量导管内无可动部件，压力损失很小。可以测量含颗粒、悬浮物的流体的流量，也可以测量腐蚀性介质的流量。

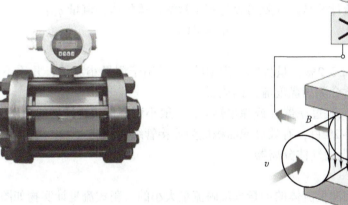

图 5-54　电磁流量计外形　　　　图 5-55　电磁流量计工作原理

2）输出电流与流量具有线性关系，并且不受介质物理性质的影响（温度、压力及黏度）。

3）测量范围宽，可达 1∶100，口径为 1~2000mm。

4）反应迅速，可测量脉动流量。

（3）注意事项

1）不能测量高温介质，一般应低于 120℃。

2）不能测量气体、蒸汽和石油等非导电流体的流量。

3）其输出信号只有几毫伏，要做好屏蔽和接地，防止外界干扰。

4）变送器安装地点要远离强磁场，如大功率电机、变压器等。

5）变送器和二次仪表必须使用电源中同一相线，否则检测信号和反馈信号相位差为 120°，仪表将不能正常工作。

3. 椭圆齿轮流量计

椭圆齿轮流量计是应用容积法测量流量的，这种测量方法与日常生活中用容器计量体积的方法类似，实际上是用容积积分的方法，直接测量流体的体积总量。其外形如图 5-56 所示。

（1）测量原理　如图 5-57 所示，在固定的外壳内，有一对互相啮合的椭圆齿轮。在流体入口和出口之间压差的作用下,流体推动椭圆齿轮旋转。通过齿轮的旋转不断地将充满在齿轮与壳体之间的定体积流体排出,进而由齿轮的转数计算出流量数值。

图 5-56　椭圆齿轮流量计外形

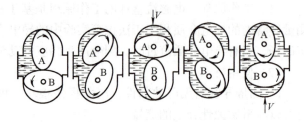

图 5-57　椭圆齿轮流量计的测量原理

转子每旋转一周,就排出四个由椭圆齿轮与外壳围成的半月形空腔的流体体积 V。当 V 一定时,只要测出流量计的转速 n 就可以计算出被测流体的体积流量 q_V:

$$q_V = 4Vn$$

(2) 使用特点

1) 精度高,可达 ±0.2%;量程宽,为 10∶1;可用于测量小流量;几乎不受黏度等因素变化的影响,特别适合测高黏度流体的流量。

2) 流量计前必须安装过滤器(或除尘器),一般小型流量计过滤器的金属网为 200~50 目,大型流量计为 50~20 目,有效过滤面积应为连接管线面积的 4~20 倍。

3) 在流量计前应设置气体分离器。

4. 靶式流量计

靶式流量计是利用测量流体的动量来反映流量大小的。靶式流量计实物如图 5-58 所示。

(1) 测量原理　如图 5-59 所示,当流通截面确定时,流速 v 与流量 q 成正比,因此,测得动量 mv,即可反映流量 q,利用检测元件把动量转换为压力、位移或力等,然后测量流量。

图 5-58　靶式流量计实物

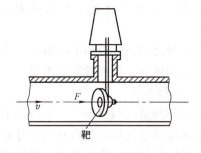

图 5-59　靶式流量计测量原理

(2) 使用特点

1) 可以测量高黏度的流体。

2) 精度达 ±1%,量程比为 3∶1,管径为 15~200mm。

3) 要求安装一定的直管道,但无需导压管线,维护比较方便。

5. 超声波流量计

由于声波传播速度与流体的流速有关,因而可以通过测量声波在流动介质中的传播速度的方法,求出流速和流量。超声波测量流量的方法如图 5-60 所示。

根据对信号检测原理的不同，超声波流量计的测量方法可分为时差法、相差法、频差法、声束偏移法、多普勒效应法、激光法、热电法及放射性同位素法等。

图 5-60　超声波测量流量的方法

（1）测量原理　图 5-61 所示为采用时差法测流量的示意图。

首先，在管道的上游和下游各装一个超声波探头，用来发射和接收超声波。当上游发射一个超声波，下游接收时，声波的传播速度 $v_1 = C + v\cos\theta$，其中 C 为超声波的波速，v 为流体的流速。声波顺流传播的时间为 $t_1 = L/(C + v\cos\theta)$；当下游发射一个超声波，上游接收时，声波的传播速度 $v_2 = C - v\cos\theta$，声波逆流传播的时间为 $t_2 = L/(C - v\cos\theta)$。

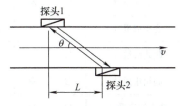

图 5-61　采用时差法测流量示意图

两者的时间差 $\Delta t = t_2 - t_1 = 2Lv\cos\theta/(C^2 - v^2\cos^2\theta)$。由此可见，这个时间差 Δt 和流体流速 v 成一定的函数关系，通过测量时间差 Δt，就可以求出流体的流速 v，用流速乘以管道的截面积就可以得到流量了。

（2）使用特点

1）安装维修方便，可直接安装于管道上。

2）通用性好，与管道口径无关。

3）测量范围广，不受流体物理性质、化学性质的影响，可以对任何流体进行测量。

4）采用非接触式测量，可对不易接触和观察的流体进行测量。

5.4.5　流量检测仪表的选择与维护

1. 流量检测仪表的选择

流量检测元件及仪表的选用会因工艺条件和被测介质的差异而有所不同，且检测要求也不一样，要使一类流量检测元件及仪表满足所有的检测要求是不可能的。为此，全面了解各类检测元件及流量仪表的特点和正确认识它们的性能，是合理选用检测元件及仪表的前提。常用流量检测元件及仪表与被测介质特性的关系见表 5-10。

各种流量检测元件及仪表可依据流量刻度或测量范围、工艺要求和流体参数变化、安装要求、价格、被测介质或对象的不同进行选择。

表 5-10　常用流量检测元件及仪表与被测介质特性的关系

仪表种类		介质											
		清洁液体	沾污液体	蒸汽或气体	黏性液体	腐蚀性液体	腐蚀性浆液	含纤维浆液	高温介质	低温介质	低流速液体	部分充满管道	非牛顿液体
差压式流量计	孔板	○	●	○	●	◎	×	×	○	●	×	×	●
	文丘里管	○	●	○	●	●	×	×	●	●	×	●	×
	喷嘴	○	●	○	●	●	×	×	●	●	×	●	×
	弯嘴	○	●	○	×	◎	×	×	○	●	×	×	●

(续)

仪表种类	介质											
	清洁液体	沾污液体	蒸汽或气体	黏性液体	腐蚀性液体	腐蚀性浆液	含纤维浆液	高温介质	低温介质	低流速液体	部分充满管道	非牛顿液体
电磁流量计	○	○	×	×	○	○	○	●	×	◎	●	◎
漩涡流量计	○	●	◎	●	◎	×	×	◎	◎	×	×	×
容积流量计	○	×	○	○	●	×	×	◎	◎	◎	×	×
靶式流量计	○	◎	◎	◎	◎	●	×	◎	●	×	×	●
涡轮流量计	○	●	○	◎	◎	×	×	●	◎	●	×	×
超声波流量计	○	◎	×	●	◎	●	×	●	●	◎	×	×
转子流量计	○	●	○	◎	◎	×	×	◎	×	◎	×	×

注:○表示适用;◎表示可以用;●表示在一定条件下可以用;×表示不适用。

2. 流量检测仪表的维护

流量检测仪表的常见故障主要有:

1)示值偏大或偏小,出现晃动。

2)示值不变化。

检修要点如下:

1)检查安装位置是否正确。

2)检查导压管管路是否不严密或积存空气。

3)检查防冻伴热设备是否未投运。

4)检查差压变送器是否未校验。

5.5 物位检测仪表

物位检测在现代化生产中的地位日趋重要。通过物位的测量,可以正确获知容器内所存储物质的数量;监视或控制容器中介质的物位,使其保持在工艺要求的高度,或对它的上、下限位置进行报警,以及根据物位来连续监视或控制容器中流入与流出物料的平衡。

本节主要介绍液位测量仪表。

5.5.1 概述

物位是指设备和容器中液体或固体物料的表面位置。对应不同性质的物料又有以下的定义:液位指设备和容器中液体介质表面的高低;料位指设备和容器中所储存的块状、颗粒或粉末状固体物料的堆积高度;界位指两种密度不同互不相容液体之间或液体与固体之间的分界位置。物位是液位、料位、界位的总称。对物位进行测量、指示和控制的仪表,称为物位检测仪表。

由于被测对象种类繁多,检测的条件和环境也有很大差别,所以物位检测的方法多种多样，从而满足不同生产过程的测量要求。

按测量方式的不同，物位检测仪表可分为连续测量和定点测量两大类。连续测量方式能持续测量物位的变化。定点测量方式则只能检测物位是否达到上限、下限或某个特定位置，定点测量仪表一般称为物位开关。

物位检测仪表的分类及性能比较见表 5-11。几种常用物位检测仪表如图 5-62 所示。

表 5-11 物位检测仪表的分类及性能比较

物位检测仪表的种类		检测原理	主要特点	用途
直读式	玻璃管液位计	连通器原理	结构简单、价格低廉。显示直观，但玻璃易损，读数不十分准确	现场就地指示
	玻璃板液位计			
差压式	压力式液位计	利用液柱或物料堆积对某定点产生压力的原理而工作	能远传	可用于敞口或密闭容器
	吹气式液位计			
	差压式液位计			
浮力式	恒浮力式	浮标式	利用浮于液面上的物体随液位高低而产生位移的原理而工作	结构简单，价格低廉	测量贮罐的液位
		浮球式			
	变浮力式	沉筒式	基于沉浸在液体中的沉筒的浮力随液位变化而变化的原理而工作	可连续测量敞口或密闭容器中的液位、界位	需远传显示、控制的场合
电气式	电阻式物位计	通过将物位的变化转换成电阻、电容、电感等电的变化来实现物位测量	仪表轻巧，测量滞后小，能远距离传送，但线路复杂，成本较高	用于高压腐蚀性介质的物位测量
	电容式物位计			
	电感式物位计			
核辐射式物位仪表		利用核辐射透过物料时，其强度随物质层的厚度而变化的原理工作的	非接触式测量，能测各种物位，但成本高，使用和维护不便	用于腐蚀性介质的液位测量
超声波式物位仪表		利用超声波在气、液、固体中的衰减程度、穿透能力和辐射声阻抗各不相同的性质工作的	非接触式测量，准确性高，惯性小，但成本高，使用和维护不便	用于对测量精度要求较高的场合
光学式物位仪表		利用物位对光波的遮断和反射原理工作的	非接触式测量，准确性高，惯性小，但成本高，使用和维护不便	用于对测量精度要求较高的场合

5.5.2 差压式液位计

由于容器的液位高度 h 与底部压力 p 成正比，于是，可将压力变送器用于液位的测量。这里以法兰式差压变送器为例介绍差压式液位计的使用。法兰式差压变送器（法兰液位计）如图 5-63 所示。

法兰式差压变送器根据不同的接法分为单法兰和双法兰两种情况，如图 5-64 所示。

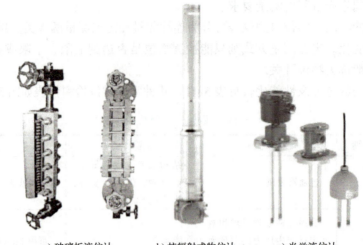

a) 玻璃板液位计　　　　b) 核辐射式物位计　　　　c) 光学液位计

图 5-62　几种常用物位检测仪表

a) 插入式单法兰　　　　b) 平单法兰　　　　c) 平双法兰

图 5-63　法兰式差压变送器

对于对大气开口的容器中液位的测量，可以按对容器底部的压力检测来确定液位，如图 5-64a 所示。在配置上，只需用一个法兰将压力计与容器底部管路连通即可，故称为单法兰液位计。

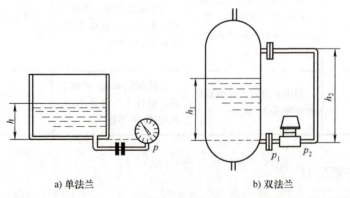

a) 单法兰　　　　　　　　b) 双法兰

图 5-64　法兰液位计

图 5-64b 所示为双法兰液位计。它适用于闭口容器液位的检测，这是因为液面以上空间压力并非大气压。因此，需用两个法兰将容器与差压变送器相连接，故称为双法

兰液位计。

在使用差压变送器测量液位时，一般来说，$\Delta p = H\rho g$，由于仪表安装不可能与容器底部位于同一水平面，如图 5-65a 所示，此时，$\Delta p = (H+h)\rho g$，明显与实际测量值不符，所以需要进行零点迁移。图 5-65a 中的测量值比实际值要大，称之为正迁移。

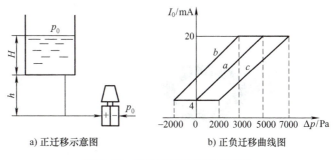

a) 正迁移示意图　　b) 正负迁移曲线图

图 5-65　差压变送器的零点迁移

若差压变送器的测量范围为 0～5000Pa，当压差由 0 变化到 5000Pa 时，变送器的输出将由 4mA 变化到 20mA，此时是无迁移的情况，如图 5-65b 中的曲线 a 所示。假设偏移量高度 h 对应压力为 2000Pa 时变送器的输出为 4mA，而压力为 7000Pa 时，输出为 20mA，这种情况就是正迁移，如图 5-65b 中曲线 c 所示。若压力为 -2000Pa 时变送器的输出为 4mA，则为负迁移，如图 5-65b 中曲线 b 所示。

5.5.3　其他物位检测仪表

1. 电容式物位计

电容式物位计是用于检测液位、料位和界位的测量仪表。它把物位变化转换成电容量的变化，然后再变换成统一的标准信号来检测。

电容式物位计的电容检测元件是根据圆筒形电容器的原理工作的，如图 5-66 所示。圆筒形电容器由两个绝缘的同轴圆柱极板（内电极和外电极）组成，在两圆筒间充以介电常数为 ε 的介质时，两圆筒间的电容量 C 为

$$C = \frac{2\pi\varepsilon h}{\ln\dfrac{D}{d}} \tag{5-9}$$

式中，D 为外圆筒直径；d 为内圆筒直径；ε 是圆筒内物质的介电常数；h 为圆筒的高度。

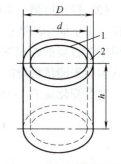

图 5-66　电容器的组成

1—内电极　2—外电极

可见，当 D 和 d 一定时，电容量 C 的大小与圆筒的高度 h 和介质的介电常数 ε 的乘积成正比。

（1）液位检测　电容式液位计实物如图 5-67 所示，它是根据电容极板间物质介电常数 ε 的不同引起电容变化来实现测量的。非导电介质液位测量的电容式液位传感器原理如图5-68所示。

当液位为零时，仪表调整至零点，其零点的电容为

$$C_0 = \frac{2\pi\varepsilon_0 h}{\ln\dfrac{D}{d}}$$

当液位上升为 H 时，电容量变为

$$C = \frac{2\pi\varepsilon H}{\ln\dfrac{D}{d}} + \frac{2\pi\varepsilon_0(h-H)}{\ln\dfrac{D}{d}}$$

图 5-67 电容式液位计实物

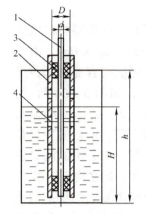

图 5-68 非导电介质液位测量的电容式液位传感器原理
1—内电极 2—外电极 3—绝缘套 4—流通小孔

电容量的变化量为

$$C_X = C - C_0 = \frac{2\pi(\varepsilon - \varepsilon_0)H}{\ln\frac{D}{d}} = K_i H \tag{5-10}$$

由此可见，电容量的变化量与液位高度 H 成正比。这是利用被测介质的介电常数 ε 与真空介电常数 ε_0 不等的原理进行测量的，$(\varepsilon - \varepsilon_0)$ 越大，仪表越灵敏；电容器两极间的距离越小，仪表越灵敏。

（2）料位检测 用电容法可以测量固体块状颗粒体及粉料的料位。由于固体间磨损较大，容易"滞留"，可用电极棒及容器壁组成电容器的两极来测量非导电固体的料位。用金属电极棒插入容器来测量料位的示意图如图 5-69 所示。

电容变化量 C_X 与料位 H 的关系为

$$C_X = \frac{2\pi(\varepsilon - \varepsilon_0)H}{\ln\frac{D}{d}} \tag{5-11}$$

电容式物位计适用于各种导电、非导电液体的液位或黏性料位的远距离连续测量和指示，也可用于导电和非导电液体之间及两种介电常数不同的非导电液体之间的界面测量。它不受真空、压力及温度等环境的影响，安装方便，结构牢固，易维

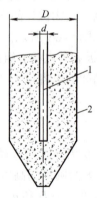

图 5-69 测量料位的示意图
1—金属电极棒 2—容器壁

修，价格较低，但选型时应根据现场实际情况，即被测介质的性质（导电性、黏性）、容器类型（规则/非规则、金属/非金属）选择合适的电容式物位计。

2. 超声波物位计

超声波物位计如图 5-70 所示。超声波在气体、液体和固体介质中以一定速度传播时因被吸收而衰减，但衰减程度不同，在气体中衰减最大，在固体中衰减最小。当超声波穿越两种不同介质构成的分界面时会产生反射和折射，且当这两种介质的声阻抗差别较大时几乎为全反射。利用这些特性就可以实现物位的测量，如回波反射式超声波物位计。它是通过测量从发射超声波至接收到被物位界面反射的回波的时间间隔来确定物位高低的。图 5-71 是超

声波测量物位的原理。

图 5-70 超声波物位计

图 5-71 超声波测量物位的原理

在容器底部放置一个超声波探头，探头上装有超声波发射器和接收器。当发射器向液面发射超声波时，在液面处产生反射，反射的回波被接收器接收。若超声波探头至液面的高度为 H，超声波在液体中的传播速度为 v，从发射超声波至接收到反射回波的间隔时间为 t，则有

$$H = \frac{1}{2}vt \tag{5-12}$$

由式（5-12）可知，只要 v 已知，测出 t，就可得到物位高度 H。

超声波物位计采用的是非接触式测量，因此适用于液体、颗粒、粉状物及黏稠、有毒介质的物位测量，能够实现防爆。但有些介质对超声波吸收能力很强，因而无法采用超声波检测方法。

5.5.4 物位检测仪表的选用与维护

1. 物位检测仪表的选用

物位检测仪表的选型原则如下：

1）液位和界位的测量应选用差压式仪表、浮筒式或浮子式仪表。若不满足要求，可选用电容式或超声波式仪表。料位的测量应根据物料的粒度、安息角、导电性能以及料仓的结构形式、测量要求来选择。

2）仪表的结构形式及材质应根据被测介质的特性来选择。

3）仪表的显示方式和功能应根据工艺操作及系统组成的要求确定。

4）仪表的量程应根据工艺对象实际需要显示范围或实际变化范围确定，一般应使正常物位处于仪表量程 50% 左右。

5）仪表精度应根据工艺要求选择，容积计量用的物位仪表的精确度应不低于 ±1mm。

6）用于危险场所的电子式物位仪表，应根据危险场所类别及被测介质的危险程度选择合适的防爆结构形式。

2. 物位检测仪表的维护

物位检测仪表常见故障主要有：

1）输出偶尔显示最大。

2）输出稳定在某一值不变化。

3）输出显示为零。

4）输出波动。

检修要点如下：

1）检查是否工艺原因。
2）检查导压管是否正常，是否有泄漏情况，是否有堵塞。
3）检查液位计是否需要调校。
4）调整 PID 参数。

实训 5.1　压力变送器的认识与调校

1. 实训目的
1）认识压力变送器的外形、结构和铭牌。
2）学习压力检测系统的构成及压力变送器的安装方法。
2. 实训设备
（1）实训仪器、设备。
1）KYB 扩散硅压力变送器一台。
2）万用表一只。
3）直流稳压电源一台（DC0～30V）。
4）THSA-1 型过程控制综合自动化控制系统实验平台。
5）导线若干，钳子、螺钉旋具各一把。
（2）实训系统图　实训系统图如图 5-72 所示。
3. 实训内容与步骤
（1）认识压力变送器
1）仔细观察压力变送器的外形、铭牌，学会从外部辨认仪表的类型，并填写表 5-12。

表 5-12　KYB 扩散硅压力变送器参数表

仪表名称		型号选项		模式	
制造厂家		准确度等级		出厂编号	
输入		允许误差		电源	
输出		最大工作压力		出厂量程	

2）查找变送器输入、输出信号的位置及可调部位（零点、量程）。
3）打开仪表外壳，认识其内部结构。
4）将仪表恢复原样。
（2）压力变送器的接线　旋开变送器前、后盖，按图 5-72b 正确连接仪表。
（3）压力变送器的调校
1）通电预热 15min。
2）调零。变送器压力信号为下限值（液位指示为 0）时，调整零位电位器 RPZ（20kΩ），使万用表（变送器输出）指示 4mA，表示 0%。
3）调量程。变送器压力信号为上限值（液位指示为最大）时，调整满度电位器 RPS（100kΩ），使万用表（变送器输出）指示 20mA，表示 100%。
4）反复调整零点、量程，直到液位指示为 0 时，万用表（变送器输出）指示 4mA；液位指示为最大时，万用表（变送器输出）指示 20mA 为止。
5）模拟运行。在量程范围内缓慢改变压力信号，观察万用表的变化。

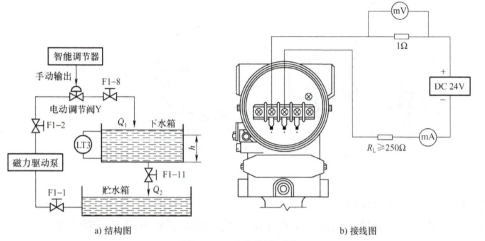

a) 结构图   b) 接线图

图 5-72　压力检测系统

4. 注意事项

1) 接线时，要注意电源极性。

2) 加压时要缓慢，避免超压。

3) 进行仪表零点、量程调整时，要缓慢。

实训 5.2　认识涡轮流量计

1. 实训目的

1) 了解涡轮流量计的结构和主要特点。

2) 学会用涡轮流量计构成流量检测系统。

3) 学习涡轮流量计的正确使用方法。

2. 实训设备

(1) 实训仪器、设备

1) THSA-1 型过程控制综合自动化控制系统实验平台。

2) LWGY 涡轮流量计一套。

3) 万用表一只。

4) 直流稳压电源一台（DC0～30V）。

5) 导线若干，钳子、螺钉旋具各一把。

(2) 实训系统图　实训系统图如图 5-73 所示。

3. 实训内容与步骤

1) 了解涡轮流量计的结构、型号规格、适用范围、主要特点和安装使用注意事项。填写表 5-13。

表 5-13　LWGY 涡轮流量计参数表

仪表名称		型号选项		模式	
制造厂家		准确度等级		出厂编号	
输入		允许误差		电源	
输出		最大工作流量		出厂量程	

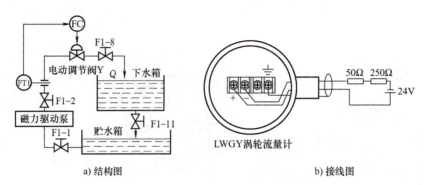

a) 结构图　　　　　　　　　　　　　　b) 接线图

图 5-73　流量检测系统

2) 按图 5-73b 所示接线。

3) 改变进水阀的开度，从而调节流量的变化，同时观察万用表示值的变化。

思考题与习题

5.1　什么是标准信号？各种标准信号分别是多少？

5.2　电模拟信号的传输方式有哪几种？各自的优缺点及适用场合分别是什么？

5.3　测量误差有哪几种分类方法？

5.4　某压力计的测压范围为 0~4MPa，准确度等级为 1 级，如果用标准压力计来校验该压力计，当被校表读数为 2MPa 时，标准表读数为 2.03MPa，试问被校压力计在这一点是否符合 1 级准确度？并说明理由。

5.5　一台自动平衡式温度计的准确度等级为 0.5 级，测量范围为 0~500℃，经校验发现最大绝对误差为 4℃，问该表是否合格？应定为几级？

5.6　某反应器的工作压力为 15MPa，要求测量误差不超过 ±0.5MPa，现选用一只 2.5 级、0~25MPa 的压力计进行压力测量，能否满足工艺上对误差的要求？若不满足，应选用几级压力计？

5.7　测量温度的仪表分为哪几类？它们分别依据什么原理工作？

5.8　常用的热电偶有哪些？

5.9　热电偶测温时为什么要进行冷端温度补偿？其补偿方法常采用哪几种？

5.10　用分度号为 K 的镍铬-镍铝热电偶测量温度，在无冷端温度补偿的情况下，显示仪表指示值为 600℃，此时冷端温度为 50℃。试问：实际温度是多少？如果热端温度不变，使冷端温度为 20℃，此时显示仪表指示值应为多少？

5.11　热电阻 Cu100 中"Cu"代表什么，"100"代表什么？

5.12　温度检测仪表的安装要求是什么？

5.13　温度检测仪表如何选型？

5.14　常用的压力物理量有哪些？其含义分别是什么？

5.15　检测压力的仪表分为哪几类？它们分别依据什么原理工作？

5.16　如何用差压变送器来测量压力？

5.17　压力检测仪表如何选型？

5.18　表示流量的物理量有哪些？

5.19　检测流量的仪表分为哪几类？它们分别依据什么原理工作？

5.20　什么是物位？物位有哪几种？

5.21　检测液位的仪表分为哪几类？它们分别依据什么原理工作？

第6章 过程控制装置

【主要知识点及学习要求】
1) 了解调节器的分类及主要功能。
2) 了解 C3900 多回路调节器的使用方法。
3) 掌握 AI 系列智能仪表调节仪的使用方法。
4) 掌握调节阀的类型、特性及使用方法。
5) 了解电-气转换器及阀门定位器的工作原理。
6) 熟悉安全栅的基本类型及使用方法。

在自动控制系统中，检测仪表将被控变量转换成测量信号后，一方面送至显示仪表进行显示记录，另一方面送至控制仪表，调节被控变量到预定的数值上。这些控制仪表有调节器、执行器及其他辅助仪表等。

6.1 调节器

6.1.1 基地式调节器及自力式调节器

基地式控制仪表是以指示、记录仪表为主体，附加控制机构所组成的装置。基地式调节器也称现场式调节器，它直接安装在生产现场，集检测、显示、调节于一身，比较经济实用，而且品种规格相当多，适用于小型企业的单机自动控制系统；其缺点在于其专用性，无法与其他装置通用或不具备互操作性。

自力式调节器是不需要外加能源，仅仅依靠被控变量自身的能量驱动执行器的调节器，结构简单、可靠性高，使用也很普遍。

1. 基地式调节器

基地式控制仪表主要有电子电位差计、电子式平衡电桥以及动圈式仪表等。它以测量仪表为主体，故调节功能少，灵敏度低，反应速度慢。基地式调节器常用于简单的单回路调节系统，实现生产过程的局部自动化。带有报警开关部件的测量仪表，可构成两位调节器。这是最简单的基地式调节器。如果在测量仪表内附加电动或气动 PID 调节器，可构成调节功能较强的基地式调节器。例如，自动平衡记录调节仪是在自动平衡记录仪内附加 PID 调节部件构成的基地式调节器。这里以 XCT 系列指示调节仪为例介绍基地式调节器的工作原理。

XCT 系列指示调节仪是一种带调节功能的动圈指示仪表，其主要结构如图 6-1 所示。由于其简单价廉，且能直接与热电偶或热电阻配合指示温度，与其他传感器或变送器配合还能指示很多种非电参数，长期以来就是工业仪表中的主要品种之一。

为了便于说明其工作原理，以电炉温度的双位调节为例。在图 6-1 中，当炉温较低时，指针 2 在设定针 11 的左边，铝旗 4 在线圈 5 之外。这时高频振荡电路 6 处于振荡状态，它向继电器 KA 供电。于是，其触点向左吸合，使端子"中"和"低"连通，接触器 KM 线圈通电，触点吸合，将电炉 7 的加热丝 8 通电，炉温开始上升。当炉温升高到设定值时，指针 2 偏转到设定针所指的刻度上。这时铝旗 4 进入检测线圈 5，铝旗上的涡流作用使线圈的电感量显著减小，高频振荡电路停止向继电器 KA 供电，其触点回到向右位置，接触器 KM 线圈断电，触点断开，电炉停止加热。待炉温逐渐下降，铝旗从检测线圈里退出，高频振荡器重新起振，继电器再次吸合，又进行加热。如此循环。由此可知，电炉的温度在设定值上下波动，这就是双位控制。

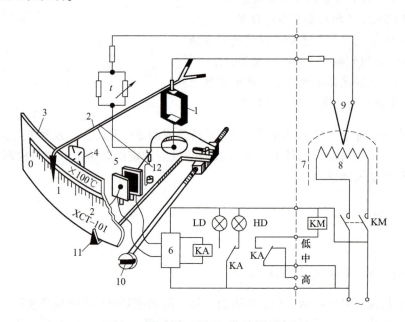

图 6-1　XCT 系列指示调节仪主要结构

1—动圈　2—指针　3—标尺　4—铝旗　5—线圈　6—高频振荡电路　7—电炉
8—加热丝　9—测温元件　10—调节螺杆　11—设定针　12—针挡

2. 自力式调节器

自力式调节器是一种无须外加驱动能源，依靠被测介质自身的能量，按设定值进行自动调节的控制装置。

它集检测、控制、执行诸多功能于一身，自成一个独立的仪表控制系统。具有以下特点：无需外加驱动能源、节能、运行费用低，适用于爆炸性危险环境；结构简单，维护工作量小，可以实现无人值守；集变送器、控制器及执行机构的功能于一体，价格低廉，节约工程投资。

自力式调节器的种类繁多，按被控参数可分为自力式压力（差压）调节器、自力式液位调节器、自力式温度调节器、自力式流量调节器等，如图 6-2 所示。

如图 6-3 所示，以自力式阀前压力调节器为例说明自力式调节器的工作原理。其阀芯初始位置在关闭状态。阀前压力 p_1 经阀芯、阀座节流后，变为阀后压力 p_2，同时 p_1 经过取压管输入至上膜室作用在膜片上，产生的作用力与弹簧的反作用力平衡，决定了阀芯、阀座的

a) 自力式压力调节器　　b) 自力式温度调节器　　c) 自力式流量调节器

图 6-2　自力式调节器

相对位置,从而控制阀前压力。

当 p_1 增加时,p_1 作用于膜片上的力随之增加。此时膜片上的作用力大于弹簧的反作用力,使阀芯向离开阀座的方向移动,这时阀芯与阀座之间的流通面积变大,流阻变小,p_1 向阀后泄压,直到膜片上的作用力与弹簧反作用力平衡为止,从而使 p_1 降为设定值。同理,p_1 降低时,动作方向与上述相反,这就是阀前压力调节阀的工作原理。

自力式压力调节阀可通过调节弹簧反作用力的大小来改变压力设定值。其流量特性一般为快开特性。

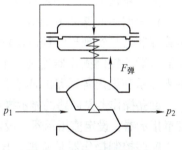

图 6-3　自力式阀前压力调节器的工作原理

6.1.2　数字式调节器

1. 数字式调节器概述

数字式调节器是 20 世纪 70 年代在模拟调节仪表的基础上,采用数字技术和微电子技术发展起来的新型调节器。它接收来自生产过程的测量信号,由内部的数字电路或微处理器进行数字处理,按一定调节规律产生输出数字信号或模拟信号驱动执行器,完成对生产过程的闭环控制。由于采用集成电路和大规模集成电路,它与微型计算机十分相似,只是在功能上以过程调节为主。

(1) 特点　数字式调节器有如下主要特点:
1) 实现了模拟仪表与计算机一体化。
2) 具有丰富的运算控制功能。
3) 使用灵活方便,通用性强。
4) 具有通信功能,便于系统扩展。
5) 可靠性高,维护方便。

在软件方面,数字式调节器具有一定的自诊断功能,能及时发现故障,采取保护措施;另外,复杂回路采用模块软件组态来实现,使硬件电路简化。

(2) 分类　数字式调节器分为数字式混合比率调节器、数字式多回路调节器和数字式单回路调节器三类。

1) 数字式混合比率调节器是控制组分混合比的仪表。它与流量计、执行器配套构成混合比率控制系统和混合-批量控制系统，用于液料混合配比和混合产品的批量发货系统。

2）数字式多回路调节器是用微处理器实现多回路调节功能的仪表。它可独立应用于单元性生产装置（如工业炉窑、精馏塔等）中，完成装置的全部或大部分控制作用。由于单元性装置的类型很多，数字式多回路调节器的品种和类型也很繁杂。一台数字式多回路调节器可控制 8~16 个调节回路，有的还可完成简单的程序控制或批量控制。

3）数字式单回路调节器是用微处理器实现一个回路调节功能的仪表。它只有一个可送到执行器去完成闭环控制的输出。数字式单回路调节器主要有两种用途：一是用于系统的重要回路，以提高系统的可靠性和安全性；二是取代模拟调节器，以减少盘装仪表的数量或提高原有回路的功能，如实现单回路的高级控制、顺序控制、批量控制。

2. 数字式多回路调节器

多回路调节器的外观很像模拟调节器，操作也沿用模拟调节器的方式。

仪表型多回路调节器由运算控制器、回路操作器和顺序控制操作器三种基本单元组成。运算控制器是实现连续控制功能和顺序控制功能的核心部件，内部设有微处理器和与回路操作器、顺序控制操作器连接的串行数据总线接口，在前面板上设有数字显示器和各种按键，用来显示和设定各回路的调节参数和运算参数，还可附加与上一级计算机通信的接口。

回路操作器是回路的显示操作装置和回路与过程间的输入/输出接口，在前面板上有过程变量指示器、设定值指示器、设定值操作器、输出指示器、输出操作器和控制模式切换器。

顺序控制操作器是监视、操作顺序控制过程的人机接口和顺序控制的输入/输出接口，内部也设有微处理器，用来实现监视、操作功能。前面板上有显示器和各种按键，用来对启动或停止指令、顺序状态显示、显示器等进行编程。

这里以 C3900 过程控制器为例介绍数字式多回路调节器的特点及使用方法。

C3900 过程控制器是一款集信号采集、运算、控制、显示、记录、通信、数据转存、分析统计报表、配置、报警为一体的可编程多回路过程控制器，主要应用于冶金、石油、化工、建材、造纸、食品、制药、热处理和水处理等各种工业现场。

C3900 过程控制器内部包含 4 个单回路 PID 控制模块、3 个程序控制模块、6 个 ON/OFF 控制模块、RLZ 温度专用算法模块，可实现单回路控制、多回路控制，每个回路除可以作为普通的 PID 回路外，还可以结合运算功能，设置为三冲量、串级、比值、分程、自动选择、非线性控制、位式控制及用户定制等多种复杂的控制方案，其控制输出信号可以通过继电器触点、直流电流模拟信号输出给执行器。

（1）功能特点

1）强大的控制功能。具有最多 4 个单回路控制模块，针对流程工业，它可以配置为 4 路单回路控制，完成串级控制、比值、前馈、三冲量等复杂控制功能。针对设备装置自动化控制，它具有位式、逻辑控制、批量控制、定时控制等功能。

2）支持表达式运算。使用表达式可以对仪表内部信号进行算术运算、乘方运算、关系运算、逻辑运算及条件运算，以满足复杂的运算和控制功能的需求。

3）自整定功能。控制回路具有参数自整定功能，仪表正常运行过程将自动禁止自整定功能。

4）可靠的密码保护。具有四种登录模式：操作员 1、操作员 2、工程师 1 及工程师 2，每种登录模式都有独立的密码保护，其中工程师 2 可以任意设置其他登录模式的密码和权限。

5）历史数据记录控制功能。可以自由选择需要记录的数据；支持记录间隔的修改，修改记录间隔不会影响已有的记录；支持更多的记录间隔，最小支持 0.125s 记录间隔；可以手动启动（或停止）或自动启动（或停止）仪表的记录，自动方式可以通过定时方式启动（或停止）记录或使用表达式逻辑功能启动（或停止）记录；在历史画面中不连续的两段数据之间用固定长度的空白段显示；一段连续的数据显示中，两个连续点时间的差值是该段数据记录间隔的 X 倍（其中 X 是缩小倍数）；还提供了对仪表信息的记录功能，可以记录通道报警信息、操作信息和一些故障信息。

6）画面组态功能。实时监控画面的显示，用户可以根据实际工作环境和个人喜好设置不同的模式，包括显示信号、曲线线条、显示方向等。用户可以在【画面分组】组态中选择需要显示的信号类型，曲线、棒图可以横向或者纵向显示，曲线线条可以用粗线条或者细线条。

（2）主要参数　C3900 过程控制器采用高亮度、宽视角的 5.6in（1in = 0.0254m）TFT 液晶显示屏，如图 6-4 所示。在实时数显画面中，根据组态的不同，最多能同时显示 6 路不同的数据。实时棒图和数显画面中，每一路输入信号都有单独的实时报警提示。C3900 过程控制器具有 320×234 点阵 256 色显示，采用 32M NAND Flash 作为历史数据的存储介质，还可通过 CF 卡将组态设置和历史数据保存在计算机或其他设备中，将所需要的数据永久保存。

1）输入信号类型

① 模拟量。

直流电压：-1 ~ 1V，-10 ~ 10V，-100 ~ 100mV，-20 ~ 20mV。

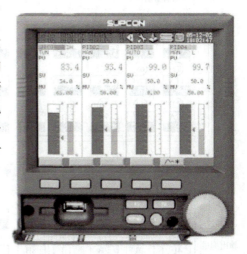

图 6-4　C3900 过程控制器面板

直流电流：0 ~ 20mA。

热电阻：Pt100、JPt100、Cu50。

热电偶：K、S、R、E、J、T、B、N、WRe5 ~ 26、WRe3 ~ 25。

② 开关量。

幅值：5 ~ 10V，低电平 <1V；高电平 >4.5V，<10V。

③ 频率。

量程范围：10 ~ 10000Hz。

2）输出信号类型

① 电流输出：0 ~ 20mA。

② 继电器输出。

③ PWM 脉冲宽度输出。

输出分辨率：1/32s；最短输出周期：1s；最长输出周期：999s。

3）通信

通信接口：RS-485，RS-232。

通信协议：R-Bus 通信协议。

波特率：1200bit/s，9600bit/s，19200bit/s，57600bit/s，115200bit/s。

4）报警

最多 12 通道，AC250V、3A 继电器常开触点，或者同时具有 6 路常开或常闭触点。

（3）仪表接线　端子的排列如图 6-5 所示。

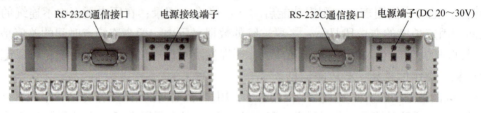

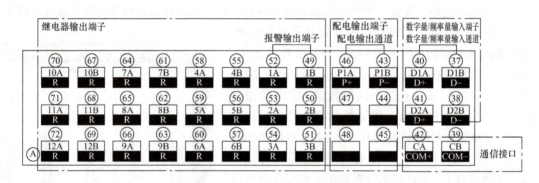

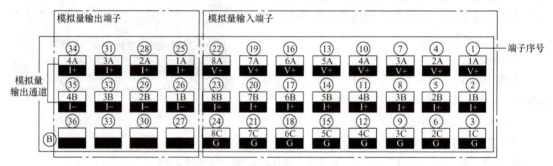

图 6-5　接线端子排列

端子的符号定义见表 6-1。

表 6-1　接线端子符号定义

输入/输出端子符号	内　　容
V+、I+、G	模拟量输入端子，最多 8 路
R	继电器输出端子，共有 12 路，继电器触点容量：AC250V、3A
P+、P-	1 路配电 DC24V 输出端子，配电电流为每路 50mA，一般用于变送器供电
I+（1A）、I-（1B）	模拟量输出端子
COM+、COM-	RS-485 通信接口
D+、D-	数字量/频率量输入端子（数字量输入与频率量输入共用接线端子）
L、N、⏚	电源接线端子，L 为相线端子，N 为中性线端子，⏚ 为接地端子
+、-、⏚	电源端子，+ 为电源正极，- 为电源负极，⏚ 为接地端子

(4) 面板功能简介　面板如图6-6所示。

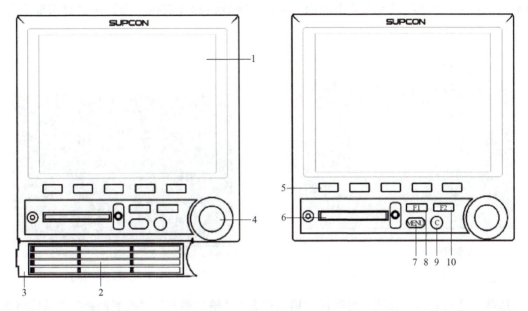

图6-6　面板结构

1—LCD屏　2—标签　3—键盘盖　4—旋钮　5—功能键　6—CF卡插孔
7—菜单键　8—F1键　9—亮度调节键　10—F2键

各部分功能如下：

1) LCD屏。显示监控及组态等各种运行画面，设定画面。

2) 标签。用于识别各通道，由用户记录。

3) 键盘盖。组态设置时先将键盘盖向操作者扳开。

4) 旋钮。包括【旋钮左旋】、【旋钮右旋】、【旋钮单击】、【旋钮长按】四种操作方式，主要用于移动光标、确认输入、点亮菜单等。在组态画面和监控画面中有不同的功能。

5) 功能键。5个功能键在不同的画面里有不同的定义，画面里会有相应的提示。

6) CF卡插孔。水平插入CF卡。

7) 菜单键。在任何监控画面中按下菜单键进入组态主菜单画面。

8) F1键。在通道组态中，复制通道组态内容；在监控画面中，复制屏幕图像到CF卡中。

9) 亮度调节键。在任何画面中，单击亮度调节键以调节液晶屏的亮度。液晶屏的亮度显示有3个等级的循环变化。

10) F2键。在通道组态中，粘贴通道组态内容。

(5) 组态与监控　打开电源，将键盘盖左上部面向操作者扳开，按进入组态主菜单显示画面，选择正确的用户名，输入正确的密码，进入组态设置界面，如图6-7所示。

组态界面主要由三部分组成，上方【信息栏】主要显示了当前界面的进入路径，用户可根据路径进入该组态界面；中间【组态栏】主要是具体的组态信息；下方【功能键定义栏】主要是面板功能键的一些定义，不同的组态画面功能键定义不同。

C3900过程控制器具有操作员1、操作员2、工程师1、工程师2四种登录模式，如图6-8所示。初始情况下，工程师2拥有最高的组态权限，可以设置其他三个用户的组态权限。当正确输入 0~9 六位数字组成的登录密码后,进入组态界面。登录后的主要菜单如图 6-9 所示。登录成功后进入到组态菜单画面。通过旋转旋钮和【旋钮单击】来选择需要组态的选项。

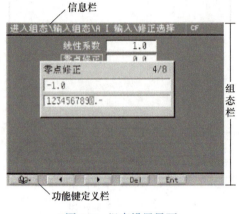

图 6-7　组态设置界面

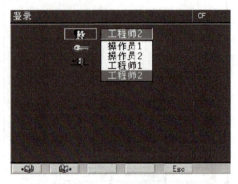

图 6-8　登录界面

选择"进入组态"选项,可进行"输入组态""输出组态""控制回路""系统组态""画面组态"等各项参数设置及组态。这里不一一介绍。

当 C3900 过程控制器组态完成后,可启用组态,进入实时监视状态。C3900 过程控制器有 9 个基本的实时监控显示画面,依次为总貌画面、数显画面、棒图画面、实时画面、历史画面、信息画面、控制画面、调整画面和流量累积画面。

1) 总貌画面。总貌画面显示当前所有通道的实时数值或者状态,包括 AI 输入、DI 输入、AO 输出、VA、VD、FI 输入、DO 输出,能直接观察所有通道的运行情况,如图 6-10 所示。

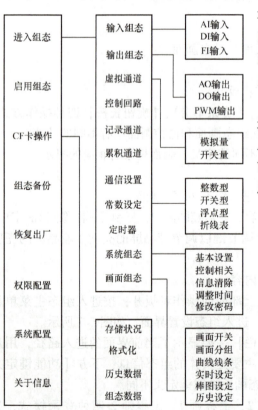

图 6-9　登录后的主要菜单

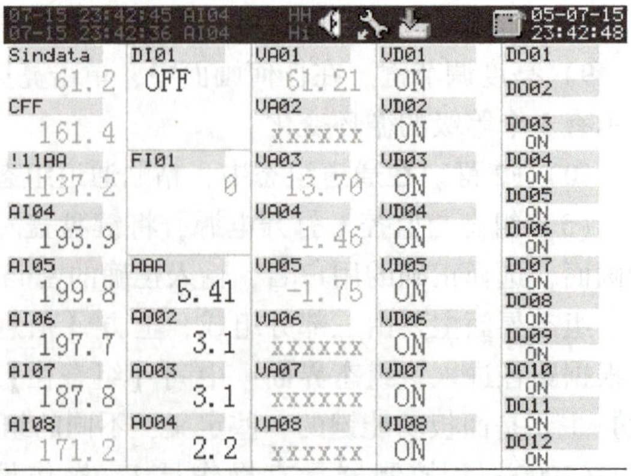

图 6-10　总貌画面

2）实时显示画面。数显画面、棒图画面和实时画面三幅画面均显示当前实时数据，是实时数据的三种显示状态，如图6-11所示。每一类型画面最多可有4页单页，每页中显示的信号用户可根据需要在"画面组态"中自行选择设置。每页固定为6个信号显示，如果小于6个，则系统自动调整，该位置处以空白显示。

a) 数显画面
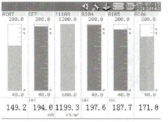
b) 棒图画面
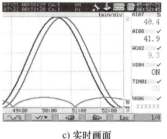
c) 实时画面

图6-11　实时数据的三种显示状态

3）历史画面。历史画面以曲线形式显示每组信号在历史事件内的信息和变化。按照"画面组态"设定的每页显示个数显示记录信号的实时曲线，固定有16个记录信号，可以显示开关量（用0%表示关，100%表示开）和模拟量两种信号，纵向或者横向显示曲线，如图6-12所示。

4）信息画面。C3900提供了对仪表操作信息的记录功能，包括通道报警信息、操作信息和故障信息，分别在通道报警信息、操作信息和故障信息三幅画面中显示，每种信息可以储存512条，如图6-13所示。

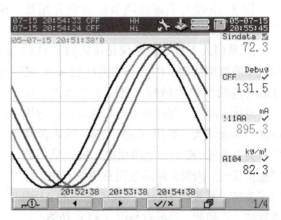

图6-12　历史画面

a) 通道报警信息　　　　　　b) 操作信息　　　　　　c) 故障信息

图6-13　信息画面

5）控制画面。控制画面显示最多4个控制回路的信息，如回路号、手动/自动状态、PV、SV和MV的值和偏差报警的信息，如图6-14所示。

6）调整画面。调整画面显示当前回路的所有参数的信息，如手动/自动状态、PV、SV、MV值、PID调节参数、给定类型、自整定状态和实时曲线缩小倍数，如图6-15所示。

7）流量累积画面　流量累积画面主要显示当前累积通道号、位号信息、累积单位、实时值、当前累积值、总累积值和列表信息,如图 6-16 所示。

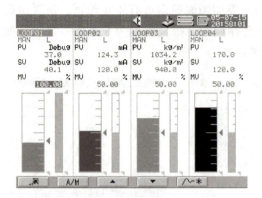

图 6-14　控制画面

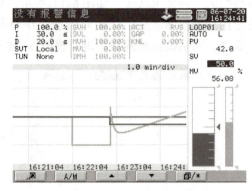

图 6-15　调整画面

3. 数字式单回路调节器

以 AI 系列人工智能调节仪为例介绍数字式单回路调节器的特点及使用方法。

AI 系列人工智能调节仪是国内数字显示仪表中的典型代表,内部采用高性能 ASIC 芯片和先进的模块化结构,适用于对温度、压力、流量、液位、湿度等进行精确控制,通用性强,功能强大。采用 AC85 ~ 264V 输入范围的开关电源或 DC 24V 电源供电,输入采用数字校正系统,内置常用热电偶及热电阻非线性校正表格,测量精确稳定。采用先进的 AI 调节算法,无超调,具备自整定(AT)功能。

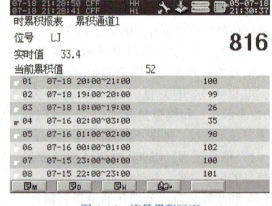

图 6-16　流量累积画面

(1) 主要技术参数

1) 输入参数。有多种信号输入方式。

① 热电偶:K、S、R、E、J、T、B、N。

② 热电阻:Cu50、Pt100。

③ 线性电压:0 ~ 5V、1 ~ 5V、0 ~ 1V、0 ~ 100mV 和 0 ~ 20mV 等。

④ 线性电流(需要外接分流电阻):0 ~ 10mA、0 ~ 20mA 和 4 ~ 20mA 等。

还可在保留上述输入规格基础上,允许用户指定一种额外输入规格。

2) 测量范围。

① 热电偶:K(-50 ~ 1300℃)、S(-50 ~ 1700℃)、R(-50 ~ 1650℃)、T(-200 ~ 350℃)、E(0 ~ 800℃)、J(0 ~ 1000℃)、B(0 ~ 1800℃)、N(0 ~ 1300℃)。

② 热电阻:Cu50(-50 ~ 150℃)、Pt100(-200 ~ 600℃)。

③ 线性输入:-1999 ~ 9999 由用户定义。

3) 测量准确度。0.2 级(热电阻、线性电压、线性电流及热电偶输入且采用铜电阻补偿或冰点补偿冷端时);0.2%FS ±2.0℃(热电偶输入且采用仪表内部元件测温补偿冷端时)。

4) 分辨率。0.1℃(当测量温度大于 999.9℃时,自动转换为按 1℃显示)。

5) 响应时间。小于 0.3s（设置数字滤波参数 dL=0 时）。

6) 调节方式。

① 位式调节方式（回差可调）。

② AI 调节，包含模糊逻辑 PID 调节及参数自整定功能的先进控制算法。

7) 输出参数（模块化）。

① 继电器触点开关输出（常开+常闭）：AC250V/1A 或 DC30V/1A。

② 晶闸管无触点开关输出（常开或常闭）：AC100~240V/0.2A（持续），2A（20ms 瞬时，重复周期大于 5s）。

③ SSR 电压输出：DC12V/30mA（用于驱动 SSR 固态继电器）。

④ 晶闸管触发输出：可触发 5~500A 的双向晶闸管、两个单向晶闸管反并联连接或晶闸管功率模块。

⑤ 线性电流输出：0~10mA 或 4~20mA 可定义。

8) 报警功能。有上限、下限、正偏差和负偏差 4 种方式，最多可输出 3 路，有上电免除报警选择功能。

9) 手动功能。自动/手动双向无扰动切换。

10) 电源。AC100~240V，-15%，+10%/50~60Hz；或 DC24V，-15%，+10%。

11) 使用环境。温度：-10~60℃；湿度 <90%RH。

（2）仪表接线　仪表接线如图 6-17 所示，线性电压量程在 1V 以下的由 3、2 端输入，0~5V 及 1~5V 的信号由 1、2 端输入，4~20mA 线性电流输入可分别用 250Ω 或 50Ω 电阻转换为 1~5V 或 0.2~1V 的电压信号，然后从 1、2 端或 3、2 端输入。

（3）面板及显示状态说明　AI 系列智能仪表调节仪面板如图 6-18 所示。其中包括调节输出（OUT）、报警1（AL1）、报警2（AL2）、AUX 辅助接口（AUX）四个指示灯，给定值（SV）、测量值（PV）两个 LED 指示窗，显示转换◯、数据移位◁、数据减少▽、数据增加△四个控制按键，以及显示光柱。其中，显示转换、数据移位、数据减少、数据增加四个控制按键有第二功能，见表 6-2。

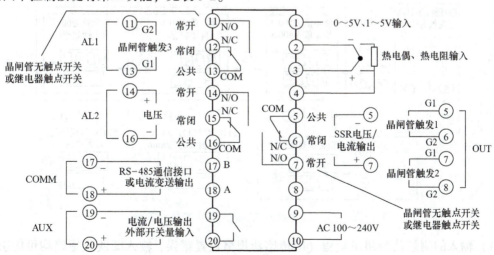

图 6-17　AI 系列智能仪表调节仪仪表接线图

表 6-2 AI 系列智能仪表调节仪控制键说明

控制键	第一功能说明	第二功能说明
◎	显示转换	参数设置，给定值设定值切换
<	数据移位	手动/自动切换及程序设置（A/M）
∨	数据减少	程序运行/暂停（RUN/HOLD）
∧	数据增加	程序停止（STOP）

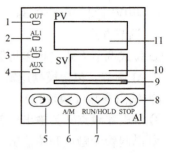

图 6-18 AI 系列智能仪表调节仪面板
1—调节输出指示灯 2—报警1指示灯 3—报警2指示灯 4—AUX 辅助接口工作指示灯 5—显示转换 6—数据移位 7—数据减少键 8—数据增加键 9—光柱 10—给定值显示窗 11—测量值显示窗

显示光柱为可选件，用于显示测量值、输出值、反馈值的百分比。

仪表面板上的 4 个 LED 指示灯，其含义分别如下：

1）调节输出指示灯。在线性电流输出时通过亮/暗变化反映输出电流的大小；在时间比例方式输出（继电器、固态继电器及晶闸管过零触发输出）时，通过闪动时间比例反映输出大小。

2）报警1、报警2 和 AUX 辅助接口工作指示灯。当 AL1、AL2 和 AUX 动作时，分别点亮对应的指示灯，对输入、输出均有效。当 AUX 用于线性电流输出时，AUX 辅助接口工作指示灯呈快速闪动状态。

AI 系列智能仪表调节仪的显示状态如图 6-19 所示。

仪表上电后，将进入显示状态 1，此时仪表上显示窗口显示测量值（PV），下显示窗口显示给定值（SV）。按 ◎ 键可切换到显示状态 2，此时下显示窗显示输出值。显示状态 1、2 同为仪表的基本状态，在基本状态下，SV 窗口能用交替显示的字符来表示系统某些状态，具体情况如下：

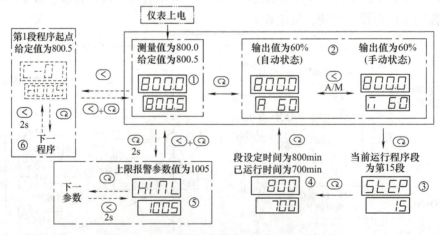

图 6-19 AI 系列智能仪表调节仪的显示状态

1）输入的测量信号超出量程（因传感器规格设置错误、输入断线或短路均可能引起）时，则闪动显示"orAL"。此时仪表将自动停止控制，并将输出固定在参数 oPL 定义的值上。

2）有报警发生时，可分别显示"HIAL""LoAL""dHAL"或"dLAL"，分别表示发生了上限报警、下限报警、正偏差报警和负偏差报警。

3）字符闪动还表示程序运行状态。当程序正常运行时（run 状态），无闪动字符，而当程序分别处于停止状态、暂停状态和准备状态时，则分别闪动"StoP""HoLd"和"rdy"字符。

（4）基本使用操作

1）显示转换。按"◯"键可以切换不同的显示状态，如图 6-19 所示。

2）修改数据。如果参数锁没有锁上，可通过按"＜""∨"或"∧"键来修改下显示窗口显示的数值。例如，需要设置给定值时，可将仪表切换到显示状态 1，即可通过按"＜""∨"或"∧"键来修改给定值。

3）手动/自动切换。在显示状态 2 下，按 A/M 键（即"＜"键），可以使仪表在"自动"及"手动"两种状态下进行无扰动切换。在显示状态 2 且仪表处于"手动"状态下，直接按"∨"或"∧"键可增加及减少手动输出值。

4）设置参数。在基本状态（显示状态 1 或 2）下按"◯"键并保持约 2s，即进入参数设置状态（显示状态 5），如图 6-19 所示。在参数设置状态下按"◯"键，仪表将依次显示各参数，如上限报警值 HIAL、参数锁 Loc 等。用"＜""∨"或"∧"等键可修改参数值。按住"＜"键，可返回显示上一参数。先按住"＜"键，接着再按"◯"键可退出参数设置状态。如果没有按键操作，约 30s 后会自动退出设置参数状态。

（5）AI 仪表主要参数设置　AI 仪表的主要参数设置及说明见表 6-3。

表 6-3　AI 仪表的主要参数设置及说明

参数代号	参数含义	说明	设置范围
HIAL	上限报警	测量值大于 HIAL 值时仪表将产生上限报警。测量值小于 HIAL－dF 值时，仪表将解除上限报警。设置 HIAL 到其最大值可避免产生报警作用	1999～9999 线性单位或 1℃
LoAL	下限报警	当测量值小于 LoAL 时产生下限报警，当测量值大于 LoAL＋dF 时下限报警解除。设置 LoAL 到其最小值可避免产生报警作用	
CtrL	控制方式	CtrL＝0，采用位式调节（ON/OFF），只适合要求不高的场合进行控制时采用 CtrL＝1，采用 AI 人工智能调节，该设置下，允许从面板启动执行自整定功能 CtrL＝2，启动自整定参数功能，自整定结束后会自动设置为 3 或 4 CtrL＝3，采用 AI 人工智能调节，自整定结束后，仪表自动进入该设置，该设置下不允许从面板启动自整定参数功能。以防止误操作重复启动自整定 CtrL＝4，该方式下与 CtrL＝3 时基本相同，但其 P 参数定义为原来的 10 倍，即在 CtrL＝3 时，P＝5，则 CtrL＝4 时，设置 P＝50 时二者有相同的控制结果。在对极快速变化的温度（每秒变化 100℃ 以上），在 CtrL＝1、3 时，其 P 值都很小，有时甚至要小于 1 才能满足控制需要，此时如果设置 CtrL＝4，则可将 P 参数放大 10 倍，获得更精细的控制 CtrL＝5（仅适用 AI－808），仪表将测量值直接作为输出值输出，可作为手动操作器或伺服放大器使用	0～4

（续）

参数代号	参数含义	说明	设置范围
Sn	输入规格	Sn 用于选择输入规格，其数值对应的输入规格如下 | Sn	输入规格	Sn	输入规格
0	K	22～25	备用
1	S	26	0～80Ω 电阻输入
2	R	27	0～400Ω 电阻输入
3	T	28	0～20mV 电压输入
4	E	29	0～100mV 电压输入
5	J	30	0～60mV 电压输入
6	B	31	0～1V
7	N	32	0.2～1V
8～9	备用	33	1～5V 电压输入
10	用户指定扩充输入规格	34	0～5V 电压输入
11～19	备用	35	-20～20mV
20	Cu50	36	-100～100mV
21	Pt100	37	-5～5V	 Sn = 10 时，采用外部分度号扩展，用户可以自输入非线性输入表格	0～37
dIP	小数点位置	线性输入时：定义小数点位置，以配合用户习惯的显示数值 dIP = 0，显示格式为 0000，不显示小数点 dIP = 1，显示格式为 000.0，小数点在十位 dIP = 2，显示格式为 00.00，小数点在百位 dIP = 3，显示格式为 0.000，小数点在千位 采用热电偶或热电阻输入时：此时 dIP 选择温度显示的分辨率 dIP = 0，温度显示分辨率为 1℃（内部仍维持 0.1℃ 分辨率用于控制运算） dIP = 1，温度显示分辨率为 0.1℃（1000℃ 以上自动转为 1℃） 改变小数点位置参数的设置只影响显示，对测量精度及控制准确度均不产生影响	0～3
dIL	输入下限显示值	用于定义线性输入信号下限刻度值，对外给定、变送输出、光柱显示均有效	1999～9999 线性单位或 1℃
dIH	输入上限显示值	用于定义线性输入信号上限刻度值，与 dIL 配合使用	同上

（续）

参数代号	参数含义	说明	设置范围
oP1	输出方式	oP1 表示主输出信号的方式，主输出上安装的模块类型应该与设定值相一致 oP1 = 0，主输出为时间比例输出方式（用 AI 调节）或位式方式（用位式调节），当主模块上安装 SSR 电压输出、继电器触点开关输出、过零方式晶闸管触发输出或晶闸管无触点开关输出等模块时，应用此方式 oP1 = 1，0～10mA 线性电流输出，主输出模块上安装线性电流输出模块 oP1 = 2，0～20mA 线性电流输出，主输出模块上安装线性电流输出模块 oP1 = 3，三相过零触发晶闸管（时间比例），报警1也作为输出（报警1不再用于报警） oP1 = 4，4～20mA 线性电流输出，主输出模块上安装线性电流输出模块 oP1 = 5～7（只适合 AI-808/808P），位置比例输出，用于直接驱动阀门电动机正、反转 oP1 = 8～11（只适合有扩充软件功能的仪表，电源频率需为50Hz），8、9分别为移相触发单相/三相输出，需安装 K3/K4 等晶闸管移相触发输出模块 oP1 = 10、11分别为周波比例单相/三相输出，需安装 K1/K2 等过零触发晶闸管输出模块	0～11
oPL	输出下限	通常作为限制调节输出最小值的百分比。当设置了分段功率限制功能时（参见 CF 参数设置），作为测量值低于下限报警时的输出上限	0%～110%
oPH	输出上限	限制调节输出最大值的百分比	0%～110
CF	系统功能选择	CF 参数用于选择部分系统功能： CF = A×1 + B×2 + C×4 + D×8 + E×16 + F×32 + G×64 A = 0，为反作用调节方式，输入增大时，输出趋向减小，如加热控制；A = 1，为正作用调节方式，输入增大时，输出趋向增大，如制冷控制。B = 0，仪表报警无上电/给定值修改免除报警功能；B = 1，仪表有上电/给定值修改免除报警功能。C = 0，仪表辅助功能模块按通信接口方式工作；C = 1，仪表辅助功能模块按线性电流变送输出方式工作。D = 0，不允许外部给定；D = 1，允许外部给定（仅适用于 AI-808/808P 型）。E = 0，无分段功率限制功能；E = 1，有分段功率限制功能。F = 0，仪表光柱指示输出值；F = 1，仪表光柱指示测量值（仅带光柱的仪表）。G = 0，仪表工作为 AI-808P 模式；G = 1，仪表工作为 AI-708P 模式（仅适用于 AI-808P）	0～255

（续）

参数代号	参数含义	说明	设置范围
Addr	通信地址	当仪表辅助功能模块用于通信时，Addr 参数用于定义仪表通信地址，有效范围是 0～100。在同一条通信线路上的仪表应分别设置一个不同的 Addr 值以便相互区别	0～100
bAud	通信波特率	当仪表辅助功能模块用于通信时，bAud 参数定义通信波特率，可定义范围是 300～19200bit/s（19.2k） 当仪表辅助功能模块用于测量值变送输出时，bAud 用于定义变送输出电流上限	0～19.2k

【例 6-1】 在采用压力变送器将压力变换为标准的 1～5V 信号输入中，对于 1V 信号压力为 0，5V 信号压力为 1MPa，希望仪表显示分辨率为 0.001MPa。则参数设置如下：

Sn = 33（选择 1～5V 线性电压输入）

dIP = 3（小数点位置设置，采用 0.000 格式）

dIL = 0.000（确定输入下限 1V 时压力显示值）

dIH = 1.000（确定输入上限 5V 时压力显示值）

【例 6-2】 要求一台 AI-808 型仪表为反作用调节，有上电免除报警功能，仪表辅助功能模块为通信接口，不允许外部给定，无分段功率限制功能，无光柱，报警时下显示窗口交替显示报警符号。则可得：A = 0，B = 1，C = 0，D = 0，E = 0，F = 0。CF 参数值应设置如下：

$$CF = 0 \times 1 + 1 \times 2 + 0 \times 4 + 0 \times 8 + 0 \times 16 + 0 \times 32 = 2$$

6.2 执行器

执行器在自动控制系统中接受调节器的控制信号，改变操纵变量，使生产过程按预定要求正常执行。

执行器由执行机构和控制机构两部分组成。执行机构是执行器的推动装置，它按控制信号压力的大小产生相应的推力，推动控制机构动作，所以它是将信号压力的大小转换为阀杆位移的装置。控制机构是执行器的控制部分，它直接与被控介质接触，控制流体的流量。所以它是将阀杆的位移转换为流过阀门的流量的装置。

执行器按其能源形式分为液动、气动和电动三大类。液动执行器可以产生很大的推力，因其比较笨重，目前并不多见，但在一些大型场所因无法取代而依然被采用，如三峡的船闸所使用的执行器就是液动执行器。气动执行器结构简单、动作平稳可靠、动作行程小、输出推力较大、易于维修、安全防爆系数高，而且价格低，广泛应用于化工、制药及炼油等工业生产中。电动执行器采用电能作为能源，将输入的直流电流信号转换为相应的位移信号，因此电动执行器信号传递迅速，其缺点是结构复杂、安全防爆性能差，故在化工、炼油等工业生产中很少使用。此处重点介绍气动执行器和电动执行器。

6.2.1 气动执行器

气动执行器通常称为气动调节阀、气动控制阀,是以被压缩的空气作为能源来操纵控制机构的,如图 6-20a 所示。气动执行器既可以直接同气动仪表配套使用,也可以和电动仪表或计算机配套使用,只要经过电-气转换器或电-气阀门定位器将电信号转换为 0.02~0.1MPa 的标准气压信号,再使用气动执行器进行动作即可。

气动执行器有时还配备一定的辅助装置,常用的有阀门定位器和手轮机构。阀门定位器的作用是利用反馈原理来改善执行器的性能,使执行器能按控制器的控制信号实现准确的定位。手轮机构的作用是当控制系统因停电、停气、控制器无输出或执行机构失灵时,用其直接操纵控制阀,以维持生产的正常进行。

1. 气动执行器的结构与分类

气动执行器按执行机构与控制机构的不同,可分为许多不同的类型。

(1) 执行机构 气动执行机构主要分为薄膜式和活塞式两种。其中薄膜式执行机构最为常用,它可以用作一般控制阀的推动装置,组成气动薄膜式执行器,习惯上称为气动薄膜调节阀。它结构简单、价格便宜、维修方便,因而应用广泛。

图 6-20b 是一种常用的薄膜气动执行器结构图。气压信号由上部引入,作用在薄膜 1 上,推动阀杆 2 产生位移,由此改变了阀芯 3 与阀座 4 之间的流通面积,从而达到了控制流量的目的。图中上半部为执行机构,下半部为控制机构。

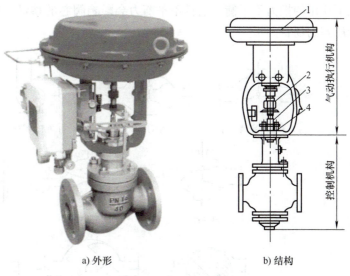

图 6-20 气动执行器示意图
1—薄膜(波纹膜片) 2—阀杆 3—阀芯 4—阀座

气动活塞式执行机构的推力较大,主要适用于大口径、高压降控制阀或蝶阀的推动装置。

除了薄膜式和活塞式之外,还有长行程执行机构。它的行程长、转矩大,适于输出转角(0°~90°)和转矩,如用于蝶阀或风门的推动装置。

气动薄膜式执行机构有正作用和反作用两种形式。当来自控制器或阀门定位器的信号压力增大时,阀杆向下移动的称为正作用执行机构(ZMA 型);当信号压力增大时,阀杆向上移动的称为反作用执行机构(ZMB 型)。正作用执行机构的信号压力是通入波纹膜片上方的薄膜气室,如图 6-20b 所示;反作用执行机构的信号压力是通入波纹膜片下方的薄膜气室。通过更换个别零件,两者能互相改装。

根据有无弹簧,可分为有弹簧及无弹簧两种执行机构。有弹簧的薄膜式执行机构最为常用,无弹簧的薄膜式执行机构常用于位式控制。

有弹簧的薄膜式执行机构的输出位移与输入气压信号成正比。当信号压力（通常为 0.02~0.1MPa）通入薄膜气室时，在薄膜上产生一个推力，使阀杆移动并压缩弹簧，直至弹簧的反作用力与推力相平衡，推杆稳定在一个新的位置。信号压力越大，阀杆的位移量也越大。阀杆的位移即为执行机构的直线输出位移，也称为行程。行程规格有 10mm、16mm、25mm、40mm、60mm 和 100mm 等。

（2）控制机构　控制机构即调节阀、控制阀，是一个局部阻力可以改变的节流元件。通过阀杆上部与执行机构相连，下部与阀芯相连。由于阀芯在阀体内移动，改变了阀芯与阀座之间的流通面积，即改变了阀的阻力系数。被控介质的流量也相应地改变，从而达到控制工艺参数的目的。根据不同的使用要求，控制阀的结构类型很多，主要有以下几种：

1）直通单座调节阀。这种阀的阀体内只有一个阀芯与阀座，如图 6-21a 所示。其特点是结构简单、泄漏量小，易于保证关闭，甚至完全切断。但是在压差大的时候，流体对阀芯上下作用的推力不平衡，这种不平衡力会影响阀芯的移动。因此这种阀一般应用在小口径、低压差的场合。

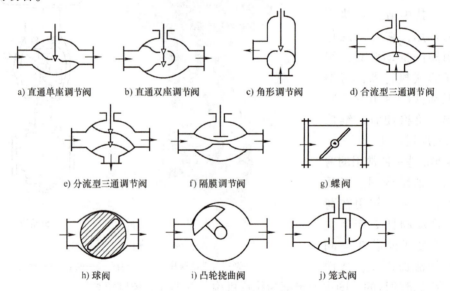

图 6-21　调节阀的结构类型

2）直通双座调节阀。这种阀的阀体内有两个阀芯和阀座，如图 6-21b 所示。这是非常常用的一种调节阀。由于流体流过的时候，作用在上、下两个阀芯上的推力方向相反而大小近于相等，可以互相抵消，所以不平衡力小。但是，由于加工的限制，上下两个阀芯阀座不易保证同时密闭，因此泄漏量较大。

3）角形调节阀。角形调节阀的两个接管呈直角形，一般为底进侧出，如图 6-21c 所示。这种阀的流路简单、阻力较小，适用于管道要求直角连接，介质为高黏度、高压差和含有少量悬浮物和固体颗粒的场合。

4）三通调节阀。三通调节阀共有三个出入口与工艺管道连接。其流通方式有合流（两种介质混合成一路）型和分流（一种介质分成两路）型两种，分别如图 6-21d、e 所示。这种阀可以用来代替两个直通阀，适用于配比控制与旁路控制。与直通阀相比，组成同样的系统时，可省掉一个二通阀和一个三通接管。

5）隔膜调节阀。它采用耐腐蚀衬里的阀体和隔膜，如图 6-21f 所示。隔膜调节阀结构简单、流阻小、流通能力比同口径的其他种类的阀要大。由于介质用隔膜与外界隔离，故无填料，介质也不会泄漏。这种阀耐腐蚀性强，适用于强酸、强碱、强腐蚀性介质的控制，也能用于高黏度及悬浮颗粒状介质的控制。

6）蝶阀。又名翻板阀，如图 6-21g 所示。蝶阀具有结构简单、重量轻、价格便宜、流阻极小的优点，但泄漏量大，适用于大口径、大流量、低压差的场合，也可以用于含少量纤维或悬浮颗粒状介质的控制。

7）球阀。球阀的阀芯与阀体都呈球形，转动阀芯使之与阀体处于不同的相对位置时，就具有不同的流通面积，以达到流量控制的目的，如图 6-21h 所示。

球阀阀芯有 V 形和 O 形两种开口形式，如图 6-22 所示。V 形球阀的节流元件是 V 形缺口球形体，转动球心使 V 形缺口起节流和剪切的作用，适用于高黏度和污秽介质的流量控制。O 形球阀的节流元件是带圆孔的球形体，转动球体可起控制和切断的作用，常用于位式控制。

8）凸轮挠曲阀。又名偏心旋转阀，它的阀芯呈扇形球面状，与挠曲臂及轴套一起铸成，固定在转动轴上，如图 6-21i 所示。凸轮挠曲阀的挠曲臂在压力作用下能产生挠曲变形，使阀芯球面与阀座密封圈紧密接触，密封性较好。同时，它的重量轻、体积小、安装方便，适用于高黏度或带有悬浮物的介质流量控制。

9）笼式阀。又名套筒形调节阀，它的阀体与一般的直通单座阀相似，如图 6-21j 所示。笼式阀内有一个圆柱形套筒（笼子）。套筒壁上有一个或几个不同形状的孔（窗口），利用套筒导向，阀芯在套筒内上下移动，由于这种移动改变了笼子的节流孔面积，就形成了各种特性并实现流量控

a) V 形球阀阀芯　　b) O 形球阀阀芯

图 6-22　球阀阀芯

制。笼式阀的可调比大、振动小、不平衡力小、结构简单、套筒互换性好，更换不同的套筒（窗口形状不同）即可得到不同的流量特性，阀内部件所受的气蚀小、噪声小，是一种性能优良的阀，特别适用于要求低噪声及压差较大的场合，但不适用高温、高强度及含有固体颗粒的流体。

除了以上所介绍的调节阀以外，还有一些特殊的调节阀。例如，小流量阀适用于小流量的精密控制，超高压阀适用于高静压、高压差的场合。

2. 调节阀的流量特性

调节阀的流量特性是指被控介质流过阀门的相对流量与阀门的相对开度（相对位移）之间的关系，即

$$\frac{Q}{Q_{max}} = f\left(\frac{l}{L}\right)$$

式中，相对流量 Q/Q_{max} 是调节阀某一开度时流量 Q 与全开时流量 Q_{max} 之比。相对开度 l/L 是调节阀某一开度行程 l 与全开行程 L 之比。

一般来说，改变调节阀阀芯与阀座间的流通截面积，便可控制流量。但实际上还有多种影响因素，例如，在节流面积改变的同时还发生阀前后压差的变化，而这又将引起流量变化。为了便于分析，先假定阀前后压差固定，然后再引申到真实情况，于是就有理想流量特

性与工作流量特性之分。

（1）调节阀的理想流量特性　　在不考虑调节阀前后压差变化时得到的流量特性称为理想流量特性。它取决于阀芯的形状，如图 6-23 所示，主要有直线、等百分比（对数）、抛物线及快开等几种。

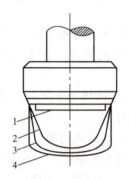

图 6-23　不同流量特性的阀芯形状
1—快开　2—直线　3—抛物线　4—等百分比

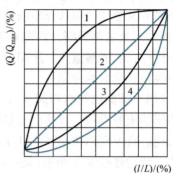

图 6-24　理想流量特性
1—快开　2—直线　3—抛物线　4—等百分比

1）直线流量特性。直线流量特性是指调节阀的相对流量与相对开度成直线关系，即单位位移变化所引起的流量变化是常数。如图 6-24 中直线 2 所示。

2）等百分比（对数）流量特性。等百分比流量特性是指单位相对行程变化所引起的相对流量变化与此点的相对流量成正比关系，即调节阀的放大倍数随相对流量的增加而增大。

此时，相对开度与相对流量成对数关系。如图 6-24 中曲线 4 所示，即放大倍数随行程的增大而增大。在同样的行程变化值下，流量小时，流量变化量也小，控制平稳缓和；流量大时，流量变化量也大，控制灵敏有效。

3）抛物线流量特性。此时，Q/Q_{max} 与 l/L 之间成抛物线关系，在直角坐标系中为一条抛物线。它介于直线特性与对数特性之间。如图 6-24 中曲线 3 所示。

4）快开流量特性。这种流量特性在开度较小时就有较大流量，随着开度的增大，流量很快就达到最大，故称为快开特性。如图 6-24 中曲线 1 所示，快开特性的阀芯是平板形的，适用于迅速启闭的切断阀或双位控制系统。

（2）调节阀的工作流量特性　　在实际生产中，调节阀前后压差总是变化的，这时的流量特性称为工作流量特性。

1）串联管道的工作流量特性。以图 6-25 所示串联管道为例进行讨论。系统总压差 Δp 等于管路系统（除调节阀外的全部设备和管道的各局部阻力之和）的压差 Δp_2 与调节阀的压差 Δp_1 之和，如图 6-26 所示。以 S 表示调节阀全开时阀上压差与系统总压差（即系统中最大流量时压力损失总和）之比，以 Q_{max} 表示管道阻力等于零时调节阀的全开流量，此时阀上压差为系统总压差，于是可得串联管道以 Q_{max} 作为参比值的工作流量特性，如图 6-27 所示。

其中 $S=1$ 时，管道阻力损失为零，系统总压差全降在阀上，工作特性与理想特性一致。随着 S 值的减小，直线特性渐渐趋近快开特性，等百分比特性渐渐接近于直线特性。所以，在实际使用中，一般希望 S 值不低于 0.3～0.5。

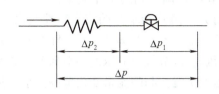

图 6-25　串联管道的情况

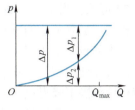

图 6-26　管道串联时调节阀压差变化情况

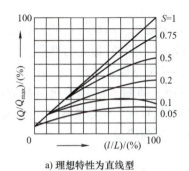

a) 理想特性为直线型

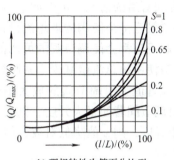

b) 理想特性为等百分比型

图 6-27　管道串联时调节阀的工作流量特性

在现场使用中，若调节阀选得过大或生产在小负荷状态，调节阀将工作在小开度。这时，为了使调节阀有一定的开度而应把工艺阀门关小些以增加管道阻力，使流过调节阀的流量降低，这样，S 值下降，流量特性畸变，控制质量将恶化。

2) **并联管道的工作流量特性**。调节阀一般都装有旁路，以便手动操作和维护。当生产量提高或调节阀选小了时，可将旁路阀打开一些，此时调节阀的理想流量特性就变成工作特性。

并联管道的情况如图 6-28 所示。显然，这时管路的总流量 Q 是调节阀流量 Q_1 与旁路流量 Q_2 之和，即 $Q = Q_1 + Q_2$。

若以 x 代表并联管道时调节阀全开时的流量 $Q_{1\max}$ 与总管最大流量 $Q_{\max}$ 之比，则可以得到在压差 Δp 为一定值、x 为不同数值时的工作流量特性，如图 6-29 所示。图中纵坐标流量以总管最大流量 $Q_{\max}$ 为参比值。

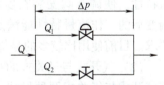

图 6-28　并联管道的情况

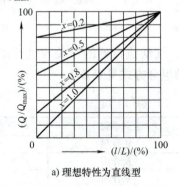

a) 理想特性为直线型

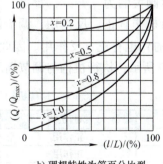

b) 理想特性为等百分比型

图 6-29　并联管道时调节阀的工作流量特性

由图 6-29 可见，当 $x=1$，即旁路阀关闭、$Q_2=0$ 时，调节阀的工作流量特性与它的理想流量特性相同。随着 x 值的减小，即旁路阀逐渐打开，虽然阀本身的流量特性变化不大，但可调范围大大降低了。调节阀关死，即 $l/L=0$ 时，流量 $Q_{\min}$ 比调节阀本身的 $Q_{1\min}$ 大得多。同时，在实际使用中总存在着串联管道阻力的影响，调节阀上的压差还会随流量的增加而降低，使可调范围下降得更多，调节阀在工作过程中所能控制的流量变化范围更小，甚至不起控制作用。所以，采用打开旁路阀的控制方案是不妥的，一般认为旁路流量最多只能是总流量的百分之十几，即 x 值最小不低于 0.8。

综合串、并联管道的情况，可得如下结论：

1）串、并联管道都会使阀的理想流量特性发生畸变，串联管道的影响尤为严重。

2）串、并联管道都会使调节阀的可调范围降低，并联管道尤为严重。

3）串联管道使系统总流量减少，并联管道使系统总流量增加。

4）串、并联管道会使调节阀的放大倍数减小，即输入信号变化引起的流量变化值减少。串联管道时调节阀若处于大开度，则 S 值的降低对放大倍数影响更为严重；并联管道时调节阀若处于小开度，则 x 值降低对放大倍数影响更为严重。

3. 调节阀的选择

选用调节阀时，一般要根据被控介质的特点（温度、压力、腐蚀性及黏度等）、控制要求、安装地点等因素，参考各种类型调节阀的特点合理地选用。选用时，一般应考虑以下几个主要方面。

（1）调节阀结构与特性的选择　调节阀的结构形式主要根据工艺条件，如温度、压力及介质的物理、化学特性（如腐蚀性、黏度等）来选择。例如，强腐蚀介质可采用隔膜阀，高温介质可选用带翅形散热片的结构类型。

调节阀的结构类型确定以后，还需确定调节阀的流量特性（即阀芯的形状）。一般是先按控制系统的特点来选择阀的希望流量特性，然后再考虑工艺配管情况来选择相应的理想流量特性，使调节阀安装在实际的管道系统中，畸变后的工作流量特性能满足控制系统对它的要求。目前使用比较多的是等百分比流量特性。

（2）气开式与气关式的选择　气动执行器有气开式与气关式两种形式。有压力信号时阀开、无压力信号时阀关的为气开式；反之，为气关式。由于执行机构有正、反作用，调节阀

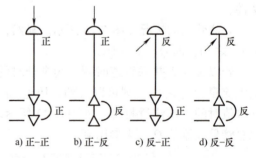

图 6-30　气开、气关组合方式

（具有双导向阀芯的）也有正、反作用。因此，气动执行器的气关或气开即由此组合而成。组合方式如图 6-30 所示，执行机构与调节阀的组合方式见表 6-4。

表 6-4　执行机构与调节阀的组合方式

组合方式	执行机构	调节阀	气动执行器
正-正	正作用	正作用	气关（正）
正-反	正作用	反作用	气开（反）
反-正	反作用	正作用	气开（反）
反-反	反作用	反作用	气关（正）

气开、气关的选择主要从工艺生产安全的角度出发。考虑的原则是：信号压力中断时，应保证设备和操作人员的安全。如果阀处于打开位置时危害性小，则应选用气关式，以使气源系统发生故障或气源中断时，阀门能自动打开，保证安全。反之，阀处于关闭时危害性小，则应选用气开式。例如，加热炉的燃料气或燃料油应采用气开式调节阀，即当信号中断时应切断进炉燃料，以免炉温过高造成事故。又如控制进入设备易燃气体的调节阀，应选用气开式，以防爆炸，若介质为易结晶物料，则选用气关式，以防堵塞。

(3) 调节阀口径的选择　调节阀口径选择是否合适将直接影响到控制效果。口径过小，会使流经调节阀的介质达不到所需的最大流量。在干扰大的情况下，系统会因介质流量（即操纵变量的数值）不足而失控，从而使控制效果变差，此时，若企图通过开大旁路阀来弥补介质流量的不足，将会使阀的流量特性产生畸变；口径过大，不仅会浪费设备投资，而且会使调节阀经常处于小开度工作，控制性能也会变差，容易使控制系统变得不稳定。

调节阀口径的选择是由调节阀流量系数 C 决定的。流量系数 C 的定义为：在给定的行程下，当阀两端压差为 100kPa，流体密度为 $1g/cm^3$ 时，流经调节阀的流体流量（以 m^3/h 表示）。例如，某一调节阀在给定的行程下，当阀两端压差为 100kPa 时，如果流经阀的水流量为 $40m^3/h$，则该调节阀的流量系数 C 为 40。

调节阀的流量系数 C 表示调节阀容量的大小，是表示调节阀流通能力的参数。因此，调节阀流量系数 C 亦可称为调节阀的流通能力。

对于不可压缩的流体，且阀前后压差 p_1-p_2 不太大（即流体为非阻塞流）时，其流量系数 C 的计算公式为

$$C = 10Q\sqrt{\frac{\rho}{p_1-p_2}}$$

式中，ρ 是流体密度(g/cm^3)；p_1-p_2 是阀前后的压差(kPa)；Q 是流经阀的流量(m^3/h)。

调节阀全开时的流量系数 C_{100}（即行程为 100% 时的 C 值），称为调节阀的最大流量系数 C_{max}。C_{max} 与调节阀的口径大小有着直接的关系。因此，调节阀口径的选择实质上就是根据特定的工艺条件（即给定的介质流量、阀前后的压差以及介质的物性参数等）进行 C_{max} 值的计算，然后按调节阀生产厂家的产品目录，选出相应的调节阀口径，使得通过调节阀的流量满足工艺要求的最大流量且留有一定的裕量，但裕量不宜过大。

4. 气动执行器的安装和维护

气动执行器的正确安装和维护，是保证它能发挥应有效用的重要一环。对气动执行器的安装和维护，一般应注意以下几个问题：

1) 为便于维护检修，气动执行器应安装在靠近地面或楼板的地方。当装有阀门定位器或手轮机构时，更应保证观察、调整和操作的方便。

2) 气动执行器应安装在环境温度不高于 60℃ 和不低于 -40℃ 的地方，并应远离振动较大的设备。为了避免膜片受热老化，调节阀的上膜盖与载热管道或设备之间的距离应大于 200mm。

3) 阀的公称通径与管道公称通径不同时，两者之间应加一段异径管。

4) 气动执行器应该是正立垂直安装于水平管道上。特殊情况下需要水平或倾斜安装时，除小口径阀外，一般应加支撑。即使正立垂直安装，当阀的自重较大和有振动场合时，

也应加支撑。

5）通过调节阀的流体方向在阀体上有箭头标明，不能装反，正如孔板不能反装一样。

6）调节阀前后一般应各装一只切断阀，以便修理时拆下调节阀。考虑到调节阀发生故障或维修时，不影响工艺生产的继续进行，一般应装旁路阀，如图 6-31 所示。

7）调节阀安装前，应对管路进行清洗，排去污物和焊渣。安装后还应再次对管路和阀门进行清洗，并检查阀门与管道连接处的密封性能。当初次通入介质时，应使阀门处于全开位置以免杂质卡住。

8）在日常使用中，要对调节阀经常维护和定期检修。应注意填料的密封情况和阀杆上下移动的情况是否良好，气路接头及膜片是否漏气等。检修时，重点检查部位有阀体内壁、阀座、阀芯、膜片及密封圈、密封填料等。

6.2.2 电动执行器

电动执行器与气动执行器一样，也是控制系统中常用的执行器。它接收来自控制器的 0～10mA 或 4～20mA 的直流电流信号，并将其转换成相应的角位移或直行程位移，去操纵阀门、挡板等控制机构，从而实现自动控制。

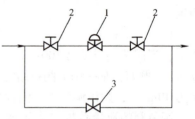

图 6-31 调节阀在管道中的安装
1—调节阀　2—切断阀　3—旁路阀

电动执行器按执行机构的不同可分为角行程、直行程和多转式等类型。角行程电动执行机构以电动机为动力元件，将输入的直流电流信号及位置发送器的反馈信号，通过伺服放大器比较后，输出开关信号驱动电动机，经过机械减速，将输入信号转换为相应的输出轴角位移（0°～90°）。这种执行机构适用于操纵蝶阀、挡板之类的旋转式调节阀。直行程电动执行机构接收输入的直流电流信号后，使电动机转动，然后经减速器减速并转换为直线位移输出，去操纵单座、双座、三通等各种调节阀和其他直线式控制机构。多转式电动执行机构主要用来开启和关闭闸阀、截止阀等多转式阀门，由于它的电动机功率比较大，最大的有几十千瓦，一般多用于就地操作和遥控。

【扩展阅读】　阀门的故事

关闭一个阀门需要转 8 万圈？这究竟是什么样的阀门？

2010 年 7 月 16 日，大连新港码头突发火灾。火情迅速蔓延，且万分危险！在这个火场的周围，遍布着 20 多个 10 万 t 级的巨型储油罐。除了灭火和守住其他罐体不被引燃，消防员们还有一件更要紧的事，就是要关闭起火油罐与其他油罐之间的阀门，阻止更多的原油泄漏。如果阀门关不上，20 多个储油罐发生连环爆炸，整个大连开发区都有可能不复存在。正常情况下，油罐阀门是靠电动来关闭的，3min 就能关上，但是由于火势发展迅猛，罐区的泵房、配电室遭到损坏，停水停电，只能靠人工手动去关。每转 80 圈才能进一扣，彻底关闭一个阀门需要转 8 万圈。每个罐区有两个阀门，消防员桑武和战友需要关闭的阀门实际上有 4 个，也就是他们需要转动 32 万圈。阀门为什么要设计那么复杂，转那么多圈。其实因为阀受到的压力很大（10 万 t 级的巨型储油罐），所以需要的力也很大，转的圈数多会比较省力。比如说阀门上 100 个刻度，你转 800 圈才提升一个刻度，那你转一圈需要的力就少很多。桑武和他的队友硬是在火海中咬牙坚持了 8h，与指挥部内外配合，将四个阀门全部关闭，切断了火源。在那样烈火焚烧、高温炙烤而氧气匮乏的环境里，消防员们是以怎样超人的毅力精神支撑自己，才能完成这些不可能完成的任务？正是这些伟大而又平凡的消防队员的最美逆行，成就了我们的岁月静好。

几种类型的电动执行机构的电气原理基本相同，只是减速器不一样。下面以上海万迅仪表有限公司生产的智能型电动执行器为例进行介绍。

1. 基本结构

图 6-32 是电动执行器的外形，它由执行机构和调节阀（调节机构）两部分组成。上部是执行机构，接受调节器输出的 DC0～10mA 或 DC4～20mA 信号，并将其转换成相应的直线位移，推动下部的调节阀动作，直接调节流体的流量。

（1）执行机构的基本结构　如图 6-33 所示，执行机构采用了 PSL 电子式一体化电动直行程执行机构，该产品体积小、重量轻、功能强、操作方便，已广泛应用于工业控制。执行机构主要是由相互隔离的电气部分和齿轮传动部分组成，电动机作为连接两个隔离部分的中间部件。

（2）调节阀的基本结构　调节阀与工艺管道中被调节介质直接接触，阀芯在阀体内运动，改变阀芯与阀座之间的流通面积，即改变阀门的阻力系数就可以对工艺参数进行调节。电动执行器中的调节阀与气动执行器基本相同。最常用的是直通单座阀和直通双座阀两种。

图 6-32　电动执行器的外形

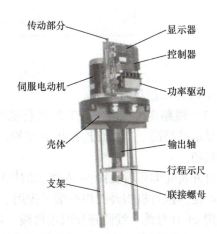

图 6-33　智能电动执行机构

（3）控制器的结构　控制器由主控电路板、智能伺服放大器、传感器、LED 显示屏、操作按键、分相电容及接线端子等组成。智能伺服放大器以专用单片微处理器为基础，通过输入回路把模拟信号、阀位电阻信号转换成数字信号，微处理器根据采样结果通过人工智能控制软件后，显示结果及输出控制信号。如图 6-34 所示。

2. 执行机构的工作原理

电动执行机构是以伺服电动机为驱动源、以直流电流为控制及反馈信号，其工作原理框图如图 6-35 所示。当控制器的输入端有一个信号输入时，此信号与位置反馈信号进行比较，当两个信号的偏差值大于规定的死区时，控制器产生功率输出，驱动伺服电动机转动，使减

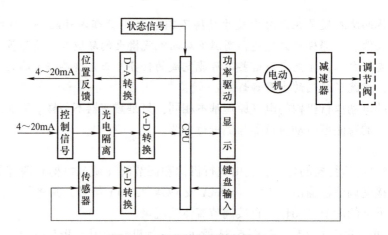

图 6-34 智能控制器的结构组成

速器的输出轴朝减小这一偏差的方向转动,直到偏差小于死区为止。此时,输出轴就稳定在与输入信号相对应的位置上。执行机构的行程可由齿条板上的两个主限位开关限制,并由两个机械限位开关保护。

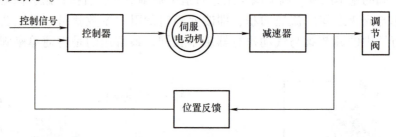

图 6-35 电动执行机构工作原理

3. 线路连接与调试

(1) 线路连接 由于 PSL 的执行机构采用了一体化技术,自带伺服放大器,在不需要阀位显示的情况下,线路连接极为方便,只需两路线——电源线和控制线。图 6-36 是其线路连接图。

打开机壳即可看见图 6-36 所示的接线端子排,对应图示插上智能控制板,嵌入定位销将其固定。执行机构外壳内有端子排用于电气接线,选择适当的电源线与执行机构相连,建议使用 $\varphi1.0$ 导线。线路连接时电源线一定要正确,不然会导致控制器损坏。

(2) 调试 执行机构在出厂前都进行了整定,一般使用时不需要再调试。实际使用中可能需要对调节阀的开度进行整定,下面就 PSL 的限位开关整定问题进行介绍。

1) 基本原则。执行器与调节阀门安装连接组合后的产品调试必须做到<u>三位同步:调节阀位置、限位开关位置和对应信号位置</u>。例如,输入信号为 4mA,调节阀处于零位(关),下限位开关是断电位置;输入信号为 20mA,调节阀处于满度(开),上限位开关是断电位置。判断限位开关的办法是:当上、下限位开关被调节凸块碰撞后,会听到"咔嗒"声,即到位。

2) 整定方法。

① 以手动方式驱动执行器,使阀门的阀芯接触阀座。当阀杆开始轴向动作时,阀杆受力为执行器盘簧的反作用力。

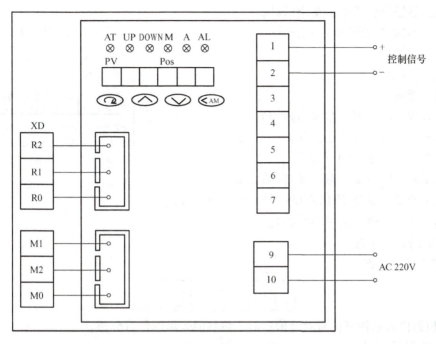

图 6-36　执行机构电气线路连接

②继续向同一方向驱动执行器，直到执行机构盘簧被压缩到盘簧图表所示的相应值（见图 6-37）。这样就可保证关断力，防止泄漏。

③如图 6-38 所示，在不通电的情况下，转动手轮使阀杆下降至"0"位时，调整下限位开关正好动作（右凸块）。同时左旋反馈电位器到"0"Ω 位置。再转动手轮使阀杆上升至标尺的 100% 位置，调节上限位开关正好动作（左凸块）。重复上述动作直至上、下限位都调整好。

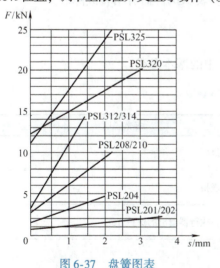

图 6-37　盘簧图表　　　　　图 6-38　限位开关调整图

4. 智能控制器的使用

（1）面板说明　电动执行器的智能控制器操作面板如图 6-39 所示。各部分说明如下：

①阀门位置自动定位指示灯，简称自整定 AT 指示灯。

② 执行器输出轴朝上运动指示灯。
③ 执行器输出轴朝下运动指示灯。
④ 手动控制指示灯。
⑤ 自动控制指示灯。
⑥ 报警指示灯。
⑦ 参数设置键（兼参数显示操作）。
⑧ 数据键（兼手动朝上操作）。
⑨ 数据键（兼手动朝下操作）。
⑩ 数据修改移位键（兼手动/自动切换操作）。
⑪ 控制值显示窗/故障信息显示窗（前三位数值）。
⑫ 阀位值显示窗（后三位数值）。

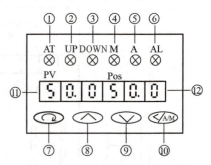

图 6-39　智能控制器操作面板

（2）数码显示状态

1）正常显示状态。

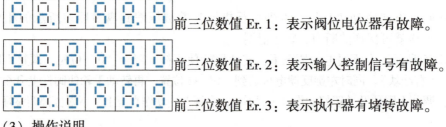

前三位数值表示控制信号百分值；后三位数值表示阀位百分值。

2）故障显示状态。

前三位数值 Er.1：表示阀位电位器有故障。

前三位数值 Er.2：表示输入控制信号有故障。

前三位数值 Er.3：表示执行器有堵转故障。

（3）操作说明

1）基本操作。

① 参数显示。按"○"键将依次显示表 6-5 中的基本参数。

表 6-5　显示表基本参数

显示	参数	参数说明
000000	Loc	参数修改级别
000000	Sn	控制信号规格
000000	oS	断信号时，执行器输出的保护方式
000000	CF	作用方式
000000	dF	控制回差
000000	No	控制板出厂编号

② 参数设置。按"○"键在显示 LoC000 状态下,按"<"" ∨"或"∧"键来修改 Loc 参数,进入参数设置状态。

③ 手动/自动控制切换。按"A/M"键,可实现手动/自动控制切换,同时会使手动指示灯或自动指示灯亮起。在手动指示灯亮起的状态下,可以使控制面板在手动状态下直接按"∨"或"∧"键来操作执行机构上升或下降。

2)阀门位置自动定位操作(阀位自整定 AT)。

① 使执行机构输出轴走到所需行程的 50% 位置上。

② 按下"○"和"<"键 5s,AT 指示灯亮,且前二位数码管显示"At"。

③ 脱开齿轮旋转反馈电位器,使后三位数码管显示"ok",再将电位器齿轮与之啮合。

④ 按"∨"键确认,此时执行机构自动寻找行程零点和满度位置。当 AT 灯熄灭时,位置自整定结束。

(4)主要参数功能　QSVP-16K 型电动执行器的主要参数见表 6-6。

表 6-6　QSVP-16K 型电动执行器的主要参数

参数代号	参数含义	代码	功能
Loc	参数修改级别	000	只可显示 Sn oS CF dF No
		808	允许修改 oS CF dF
		588	允许修改 oS CF dF CtrL HI Lo dL Addr bAud
Sn	输入控制信号规格	4.20A	DC4~20mA 信号
		4.12A	DC4~12mA 信号
		2.20A	DC12~20mA 信号
		0.5V	DC0~5V 信号
		1.5V	DC1~5V 信号
oS	当输入控制信号故障时,选择执行器输出的保护方式	Open	执行机构处于全开位置
		Clos	执行机构处于全关位置
		Hold	执行机构处于保持位置
		SV	执行机构处于设定值位置
SV	当输入控制信号故障时,执行机构输出的所需设定位置	SV	在 0%~100% 范围设定
CF	执行机构作用方式	1	正作用,控制信号增大时,执行机构输出轴朝下运动
		0	反作用,控制信号增大时,执行机构输出轴朝上运动
dF	回差(死区)	dF	在 0.5%~5.0% 范围内设定
No	控制器出厂编号	No	控制器出厂编号(四位数)

(续)

参数代号	参数含义	代码	功能
CtrL	流量特性选择	K	比例控制（直线特性）
		L	对数曲线控制（慢开特性）
		N	指数曲线控制（快开特性）
		T	特殊曲线控制（曲线修正）
HI	执行器行程上限限幅	HI	执行机构输出行程上限限幅设定，在0%~100%范围内且满足HI≥L0+20
Lo	执行器行程下限限幅	Lo	执行机构输出行程下限限幅设定，在0%~100%范围内设定
dL	输入控制信号数字滤波	dL	在0~20范围设定，0没有滤波
Addr	通信地址	Addr	有效范围0~99
bAud	通信波特率	bAud	可选择9.6kbit/s、4.8kbit/s、2.4kbit/s、1.2kbit/s

5. 电动调节阀的安装和使用注意事项

1）电动调节阀最好是正立垂直安装在水平管道上，特殊需要时也可任意安装（除使电动调节阀倒置外）。在阀自重较大和有振动场合倾斜安装时应加支承架。

2）安装时，应使介质的流通方向和阀体标定箭头方向一致，电动调节阀一般应设置旁通管路。阀的口径与管路直径不一致时，应采用渐缩管件。电动调节阀的安装地点应留有足够的空间，以便调试与维修。

3）安装电动调节阀时应避免给阀带来附加应力，当调节阀安装在管道较长的地方时，应安装支承架；安装在振动剧烈的场合时，应采取相应的避振措施。

4）在安装电动调节阀前，应清洗管道，清除污物，安装后使阀全开，再对管路、阀进行清洗及检查各连接处的密封性。

5）注意防潮，应防止灰尘加快阀杆与填料的磨损，引起填料处泄露。另外，若安装在露天场合，应加装保护罩，以防暴晒雨淋。

6）打开电动执行机构外罩即可进行外部接线，在执行机构和阀开始工作之前，以及移开外壳之前，应切断执行机构的主电源。

7）将AC 220V电源相线连接到图6-36所示执行机构的"9"端，中性线连接到"10"端；接地线连接到接地端。

8）为避免冷凝水进入执行机构，在环境温度变化较大或湿度较大的情况下，需要安装加热电阻。

9）手轮操作：必须先断电源，再手动操作手轮。

10）在安装电动调节阀时，不要直接采用电焊，以免损坏内部电路。

6.3 其他辅助仪表

在石油、化工等生产过程中，有许多场合对防爆有比较严格的要求，因此，气动执行器的应用最为广泛。当采用电动仪表或计算机进行控制时，就要配用电-气转换器或电-气阀门定位器，将电信号转换为标准气压信号，以便和薄膜式气动调节阀或活塞式气动调节阀配套使用。图6-40a、b分别为电-气转换器和电-气阀门定位器与气动执行器配用的框图。

电-气转换器用于将DC4~20mA转换成20~100kPa的标准气压信号，以便使气动执行器能接受控制器送来的统一标准信号。电-气阀门定位器除了能够将DC4~20mA转换成20~100kPa的标准气压信号外，还能从调节阀推杆位移取得反馈信号，使输入电流与调节阀位移之间有良好的线性关系。电-气阀门定位器反应速度快、线性好，能克服较大的阀杆摩擦力，可消除由传动间隙所引起的误差，因此，其用途十分广泛，尤其在阀前后压差较大的场合也能正常工作。

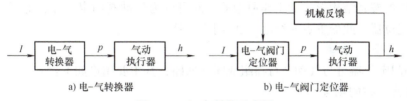

图6-40 电-气转换示意图

6.3.1 电-气转换器

图6-41所示为一种力平衡式的电-气转换器原理图。

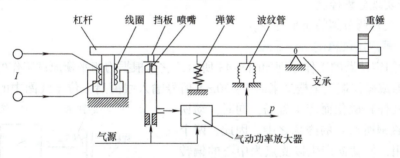

图6-41 电-气转换器的原理图

其动作原理是：来自电动仪表的DC4~20mA信号通入测量线圈中，测量线圈固定在杠杆上，并能在永久磁钢的空隙中自由地上下运动；当输入电流增加时，测量线圈的电流和磁钢的恒定磁场相互作用，产生电磁力，使杠杆绕十字簧片支承逆时针方向偏转，则挡板靠近喷嘴，使喷嘴的背压升高；喷嘴的背压经气压功率放大器放大后，即为输出信号p，p同时进入反馈波纹管中，产生一个使杠杆绕支承顺时针偏转的力矩；当电磁力产生的力矩与p产生的反馈力矩相平衡时，p稳定在一个数值上，使输入电流成比例地转换为20~100kPa的气压信号。弹簧可用于调节输出零点。量程的粗调可左右移动波纹管的安装位置，细调可调节永久磁钢的磁分路螺钉。

6.3.2 阀门定位器

阀门定位器是调节阀的主要附件，它与气动调节阀配套使用，接收调节器的控制信号，然后输出信号控制气动调节阀，当调节阀动作后，阀杆的位移又通过机械装置反馈到阀门定位器，如图6-42所示。

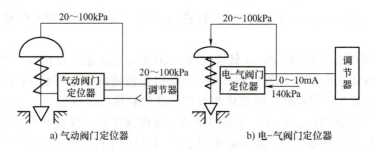

图 6-42 阀门定位器的用途

阀门定位器按其结构形式和工作原理的不同可分为气动阀门定位器、电-气阀门定位器和智能阀门定位器。此处重点介绍电-气阀门定位器。

1. 阀门定位器的用途

电-气阀门定位器可与气动执行器组成闭环回路，其主要用途如下：

1）用于高压差的场合。
2）用于高压、高温或低温介质的场合。
3）用于介质中含有固体悬浮物或黏性流体的场合。
4）用于调节阀口径较大的场合。
5）用于实现分程控制。
6）用于改善调节阀的流量特性。

2. 电-气阀门定位器的工作原理

电-气阀门定位器的工作原理如图 6-43 所示，它是根据力矩平衡原理工作的。

由调节器或操作端安全栅送来的 4～20mA 信号输入线圈后，位于线圈中的动铁（固定线圈的部分杠杆）磁化而产生磁场；同时，动铁又位于永久磁钢所产生的磁场之中。因此，两个磁场相互作用，使动铁产生以支点为中心的偏转电磁力矩。在动铁的一端固定有挡板，所以动铁的偏转改变了喷嘴与挡板之间的间隙，从而引起气动功率放大器背压的变化，背压的变化经气动功率放大器放大后，得到 20～100kPa 的气压信号，驱动气动薄膜调节阀的阀杆动作。利用调节阀推杆的位移，带动比例臂，使比例臂另一端的反馈凸轮轴转动，凸轮推动反馈杆，通过反馈弹簧给动铁以反馈力矩，使动铁达到力的平衡，从而实现输入电流与阀位的比例关系。调整调零螺钉就可以改变动铁的初始位置，从而实现调零。

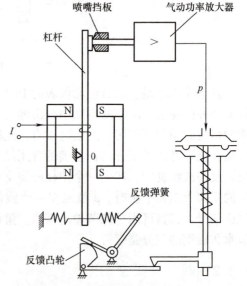

图 6-43 电-气阀门定位器的工作原理

3. 电-气阀门定位器的调校

阀门定位器调校连接图如图 6-44 所示。
以膜下弹簧的正作用式气动调节阀为例，其调校步骤如下。

(1) 校正比例臂位置

1) 将外调整螺母按执行机构的行程固定于比例臂相对应的刻度上,并将滚轮置于槽板内,使之能自由滚动,又不致脱出。槽板应水平安装。

2) 校正好比例臂位置。将气源调节至 1.4×100kPa,给定 12mA 电流信号,使调节阀阀杆行程为 50%,通过调整阀杆位置的升降,使比例臂处于水平位置。否则将出现线性不良,甚至产生故障。

(2) 零位调整和量程调整

1) 零位调整。给定信号电流 4mA,通过顺时针(输出增大)或逆时针(输出减小)旋动调零螺钉,使输出压力为 0.2×100kPa 左右,或感觉阀杆有微小的位移即可。

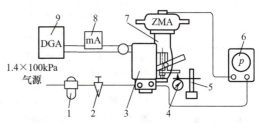

图 6-44 阀门定位器调校连接图

1—过滤器 2—减压器 3—电-气阀门定位器 4—百分表 5—百分表架 6—0.5 级压力表 7—气动薄膜调节阀 8—0.5 级毫安表 9—恒流给定器(0~20mA)

2) 量程调整。给定信号电流 8mA、12mA、16mA、20mA,使阀杆行程对应值为 25%、50%、75%、100%(观察百分表),或使输出压力值为 0.4kgf/cm^2、0.6kgf/cm^2、0.8kgf/cm^2、1.0kgf/cm^2 左右,若量程偏大或偏小,可通过移动外调整螺母左右位置来调整。往左移动,量程减小;反之,量程增大。每调整一次行程,零位需重新调整。

3) 通过几次零位和量程的反复调整,合格后输入给定信号,观察其稳定性和重复性,符合要求后,即可投入运行。

6.3.3 安全火花防爆系统及安全栅

1. 安全火花防爆系统的概念

(1) 仪表防爆基本知识 安全火花防爆的实质就是限制火花的能量。在纯电阻电路中,这种能量主要取决于电压和电流的数值。对于不同的爆炸性气体及其与空气的不同混合比,安全火花的能量是不同的。大量试验表明,当电路的电压限制在直流 30V 时,各种爆炸性混合物可按其最小引爆电流分为三级,见表 6-7。

表 6-7 爆炸性混合物的最小引爆电流

级 别	最小引爆电流/mA	爆炸性混合物种类
I	$i>120$	甲烷、乙烷、汽油、甲醇、乙醇、丙酮、氨及一氧化碳等
II	$70<i<120$	乙烯、乙醚及丙烯腈等
III	$i\leqslant 70$	氢、乙炔、二硫化碳、市用煤气、水煤气及焦炉煤气等

例如,电压为 30V、电流为 70mA 以下的电路,即使在氢气中产生了火花也不会发生爆炸;电流超过 70mA,在氢气中产生爆炸的可能性就较大。氢气属于第Ⅲ级爆炸性气体,这是爆炸性最高的级别。

各种防爆方法对危险场所的适用条件也不尽相同,我国对危险场所危险性的划分见表 6-8。

表 6-8 我国对危险场所危险性的划分

爆炸性物质	区域定义	国家标准
气体（CLASS Ⅰ）	在正常情况下，爆炸性气体混合物连续或长时间存在的场所	0 区
	在正常情况下，爆炸性气体混合物有可能出现的场所	1 区
	在正常情况下，爆炸性气体混合物不可能出现，仅仅在不正常情况下，偶尔或短时间出现的场所	2 区
粉尘或纤维（CLASS Ⅱ/Ⅲ）	在正常情况下，爆炸性粉尘或可燃纤维与空气的混合物可能连续、短时间频繁地出现或长时间存在的场所	10 区
	在正常情况下，爆炸性粉尘或可燃纤维与空气的混合物不可能出现，仅仅在不正常情况下，偶尔或短时间出现的场所	11 区

根据可能引爆的最小火花能量，我国将爆炸性气体分为四个危险等级，见表 6-9。

表 6-9 爆炸性气体分级

工况类别	气体分级	代表性气体	最小引爆火花能量/mJ
矿井下	Ⅰ	甲烷	0.280
矿井外的工厂	ⅡA	丙烷	0.180
	ⅡB	乙烯	0.060
	ⅡC	氢气	0.019

（2）安全火花防爆仪表 仪表安装在生产现场时，如果现场存在易燃易爆的气体、液体或粉尘，一旦发生危险火花，就可能引起燃烧或爆炸事故。

为了解决电动仪表的防爆问题，传统的防爆思想是把可能产生危险火花的电路从结构上与爆炸性气体隔离开来，仪表类型有充油型（o）、正压型（p）、充砂型（q）、隔爆型（d）、增安型（e）及无火花型（n）等。为了从爆炸发生的根本原因上采取措施解决防爆问题，人们设计了安全火花防爆型的电动仪表，这类仪表从电路设计开始就考虑防爆，把电路在短路、断路及误操作等各种状态下可能发生的火花都限制在爆炸性气体的点火能量之下，因而被认为可以和气动、液动仪表一样，属于本质安全防爆仪表。与结构防爆仪表相比，安全火花防爆仪表的优点如下：

1）防爆等级比结构防爆仪表高，可用于后者所不能胜任的氢气、乙炔等最危险的场所。

2）长期使用不会降低防爆等级。

3）可用安全火花型测试仪器在危险现场进行带电测试和检修。

安全火花防爆仪表又称为本质安全型仪表。它的特点是仪表在正常状态下和故障状态下，电路、系统产生的火花和达到的温度都不会引燃爆炸性混合物。它的防爆主要由以下措施来实现：

1）采用新型集成电路元器件组成仪表电路，在较低的工作电压和较小的工作电流下工作。

2）用安全栅把危险场所和非危险场所的电路分隔开来，限制由非危险场所传递到危险场所的能量。

3) 仪表的连接导线不得形成过大的分布电感和分布电容，从而减少电路中的储能。

本质安全型仪表设备按安全程度和使用场所的不同，可分为 Exia 和 Exib 两类。Exia 的防爆级别高于 Exib。Exia 级本质安全型仪表在正常工作状态下以及电路中存在两起故障时，电路元件不会发生燃烧或爆炸事故。在 ia 型电路中，工作电流被限制在 100mA 以下。Exib 级本质安全型仪表在正常工作状态下以及电路中存在一起故障时，电路元件不发生燃烧或爆炸事故。在 ib 型电路中，工作电流被限制在 150mA 以下。

例如：某本质安全型仪表的防爆标志为 "Ex（ia）ⅡC T6"，其含义如下：

"Ex" 为防爆标志；"ia" 为防爆方式，本仪表采用 ia 级本质安全防爆方式，可安装在 0 区；"ⅡC" 为气体分级，见表 6-9，表示被允许涉及ⅡC 类爆炸性气体；"T6" 为温度组别，我国将气体温度组别划分 T1~T6，共六组，其中，T6 组是温度最低的一组，规定仪表表面温度限制不得超过 85℃。

(3) 安全火花防爆系统　本质安全型仪表适用于一切危险场所和一切爆炸性气体、蒸气混合物，并可以在通电的情况下进行维修和调校。但是它不能单独使用，必须和本质安全型关联设备（安全栅）、外部配线一起组成本质安全型防爆系统，才能发挥防爆功能。因为对一台安全火花防爆型仪表来说，它只能保证自己内部不发生危险火花，对控制室引来的电源线是否安全是无法保证的。如果从控制室引来的电源线没有采取限电压限电流措施，那么，在变送器接线端子上或传输途中发生短路、开路时，完全可能在现场产生危险火花，引起燃烧或爆炸事故。

图 6-45 所示为安全火花防爆系统的基本结构图。可见，构成一个安全火花防爆系统的充分必要条件是：①在危险现场使用的仪表必须是安全火花防爆型的；②现场仪表与非危险场所（包括控制室）之间的电路连接必须经过安全栅。只有这样，才能保证事故状况下，现场仪表自身不产生危险火花，且也不会从危险现场以外引入危险火花。

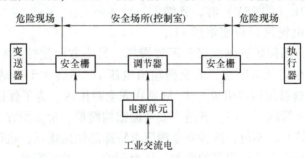

图 6-45　安全火花防爆系统的基本结构图

2. 安全栅

安全栅又称为安全保持器，其外形如图 6-46 所示。它是一种对送往现场的电压和电流进行严格限制的单元，可保证各种状态下进入现场的电功率在安全范围内，因而是保证过程控制系统具有安全火花防爆性能的关键仪表之一。安全栅通常安装在控制室内，作为控制室仪表及装置与现场仪表的关联设备，一方面起信号传输的作用；另一方面还用于限制流入危险场所的能量。

目前使用的安全栅主要有电阻式、齐纳式、中继放大式和隔离式四种。其中，齐纳式和

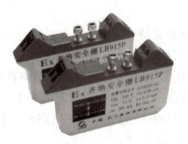
a) 齐纳式安全栅

b) 隔离式安全栅

图 6-46　安全栅外形

隔离式最为常见。

（1）电阻式安全栅　电阻式安全栅是最简单的一种，它采用电阻限电流的原理，在两根电源线（也是信号线）上串联一定的电阻，对进入危险场所的电流进行必要的限制，如图 6-47 所示。其缺点是正常工作状况下电源电压也产生衰减，且防爆定额低，使用范围小。

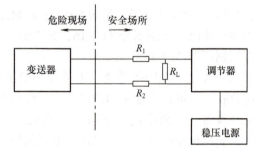

图 6-47　电阻式安全栅原理简图

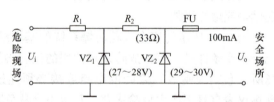

图 6-48　齐纳式安全栅原理电路

（2）齐纳式安全栅　齐纳式安全栅是用齐纳二极管的击穿特性进行限电压，用电阻进行限电流，是一种应用较多的安全栅，其原理电路如图 6-48 所示。当输入电压 U_i 在正常范围（24V）时，齐纳二极管 VZ_1、VZ_2 不动作，只有当输入电压出现过电压，达到齐纳二极管的击穿电压（约 28V）时，齐纳二极管导通，于是大电流流过快速熔丝 FU，使熔丝很快熔断，一方面保护齐纳二极管不致损坏，另一方面使控制室（安全场所）的危险电压与现场隔离。在熔丝熔断前，安全栅输出电压 U_o 不会大于齐纳二极管的击穿电压 U_Z，而进入现场的电流被限流电阻 R_1、R_2 限制在安全范围内。为了保证限压的可靠性，电路采用了两级齐纳二极管限压电路。齐纳式安全栅结构简单、价格便宜，防爆定额可以做得比较高，可靠性也比较好。不过，这种安全栅要求特殊的快速熔丝，这种快速熔丝的制造有一定难度，对选材和制造工艺有很高的要求，从而影响了它的可靠性。

（3）中继放大式安全栅　中继放大式安全栅的原理与电阻式安全栅相似，它是利用运算放大器的高输入阻抗特性来实现安全场所和非安全场所之间的隔离，如图 6-49 所示。中继放大式安全栅由于在信号传输回路中插入放大器，因此对信号的传输精度有一定的影响。此外，电路的输入与输出之间没有电气隔离。

（4）隔离式安全栅　在 DDZ-Ⅲ型仪表中采用的是隔离式安全栅，它用变压器将输入、输出和电源电路进行隔离，从而防止危险能量直接窜入现场。同时，用晶体管限压限流电路对事故状况下的过电压或过电流进行截止式的控制。隔离式安全栅电路复杂、体积大、成本较高，但不要求特殊元件，便于生产，工作可靠，防爆定额较高，可达交直流 220V，因而得到了广泛的应用。

隔离式安全栅分为检测端安全栅和执行端安全栅两种类型。检测端安全栅和变送器配合使用,执行端安全栅则和执行器配合使用。

1)检测端安全栅。检测端安全栅是现场变送器与控制室仪表及电源联系的纽带,它一方面为变送器提供电源;另一方面将来自变送器的 DC4~20mA 信号经隔离变压器线性地转换成 DC4~20mA(或 DC1~5V)信号传送给控制室仪表。在上

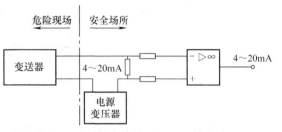

图 6-49 中继放大式安全栅原理简图

述传递过程中,依靠双重限压限流电路使任何情况下输送至危险场所的电压不超过 DC30V、电流不超过 DC30mA,从而保证了危险场所的安全。

图 6-50 为检测端安全栅原理框图。从图中可以看出,检测端安全栅由直流/交流(DC/AC)变换器及变压器 T_1、整流滤波电路、限压限流电路、隔离变压器 T_2、解调放大器及调制器等部分组成。

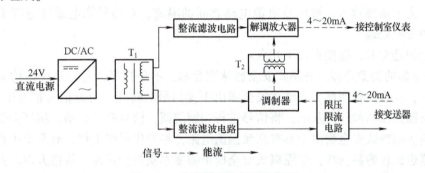

图 6-50 检测端安全栅原理框图

24V 直流电源先由 DC/AC 变换器变换成 8kHz 的交流方波电压,经整流滤波后又被转换成直流电压,通过电流限制回路后作为现场变送器的电源电压(仍为 DC24V)。同时,方波电压又经变压器 T_1 的另一二次绕组及整流滤波电路转换成输出电路和解调放大器的电源电压。这就是检测端安全栅的能量传输过程。

检测端安全栅除了进行能量传输外还进行了信号传输,来自现场变送器的 DC4~20mA 信号经限流限压电路、调制器被调制成交流信号,由隔离变压器 T_2 耦合到解调放大器,经解调后,还原成 DC4~20mA 信号,作为输出送给控制室仪表。所以,从信号通路来看,安全栅是一个系数为 1 的传送器,被传送的信号经过调制→变压器耦合→解调的过程后,照原样送出(或转换成 DC1~5V 的联络信号)。这里,电源、变送器和控制室仪表三者之间除了磁的联系外没有直接的电联系,从而达到互相隔离的作用。

2)执行端安全栅。执行端安全栅与安全火花型电-气转换器或电-气阀门定位器配合使用。它将来自控制室的 DC4~20mA 信号 1:1 地进行隔离变换,同时经过能量限制后,把控制信号送给现场执行器,从而防止危险能量窜入危险场所。图 6-51 所示为执行端安全栅的原理框图。

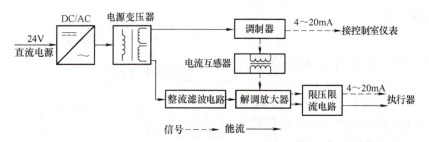

图 6-51 执行端安全栅原理框图

24V 直流电源经 DC/AC 变换器变换成交流方波电压,通过电源变压器分成两路:一路供给调制器,作为 DC4~20mA 信号电流的斩波电压;另一路经整流滤波电路,送至解调放大器、限压限流电路及执行器。

执行端安全栅的信号通路是这样的:由控制室仪表来的 DC4~20mA 信号经调制器变成交流方波信号,通过电流互感器作用于解调放大器,经解调后恢复为与原来相等的 DC4~20mA 信号,以恒流源的形式输出。该输出经限压限流电路,供给现场执行器。

从整机功能来看,它和检测端安全栅一样,是一个变换系数为 1 的带限压限流装置的信号传送器,为了实现输入、输出及电源电路之间的隔离,对信号和电源都进行了直流→交流→直流的变换处理。

在安全栅选型时,应注意以下几点:

1) 安全栅的类型选择。齐纳式安全栅选型容易,不易损坏,对原系统结构要求改动的地方比较少,优点比较明显。齐纳式安全栅由于无信号的转变,对原信号精度也没有影响。隔离式安全栅是以高频作为基波,将信号进行调制解调,信号有了变动,精度会受到安全栅电路的影响。隔离式安全栅由于具有高频振荡电路,将产生射频干扰,对系统不利,而且隔离式安全栅也比较容易损坏,但隔离式安全栅不需要本质安全接地。价格方面,齐纳式安全栅要比隔离式安全栅便宜很多。

2) 安全栅的参数选择。安全栅的防爆等级必须不低于本质安全现场设备的防爆标志等级;根据现场的设备类型配备相应类型的安全栅;根据控制室仪表可能存在或产生的最高的电压确定安全栅的最高电压;根据现场设备的信号、电源对地的极性确定安全栅的极性;另外,还应考虑工作环境,如使用温度、湿度以及安装方式是否便于现场安装等。

在使用安全栅时,要注意以下几点:

1) 要注意线缆和现场设备的容抗和感抗,本质安全型防爆是系统防爆,除了安全栅需要达到所需的防爆等级外,线缆和现场设备的蓄能也是一个关键问题。

2) 要注意本质安全接地,齐纳式安全栅需要本质安全接地,接地电阻应小于 1Ω。

3) 本质安全线缆与非本质安全线缆应分开敷设在不同的线槽里,并应有明显标识。

4) 更换安全栅时应注意断电。

实训 6.1 AI 系列人工智能调节仪的认识及参数设置

1. 实训目的

1) 熟悉 AI 系列人工智能调节仪的各组成部分及其功能。

2) 能对 AI 系列人工智能调节仪进行简单操作,并能进行参数设置。

2. 实训设备

THSA-1 型过程控制综合自动化控制系统实验平台、SA–12挂箱。

3. 实训内容与步骤

（1）熟悉智能调节仪的组成及功能　对照实训挂箱装置，熟悉 AI 系列智能调节仪的各组成部分及其功能。

1）认识实训挂箱 SA–12。如图 6-52 所示，AI 智能调节仪挂箱采用上海万迅仪表有限公司生产的 AI 系列全通用人工智能调节仪表，型号为 AI-818 型。该仪表为 PID 控制型，输出为 DC4~20mA 信号，通过 RS–485 串口通信协议与上位计算机通信，从而实现系统的实时监控。

2）认识实训台的 I/O 信号接口。如图 6-53 所示，THSA-1 型过程控制综合自动化控制系统实验平台可进行液位、流量及温度等参数的检测。

在仪表进行数据采集前，还需要知道本套装置传感器、变送器的输出信号规格：

① 液位检测。0~5kPa 扩散硅压力变送器：DC1~5V。

② 流量检测。涡轮流量计：DC1~5V。

③ 温度检测。温度传感器：Pt100 热电阻。

所有传感器及变送器的输出信号分为三种：DC1~5V、DC0.2~1V 和 Pt100 热电阻。

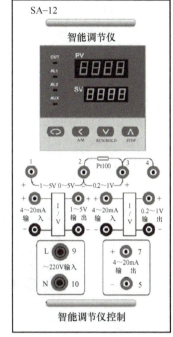

图 6-52　SA-12 智能调节仪挂箱

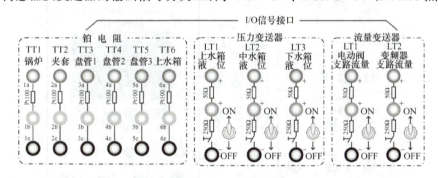

图 6-53　I/O 信号接口

（2）数据采集

1）采集液位信号。当采集液位信号时，将三组压力变送器中的任意一组接至调节器输入端①、②（1~5V），设置仪表参数为：输入规格 Sn = 33，输入下限显示值 dIL = 0，输入上限显示值 dIH = 50.0。

2）采集流量信号。当采集涡轮流量计信号时，将三组流量计中的任意一组接至调节器输入端①、②（1~5V），设置仪表参数为：Sn = 33，dIL = 0，dIH = 100。

3）采集温度信号。当采集 Pt100 热电阻的温度信号时，仪表需要将热电阻中的任意一组接至调节器②、③、④之间，如图 6-54 所示。

此时，设置仪表参数为：输入规格 Sn = 21，输入下限显示值 dIL = 0, 输入上限显示值 dIH = 100。

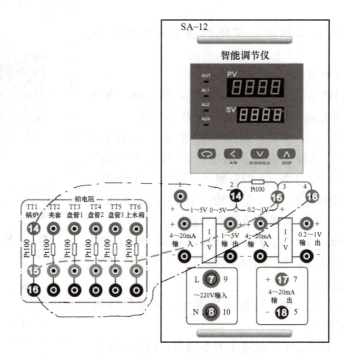

图 6-54　热电阻与调节器接线图

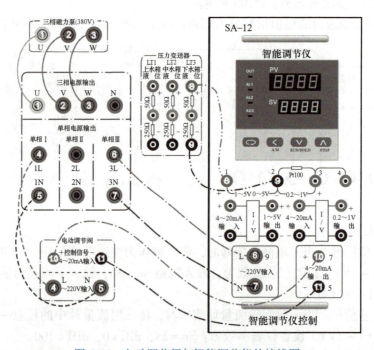

图 6-55　电动调节阀与智能调节仪的接线图

(3) 仪表的给定值设定　当仪表用于 PID 算法控制时,需要设置控制变量的设定值,也就是需要控制仪表采集来的传感器、变送器数据变量到达设定值。调节器上方标有 PV 字母,代表是测量数据,下方是输出值和给定值共用的显示窗口,初始状态显示给定值,按住增加(减少)键,可改变设定值的大小。具体设置可参考仪表使用说明书。

(4) 仪表的输出 AI-818 智能调节仪仅有 4~20mA 线性电流信号,可控制执行器动作。如图 6-55 所示,将电动调节阀与智能调节仪连接,通过调节仪输出 0%~100% 的输出信号控制电动调节阀的开度。设置仪表参数 oP1 = 4,即 4~20mA 线性电流输出。

实训 6.2 电动调节阀特性测试

1. 实训目的
1)了解电动调节阀的结构与工作原理。
2)通过实训,进一步了解电动调节阀的流量特性。

2. 实训设备
1)THSA-1 型过程控制综合自动化控制系统实验平台。
2)计算机及相关软件。
3)万用表 1 只。

3. 实训原理

电动调节阀包括执行机构和阀两个部分,它是过程控制系统中的一个重要环节。电动调节阀接受调节器输出 DC4~20mA 的信号,并将其转换为相应输出轴的角位移,以改变阀节流面积 S 的大小。图 6-56 为电动调节阀与管道的连接框图。

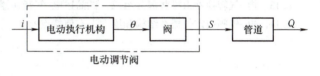

图 6-56 电动调节阀与管道的连接框图

在图 6-56 中,i 为来自调节器的控制信号(DC4~20mA);θ 为阀的相对开度;S 为阀的截流面积;Q 为液体的流量。

由过程控制仪表的原理可知,阀的相对开度 θ 与控制信号的静态关系是线性的,而开度 θ 与流量 Q 的关系是非线性的。图 6-57 为本实训示意图。

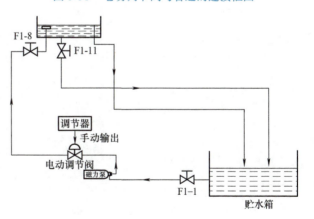

图 6-57 电动调节阀特性测试实训示意图

4. 实训内容与步骤

1)拆装电动调节阀的各部件,并进行阀位自整定操作,同时设置电动调节阀的参数为:Loc = 000,Sn = 4.20A,oS = Clos。

2)按图 6-57 所示的实训示意图完成实训系统的接线。

3)接通总电源和相关仪表的电源,并把手动阀置于一定的开度。

4)把调节器置于手动状态,使其输出对应于电动调节阀开度的 10%、20%、…、100%,分别记录不同状态时调节器的输出电流和相应的流量。

5)以电流 I 作横坐标,流量 Q 作纵坐标,画出 $Q = f(I)$ 的曲线。

5. 实训报告

1）写出电动调节阀型号规格及各组成部件的作用。

2）根据所画出的流量特性曲线，判别该电动调节阀的流量特性。

思考题与习题

6.1　什么是基地式调节器？

6.2　什么是自力式调节器？按被控制参数可分为哪几种？

6.3　数字式调节器分为哪三类？其中哪种调节器可以控制多个调节回路？

6.4　简述数字式控制器的主要特点。

6.5　简述 AI 系列智能仪表调节仪手动/自动切换的操作步骤。

6.6　调节阀的结构形式主要有哪些？各有什么特点？主要使用在什么场合？

6.7　什么叫气动执行器的气开式与气关式？其选择原则是什么？

6.8　试简述电动执行器的组成与主要功能。

6.9　什么是调节阀的理想流量特性和工作流量特性？设计系统时，应如何选择调节阀的流量特性？

6.10　安全栅的作用是什么？常见的安全栅有哪几种类型？

6.11　检测端安全栅有何作用？简述其工作原理。

6.12　试比较执行端安全栅和检测端安全栅在功能和原理上的异同。

6.13　电-气转换器由哪些部分组成？试简述电-气转换器的动作原理。

6.14　电-气阀门定位器在结构和原理上有何特点？

第 7 章 过程控制系统

【主要知识点及学习要求】
1) 能分析识别过程控制系统工艺流程图。
2) 掌握简单控制系统设计及参数整定的方法。
3) 了解复杂控制系统的主要类型及适用条件。
4) 掌握典型控制单元的控制方案。

7.1 过程控制系统工艺流程图的绘制

过程控制系统工艺流程图是用图示的方法把工业生产的工艺流程和所需的设备、管道、阀门、管件、管道附件及仪表控制点表示出来的一种图样，是设备布置和管道布置设计的依据，也是施工、操作、运行及检修的指南。根据工艺设计的不同阶段，工艺流程图可分为工艺方案流程图、物料流程图和施工流程图。其中，施工流程图又称为带控制点的工艺流程图，它是过程控制水平和控制方案的全面体现，是自控人员安装调试的重要依据。

图 7-1 所示为物料残液蒸馏处理系统的施工流程图。由该图可以看出，施工流程图的绘制主要包括设备的绘制、工艺流程线的绘制、管件的绘制、仪表的绘制四个方面。

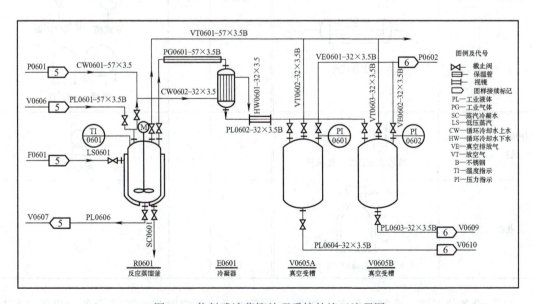

图 7-1 物料残液蒸馏处理系统的施工流程图

7.1.1 识图基础

1. 设备的画法及标注

(1) 设备的画法　它是根据工艺流程，从左至右用细实线画出各设备、机器的示意图。对标准中未规定的设备、机器的图形可根据实际外形简化绘制，同一设计中，同类设备的外形应一致。表7-1 给出了工艺流程图中的常用设备、机器图例。

表7-1　常用设备、机器图例

设备类别	分类号	图例	设备类别	分类号	图例
塔	T	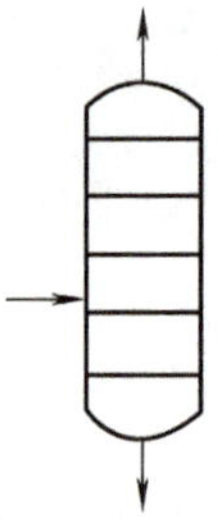 板式塔	反应器	R	 聚合釜  固定床反应器
换热器	E	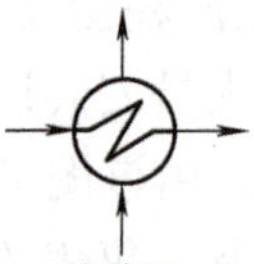 换热器 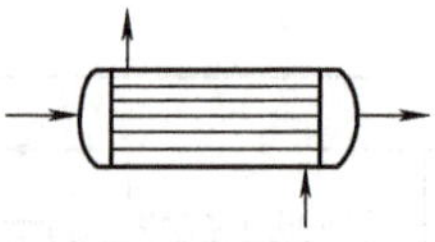 固定管板式	容器	V	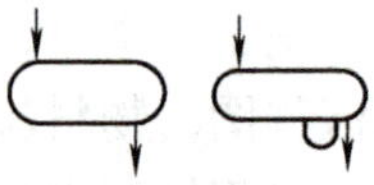 卧式槽 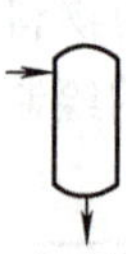 立式槽 　旋风分离器  球罐 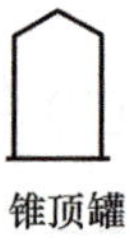　锥顶罐
压缩机、风机	C	 离心式压缩机 　鼓风机	泵	P	 离心泵
工业炉	F	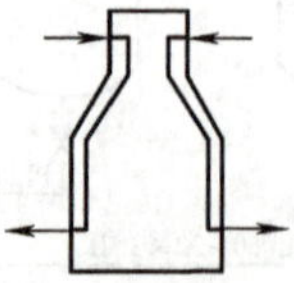 圆筒炉			

(2) 设备的标注　画好各设备、机器的示意图后，还应对每个工艺设备、机器进行标注，主要标注设备的位号和名称。标注格式如图7-2所示，标注形式如分式，在分号的上方（分子）标注设备位号，在分号的下方（分母）标注设备名称。设备位号由设备分类号、车

间或工段号、设备序号和相同设备的序号组成。其中,设备分类号见表7-1;工段号用两位数字表示,从01开始编号;设备序号也采用两位数字表示;相同设备的序号用大写英文字母A、B、C等表示,以区别同一位号的相同设备。

2. 工艺流程线的画法及标注

在工艺流程图中是用线段表示管道的,故常称为管线,又称工艺流程线。对所有工艺流程线都应画出箭头,用于表示物料的流向。常用工艺流程线的画法见表7-2。

工艺流程图中一般应画出所有工艺材料和辅助物料的管道。当辅助管道比较简单时,可将总管绘制在流程图的上方,向下引支管至有关设备。一般情况下,主工艺物料管道用粗实线绘制,辅助管道用中粗线绘制,仪表及信号传输管道用细实线或细虚线绘制。

图7-2 设备的标注格式示例

表7-2 常用工艺流程线的画法

名 称	图 例	说 明
主物料管道	———	粗实线 b(0.9mm)
辅助管道	———	中粗线 $b/2$(推荐0.6mm)
仪表管道	———	细实线 $b/3$(0.3mm)
伴热(冷)管道	- - - - -	虚线 $b/2$(推荐0.6mm)
管道隔热管	—▨—	在适当位置画出
夹套管	—|=|—	可只画两端一小段

所有管线都必须进行标注,管线的标注格式如图7-3所示。物料代号、管道等级代号、绝热或隔声代号等可参见 HG/T 20519—2009 标准相关内容。

当工艺流程简单、管道品种规格不多时,则管线标注格式中的管道等级代号及绝热或隔声代号可省略。管道尺寸可直接填写管子的外径×壁厚,并标注工程规定的管道材料代号,如 PL 06 01 − 57×3.5B。

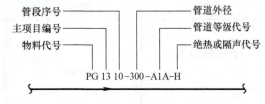

图7-3 管线的标注格式示例

3. 管件的画法及标注

管道上的管件有阀门、管接头、三通、四通及法兰等。这些管件可连通、分流、调节及切换管道中的流体。常用管件的图形符号见表7-3。

表7-3 常用管件的图形符号

名称	图形符号	名称	图形符号
闸阀	⋈	隔膜阀	⋈
截止阀	⋈	三通截止阀	⋈

（续）

名称	图形符号	名称	图形符号
球阀	⋈	四通截止阀	✳
蝶阀	—	孔板	‖
文丘里管	—	流量喷嘴	▷
法兰连接	⊢⊣		

各种调节阀在阀门上增加了执行机构，常用执行机构的图形符号如图7-4所示

图 7-4　常用执行机构的图形符号

4. 仪表的画法及标注

在施工流程图上要用细实线画出所有与工艺有关的检测仪表、调节控制系统的图形，并由图形符号和字母代号组合起来表达工业仪表所处理的被测变量和功能。

图 7-5　仪表的测量点

（1）图形符号　仪表的测量点由过程设备轮廓线或管道线引到仪表圆圈的线的起点表示，如图7-5所示。仪表的图形符号是一个细实线圆圈，直径约10mm。不同的仪表安装位置的图形符号见表7-4。

表 7-4　仪表安装位置的图形符号

安装位置	图形符号	安装位置	图形符号
就地安装仪表	○	就地安装仪表（嵌在管道中）	⊷○⊶
集中仪表盘面安装仪表	⊖	集中仪表盘后安装仪表	⊝
就地仪表盘面安装仪表	⊖	就地仪表盘后安装仪表	⊜

对于同一测量点，有两个或两个以上的被测变量，且具有相同或不同功能的复式仪表时，可用两个相切的圆或分别用细实线圆与细虚线圆相切表示，如图7-6所示。

集散控制系统（DCS）中仪表的图形符号是直径约10mm细实线圆外加与圆相切的细实线方框，如图7-7a所示。计算机功能图形符号为对角线长10mm细实线六边形，如图7-7b所示。内部连接的可编程逻辑控制器功能图形符号如图7-7c所示，外四边形边长为10mm。

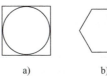

图7-6　复式仪表的表示方法　　　图7-7　集散控制系统的仪表图形符号

（2）仪表的位号　仪表的位号由字母代号和数字编号两部分组成。其中，字母代号写在仪表圆圈的上半部，数字编号写在圆圈的下半部，如图7-8所示。

字母代号由表示被测变量的第一位字母和表示功能的后继字母组成。字母代号的含义见表7-5。其中，修饰词一般作为首位的修饰，用小写字母表示，后继字母按 I、R、C、T、Q、S、A（指示、记录、控制、传送、积算、开关或联锁及报警）的顺序标

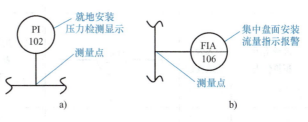

图7-8　仪表的画法与标注

注。同时具有指示和记录功能时，只标注字母代号"R"，而不标注"I"；同时具有开关和报警功能时，只标注字母代号"A"，而不标注"S"；当"SA"同时出现时，表示具有联锁报警功能。当后继字母是"Y"时，表示仪表具有继动器或计算器功能，此时，应在图形符号的外圈标注它的具体功能。

数字编号由区域编号和回路编号组成，一般情况下，区域编号为一位数字，回路编号为两位数字。

表7-5　字母代号的含义

字母	第一位字母		后继字母	字母	第一位字母		后继字母
	被测变量	修饰词	功能		被测变量	修饰词	功能
A	分析		报警	M	水分或湿度		
C	电导率		控制（调节）	P	压力或真空		试验点（接头）
D	密度或比重	差		Q	数量或件数	积分、累计	积分、累计
E	电压（电动势）		检测元件	R	放射性		记录或打印
F	流量	比（分数）		S	速度或频率	安全	开关或联锁
G	尺度（尺寸）		玻璃	T	温度		传送
H	手动（人工触发）			U	多变量		多功能
I	电流		指示	V	黏度		阀、风门
J	功率		扫描	W	重量或力		套管
K	时间或时间程序		操作器	Y	供选用		继动器或计算器
L	物位		灯	Z	位置		驱动、执行

注："供选用"的字母，使用时需要在具体工程设计图例中做出规定，适用于个别设计中多次使用。

例如：图 7-8a 中，PI 表示压力指示仪表；图 7-8b 中，FIA 表示流量指示报警仪表。

7.1.2 识图练习

1. 常用图例符号实例

常用图例符号实例见表 7-6。

表 7-6 常用图例符号实例

名称	安装方式	图例符号	名称	安装方式	图例符号
温度调节阀	就地安装	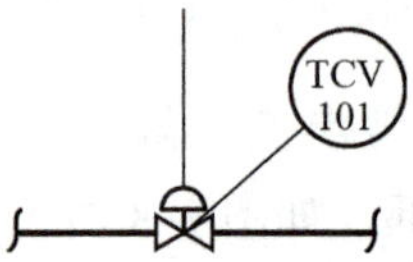 TCV 101	流量记录仪表（检测元件为文丘里管或喷嘴）	就地安装	 FR 103
流量指示积算仪表	嵌入管道就地安装	 FIQ 107	液位指示报警仪表（带上、下限）	就地盘面安装	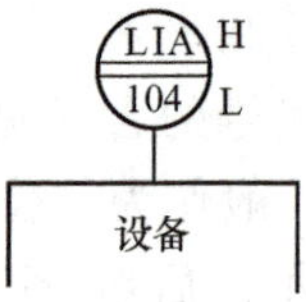 LIA 104 H L 设备
成分记录仪表（二氧化碳）	集中盘面安装	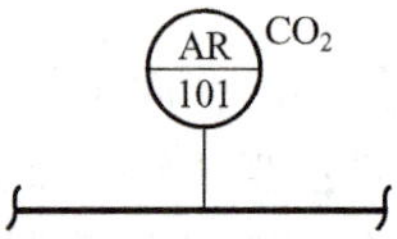 AR 101 CO_2	湿度指示控制系统（电磁阀）	就地安装	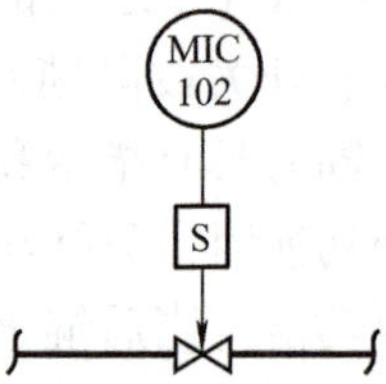 MIC 102 S
温度压力串级控制系统（S.P 表示设定点）	集中盘面安装	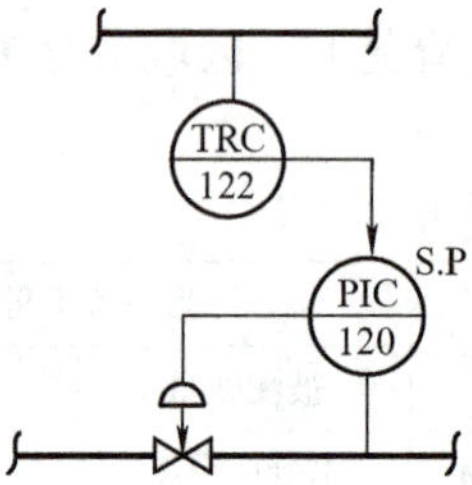 TRC 122 PIC 120 S.P	液位指示控制系统（气压信号控制）	集中盘面安装	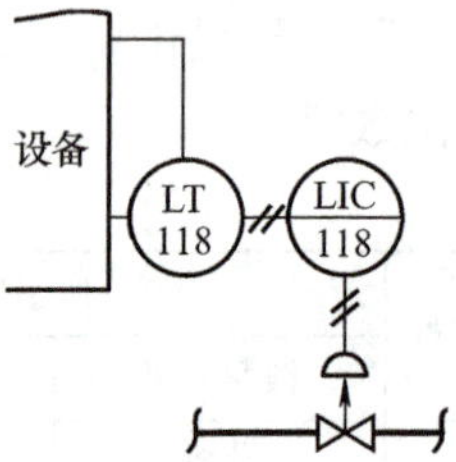 设备 LT 118 LIC 118

2. 脱乙烷塔工艺流程图

脱乙烷塔是乙烯生产过程中的重要设备，用于分离乙烷与丙烯及更重组分的精馏塔。塔顶出乙烷和更轻组分（如乙烯、甲烷），塔底出丙烯和更重组分。其工艺流程图如图 7-9 所示。

塔顶压力控制系统中的 PIC-207，其中第一位字母 P 表示被测变量为压力，第二位字母 I 表示具有指示功能，第三位字母 C 表示具有控制功能，因此，PIC 的组合就表示一台具有指示功能的压力控制器，该控制系统是通过改变气相采出量来维持塔压稳定的。

回流罐液位控制系统中的 LIC-201 是一台具有指示功能的液位控制器，它是通过改变进入冷凝器的冷剂量来维持回流罐中液位稳定的。

塔下部温度控制系统中的 TRC-210 表示一台具有记录功能的温度控制器，它是通过改变进入再沸器的加热蒸汽量来维持塔底温度恒定的。

塔底液位控制系统中的 LICA-202 表示一台具有指示、报警功能的液位控制器，它是通过改变塔底采出量来维持塔釜液位稳定的。

进料管道处的 FR-212 代表一台具有记录功能的流量计，用于监视进料量的多少，其检测元件为孔板。

加热蒸汽管道处的 PI-206 代表一台具有指示功能的压力表，用于监视蒸汽的压力。

7.2 简单控制系统

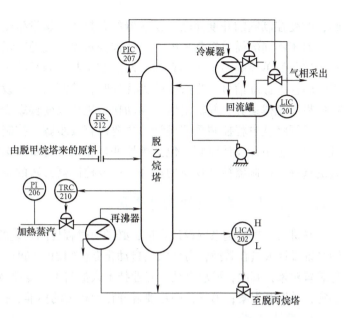

图 7-9 脱乙烷塔工艺流程图

7.2.1 简单控制系统的组成

简单控制系统是指由一个测量元件及变送器、一个控制器、一个控制阀和一个被控对象构成的闭环负反馈的定值系统。

简单控制系统是实现生产过程自动化的基本单元。由于其结构简单、投资少、易于整定与投运，且能满足一般生产过程的自动控制要求，在工业生产中得到了广泛应用，尤其适用于被控对象纯滞后时间短、容量滞后小、负荷变化较平缓，或对被控变量的控制要求不高的场合。

图 7-10 所示是一个简单温度控制系统及其框图。该系统中，换热器是被控对象，温度是被控变量，温度变送器将检测到的温度信号送往温度控制器。控制器的输出信号送往控制

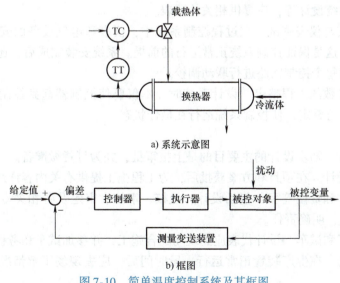

图 7-10 简单温度控制系统及其框图

阀，改变控制阀的开度使输入换热器的载热体流量发生变化以维持温度的稳定。

对于不同的简单控制系统，虽然被控对象、被控变量不同，但都可以用相同的框图来表示，这是简单控制系统所具有的共性。在这些控制系统中，检测元件检测到被控变量，由变送器转换为标准信号，当系统受到扰动时，检测信号与设定值之间就有偏差，其偏差值按一定的控制规律运算，并输出信号驱动执行机构改变操纵变量，使被控变量回复到设定值。

下面将从过程控制系统设计的主要内容及步骤、控制方案设计等方面，介绍简单控制系统的设计思想和设计原则，包括被控变量和操纵变量的选择、被控变量的检测与变送、控制阀的选择、控制器控制规律的选择，以及控制器参数的整定和控制系统的投运等。

7.2.2 过程控制系统的设计概念

在进行简单控制系统设计之前，必须对过程控制系统的设计有所了解。首先，要求自动控制系统设计人员在掌握较为全面的自动化专业知识的同时，还要尽可能多地熟悉所要控制的工艺装置对象；其次，要求自动化专业技术人员与工艺专业技术人员进行必要的交流，共同讨论确定自动控制方案；第三，一定要遵守行业相关的标准、行规，按照科学合理的程序进行。

1. 设计内容

一般来说，过程控制系统的设计主要包括以下内容。

（1）确定控制方案　首先，要确定整个系统的自动化水平，然后才能进行各个具体控制系统方案的讨论确定。对于比较大的控制系统工程，更要从实际情况出发，反复多方论证，以避免大的失误。控制系统的方案设计是整个设计的核心，是关键的第一步，要通过广泛的调研和反复的论证来确定控制方案，它包括被控变量的选择与确认、操纵变量的选择与确认、检测点的初步选择绘制出带控制点的工艺流程图和编写初步控制方案设计说明书等。

（2）仪表及装置的选型　根据已经确定的控制方案进行仪表及装置的选型，要考虑到供货方的信誉，产品的质量、价格、可靠性、精度，供货方便程度，技术支持以及维护等因素，并绘制相关的图表。

（3）相关工程内容的设计　包括控制室设计、供电和供气系统设计、仪表配管和配线设计、联锁保护系统设计等，应提供相关的图表。

（4）工程安装与仪表调试　在过程控制系统中，仪表和电气设备的安装以及信号线路的连接必须正确，这是保证控制系统正常运行的前提。系统安装完成后，还必须对每台仪表进行单独调校，对每个控制回路进行联动调校。

（5）控制器参数的工程整定　设计系统时，不仅要使控制器起到控制作用，而且必须对控制器的参数进行整定，使控制系统运行在最佳状态。

2. 设计步骤

（1）初步设计　初步设计的主要目的是上报审批，并为订货做准备。

（2）施工图设计　在项目和方案获批后，为工程施工提供有关内容详细的设计资料。

（3）设计文件和责任签字　包括设计、校核、审核、审定及各相关专业负责人员的会签等，以严格把关，明确责任。

（4）参与施工和试车　设计代表应到现场配合施工，并参加试车和考核。

（5）设计回访　在生产装置正常运行一段时间后，应去现场了解情况，听取意见，总结经验。

7.2.3 简单控制系统控制方案的设计

简单控制系统控制方案设计的主要内容包括被控参数和控制参数的合理选择，信息的获取与变送，控制阀的选择，控制器参数的整定及控制规律的选择等方面。

简单控制系统方案的设计

1. 被控变量的选择

被控变量的选择是控制系统设计中的关键问题。在实践中，该变量的选择以工艺人员为主，自控人员为辅，因为对控制的要求是从工艺角度提出的。但自动化专业技术人员也应多了解工艺，多与工艺人员沟通，从自动控制的角度提出建议。工艺人员与自动化专业技术人员之间的相互交流与合作，有助于选择好控制系统的被控变量。

在过程控制工业装置中，为了实现预期的工艺目标，往往有许多个工艺变量或参数可以被选择作为被控变量，也只有在这种情况下，被控变量的选择才是重要的问题。在多个变量中选择被控变量应遵循下列原则：

1）尽量选择对产品的产量和质量、安全生产、经济运行和环境保护具有决定性作用的、可按工艺操作的要求直接测量的工艺参数（如温度、压力及流量等）作为被控变量。

2）当不能用直接测量的参数作为被控变量时，可选择一个与直接测量的参数有单值函数关系、满足工艺合理性的间接参数作为被控变量。

3）被控变量必须具有足够大的灵敏度且线性度好，滞后要小，以利于得到高精度的控制质量。

4）必须考虑工艺流程的合理性和自动化仪表及装置的现状。

2. 操纵变量的选择

在选定被控变量之后，要进一步确定控制系统的操纵变量（或调节变量）。实际上，被控变量与操纵变量是放在一起综合考虑的。操纵变量的选取应遵循下列原则：

1）操纵变量必须是工艺上允许调节的变量。

2）操纵变量应该是系统中所有被控变量的输入变量中对被控变量影响最大的一个。控制通道的放大倍数 K 要尽量大一些，时间常数 T 要适当小些，滞后时间应尽量小。

3）不宜选择代表生产负荷的变量作为操纵变量，以免产量发生波动。

3. 控制规律及控制器作用方向的选择

在控制系统中，仪表选型确定以后，对象的特性是固定的；测量元件及变送器的特性比较简单，一般也是不可改变的；执行器与阀门定位器可有一定程度的调整，但灵活性不大；主要可以改变的就是控制器的参数。系统设置控制器的目的，也是通过它改变整个控制系统的动态特性，以达到控制的目的。

控制器的控制规律对控制质量影响很大。根据不同的过程特性和要求，选择相应的控制规律，以获得较高的控制质量；确定控制器作用方向，以满足控制系统的要求，也是系统设计的一个重要内容。

（1）控制规律的选择　控制器控制规律主要根据过程特性和要求来选择。

1）位式控制。常见的位式控制有双位和三位两种。它一般适用于滞后较小、负荷变化不大也不剧烈、控制质量要求不高、允许被控变量在一定范围内波动的场合，如恒温箱、电阻炉等的温度控制。

2）比例控制。它是最基本的控制规律。当负荷变化时，克服扰动能力强，控制作用及时，过渡过程时间短，但过程终了时存在余差，且负荷变化越大余差也越大。比例控制适用于控制通道滞后较小、时间常数不太大、扰动幅度较小、负荷变化不大、控制质量要求不高、允许有余差的场合，如储罐液位、塔釜液位的控制和不太重要的蒸汽压力的控制等。

3）比例积分控制。引入积分作用能消除余差，故比例积分控制是使用最多、应用最广的控制规律。但是，加入积分作用后要保持系统原有的稳定性，必须加大比例度（削弱比例作用），这就会导致控制质量有所下降，如最大偏差和振荡周期相应增大，过渡过程时间加长。对于控制通道滞后小、负荷变化不太大、工艺上不允许有余差的场合，如流量或压力的控制，采用比例积分控制规律可获得较好的控制质量。

4）比例微分控制。引入了微分，会有超前控制作用，能使系统的稳定性增加，最大偏差和余差减小，加快控制过程，改善控制质量，故比例微分控制适用于过程容量滞后较大的场合。对于滞后很小和扰动作用频繁的系统，应尽可能避免使用微分控制。

5）比例积分微分控制。微分作用对于克服容量滞后有显著效果，对克服纯滞后是无能为力的。在比例作用的基础上加上微分作用能提高系统的稳定性，加上积分作用能消除余差，又有 δ、T_I、T_D 三个可以调整的参数，因而可以使系统获得较高的控制质量。它适用于容量滞后大、负荷变化大、控制质量要求较高的场合，如反应器、聚合釜的温度控制。

(2) 控制器作用方向的选择　对于一个闭环控制系统来说，要使系统稳定，必须采用负反馈。因此，在实际系统分析时，为了能保证构成负反馈控制系统，应首先考虑被控对象、控制阀、测量变送器等各环节的放大倍数是正还是负，再根据负反馈控制系统各环节放大倍数符号乘积必须为负的要求，确定控制器的正反作用方向。

各环节放大倍数正负的确定方法是：若输入增加，输出也增加，则该环节放大倍数符号为正；若输入增加，输出减小，则该环节放大倍数符号为负。

对象的放大倍数可以是正，亦可以是负，例如，在液位控制系统中，控制阀装在入口处对象的放大倍数是正的，如图 7-11a 所示；如果装在出口处，则对象的放大倍数是负的，如图 7-11b 所示。

在控制阀中，气开控制阀的放大倍数是正的，气关控制阀的放大倍数是负的。检测元件和变送器的放大倍数一般为正。

对于控制器，如果测量值增加，输出也增加，则为正作用；反之，则为负作用。

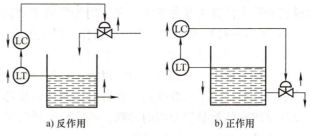

图 7-11　液位控制系统控制器作用方向的选择
a) 反作用　　b) 正作用

确定控制器正反作用次序的步骤是：首先，根据生产工艺安全等原则确定控制阀的气开、气关形式；然后按被控对象特性确定其正、反作用；最后，根据组成闭环系统必须是负反馈的原则确定控制器的正反作用方向。

【例 7-1】　在图 7-11 所示的液位控制系统中，当操纵变量分别选择为进料量和出料量时，试确定控制器的正反作用方向。

如果操纵变量选择为进料量并选择气开阀，则进料阀开度增加，液位升高，因此对象的放大倍数为正；液位升高，检测变送环节的输出增加，则检测变送环节的放大倍数为正；控制阀选择为气开阀，则放大倍数也为正；为保证控制系统负反馈，则应选择控制器放大倍数为负，即反作用控制器，如图 7-11a 所示。

如果操纵变量选择为出料量并选择气开阀，则出料阀开度增加，液位下降，因此对象的放大倍数为负；液位升高，检测变送环节的输出增加，则检测变送环节的放大倍数为正；控制阀选择为气开阀，则放大倍数也为正；为保证控制系统负反馈，则应选择控制器放大倍数为正，即正作用控制器，如图 7-11b 所示。

4. 单回路控制系统设计举例

【例 7-2】 物料加热器如图 7-12 所示，其生产工艺概况如下：在生产过程中，冷物料通过加热器经蒸汽对其加热。工艺要求：被加热物料在加热器出口处的温度为某一定值，且不允许温度过高，否则会导致物料分解，试进行控制系统设计。

1）选择被控变量。根据生产工艺要求，被加热物料在加热器出口处的温度为一定值，故选择物料出口处的温度为被控变量。

2）选择操纵变量。在生产过程中，影响加热器出口温度的因素主要有进入加热器的冷物料流量、初温及蒸汽的压力与流量等。在这些因素中，被加热物料的初温在某一段时间中变化不大，可近似认为不变。冷物料的流量变化对出口温度有较大影响，但该流量本身为生产过程中的负荷，

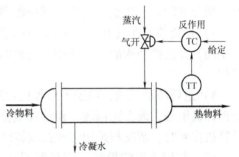

图 7-12 物料加热器控制方案

不适合作为操纵变量。蒸汽压力在总管上常设计有压力恒值控制系统，因此，压力几乎不会影响出口温度。最终，选择蒸汽的流量作为操纵变量，通过调节蒸汽流量的大小来满足加热器出口温度恒定的要求。

3）确定系统控制方案。该系统采用单回路温度控制系统，其控制方案如图 7-12 所示。

4）选择控制器的控制规律。根据工艺要求，加热器出口温度为一定值，即无余差，则应选用比例积分控制规律。考虑到温度具有容量滞后的特性，则需要加入微分作用，即控制规律选择为比例积分微分控制。

5）选择控制阀。正常时，控制阀打开供应蒸汽，当温度过高时，为避免物料分解，应关闭控制阀，因此选择气开式。

6）选择控制器的作用方向。该控制系统的控制阀为气开式，所以为正作用；对过程对象进行分析可知，当蒸汽量越大时，出口物料温度越高，因此，过程对象为正作用；设测量变送环节为正作用，为了保证系统为负反馈控制系统，控制器必须选择反作用方式。

7.2.4 简单控制系统的投运和控制器参数的工程整定

生产过程自动控制系统各组成部分根据工艺要求设计好并完成仪表的安装和调校后，就要进行系统的投入运行（简称投运）。控制系统的投运就是将系统从手动工作状态切换到自动工作状态。

1. 简单控制系统的投运工作

简单控制系统安装完毕或是经过停车检修后，就要（重新）投入运行。在控制系统投

入运行前必须进行全面细致的检查和准备工作。

(1) 投入运行前的准备工作　投运前，首先应熟悉工艺过程，了解主要工艺流程和对控制指标的要求，以及各种工艺参数之间的关系。熟悉控制方案，熟悉测量元件、控制阀的位置及管线走向，熟悉紧急情况下的故障处理。投运前的主要检查工作有如下几项。

1) 对检测元件、变送器、控制器、显示仪表及控制阀等各仪表进行检查，确保仪表能正常使用。

2) 对各连接管线、接线进行检查。检查管线是否接错及通断情况，是否有堵、漏现象，保证管线连接正确和线路畅通。例如，孔板上下游导压管与变送器高低压端应正确连接；导压管和气动管线必须畅通，中间不得堵塞；热电偶正负极与补偿导线极性、变送器、显示仪表应正确连接；三线制或四线制热电阻应正确接线等。

3) 应设置好控制器的正反作用方式、手自动开关位置等，并根据经验或估算预置比例、积分和微分参数值，或者先将控制器设置为纯比例作用，比例度置于较大位置。

4) 检查控制阀气开、气关形式的选择是否正确，关闭控制阀的旁路阀，打开上下游的截止阀，并使控制阀能灵活开闭。安装阀门定位器的控制阀时，应检查阀门定位器能否正确动作。

5) 进行联动试验，用模拟信号代替测量变送信号，检查控制阀能否正确动作，仪表是否正确显示等；改变比例度、积分和微分时间常数，观察控制器输出的变化是否正确。采用计算机控制时，情况与采用常规控制器时相似。

(2) 控制系统的投运　当控制器从手动位置切换到自动位置时，要求为无扰动切换。也就是说，从手动切换到自动过程中，不应该破坏系统原有的平衡状态，即切换过程中不能改变控制阀的原有开度。

控制系统各组成部分的投运顺序如下：

1) 检测系统投运。温度、压力等检测系统的投运较为简单，可逐个开启仪表。对于采用差压变送器的流量或液位系统，应从检测元件的根部开始，逐个缓慢地打开根部阀、截止阀等。

2) 阀门手动遥控。把控制器置于手动位置，改变手动操作器的输出，使控制阀处于正常工况下的开度，将被控变量稳定在给定值上。

3) 控制器的投运。将控制器参数设定为合适的参数，通过手动操作使给定值与测量值相等（偏差为零）后，切入自动。观察系统过渡过程曲线，进行控制器参数调整，直到满意为止。

当系统正确投运、控制器参数整定好后，若其品质指标一直不能达到要求，则应考虑系统设计是否存在问题，如调节阀特性是否选择不当等。此时，应将系统由自动切换到手动，并研究解决方案。

2. 控制器参数的工程整定

整定控制器参数的方法很多，归纳起来可分为两大类：理论计算整定法和工程整定法。

理论计算整定法要求已知过程对象的数学模型，再使用时域或频域的分析方法进行理论计算得到，这种方法工作量大，可靠性不高，因此多用于理论研究中进行各种控制方案比较时用。

对于工程整定法，工程技术人员无需确切知道对象的数学模型，无需具备理论计算所必需的控制理论知识,就可以在控制系统中直接进行整定,因而比较简单、实用,在实际工程中应用广泛。常用的工程整定法有经验法、临界比例度法和衰减曲线法等。

(1)经验法　这种方法实质上是一种经验试凑法,是工程技术人员在长期生产实践中总结出来的。它不需要进行事先的计算和实验,而是根据运行经验,先确定一组控制器参数经验数据,见表7-7,并将系统投入运行,通过观察人为加入扰动(改变设定值)后的过渡过程曲线,再根据各种控制作用对过渡过程的不同影响来改变相应的控制参数值,如此进行反复试凑,直到获得满意的控制品质为止。

表7-7　控制器参数经验数据

被控变量	规律的选择	比例度 δ(%)	积分时间常数 T_I/min	微分时间常数 T_D/min
流量	对象时间常数小,参数有波动,δ要大,T_I要短,不用微分	40~100	0.3~1	—
温度	对象容量滞后较大,即参数受扰动后变化迟缓,δ要小,T_I要长,一般需要加微分	20~60	3~10	0.5~3
压力	对象的容量滞后不大,一般不加微分	30~70	0.4~3	—
液位	对象时间常数范围较大,要求不高时,δ可在一定范围内选取,允许有余差时,可不用积分,一般不用微分	20~80	—	—

由于比例作用是最基本的控制作用,经验法主要通过调整比例度 δ 的大小来满足品质指标。整定途径有以下两条:

1)先用单纯的比例(P)作用,即寻找合适的比例度 δ,将人为加入扰动后的过渡过程调整为4:1的衰减振荡过程。

然后加入积分(I)作用,一般先取积分时间常数 T_I 为衰减振荡周期的一半左右。由于积分作用将使振荡加剧,在加入积分作用之前,要先减弱比例作用,通常将比例度增大10%~20%。调整积分时间常数的大小,直到出现4:1的衰减振荡。

需要时,最后加入微分(D)作用,即从零开始,逐渐加大微分时间常数 T_D。由于微分作用能抑制振荡,在加入微分作用之前,可把比例度调整到比纯比例作用时更小些,还可把积分时间常数也缩短一些。通过微分时间常数的试凑,使过渡时间最短、超调量最小。

2)先根据表7-7选取积分时间常数 T_I 和微分时间常数 T_D,通常取 T_D =(1/4~1/3)T_I,然后对比例度 δ 进行反复试凑,直至得到满意的结果。如果开始时 T_I 和 T_D 设置得不合适,则有可能得不到要求的理想曲线。这时,应适当调整 T_I 和 T_D,再重新试凑,使曲线最终符合控制要求。

经验法适用于各种控制系统,特别适用于对象扰动频繁、过渡过程曲线不规则的控制系统。但是,使用此法主要靠经验,对于缺乏经验的操作人员来说,整定所花费的时间较多。

(2)临界比例度法　所谓临界比例度法,是在系统闭环的情况下,用纯比例控制的方法获得临界振荡数据,即临界比例度 δ_k 和临界振荡周期 T_k,然后利用一些经验公式,求取满足4:1衰减振荡过渡过程的控制器参数。临界比例度法控制器参数计算表(4:1衰减比)见表7-8。具体整定步骤如下:

表7-8 临界比例度法控制器参数计算表（4:1衰减比）

控制规律	比例度 δ（%）	积分时间常数 T_I/min	微分时间常数 T_D/min
P	$2\delta_k$		
PI	$2.2\delta_k$	$0.8T_k$	
PD	$1.8\delta_k$		$0.1T_k$
PID	$1.7\delta_k$	$0.5T_k$	$0.125T_k$

1）将控制器的积分时间常数放在最大值（$T_I = \infty$），微分时间常数放在最小值（$T_D = 0$），比例度 δ 放在较大值后，使系统投入运行。

2）逐渐减小比例度，且每改变一次 δ 值时，都通过改变设定值给系统施加一个阶跃扰动，同时观察系统的输出，直到过渡过程出现等幅振荡为止，如图7-13所示。此时的过渡过程称为临界振荡过程，δ_k 为临界比例度，T_k 为临界振荡周期。

3）利用 δ_k 和 T_k 这两个试验数据，按表7-8中的相应公式，求出控制器的各整定参数。

4）将控制器的比例度换成整定后的值，然后依次加入积分时间常数和微分时间常数的整定值。如果加入扰动后，过渡过程与4:1衰减还有一定差距，可适当调整 δ 值，直到过渡过程满足要求。

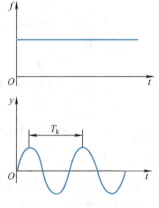

图7-13 临界比例度法

临界比例度法应用起来简单方便，但必须注意以下几点：

1）此方法在整定过程中必定出现等幅振荡，因而限制了使用场合。对于工艺上不允许出现等幅振荡的系统（如锅炉水位控制系统），就无法使用该方法；对于某些时间常数较大的单容对象（如液位对象或压力对象），在纯比例作用下是不会出现等幅振荡的，因此不能获得临界振荡的数据，从而也无法使用该方法。

2）使用该方法时，控制系统必须工作在线性区，否则得到的持续振荡曲线可能是极限值，不能依据此时的数据来计算整定参数。

(3) 衰减曲线法 该方法与临界比例度法的整定过程有些相似，也是在闭环系统中先将积分时间置于最大值，微分时间置于最小值，比例度置于较大值，然后使设定值的变化作为扰动输入，逐渐减小比例度 δ 值，观察系统的输出响应曲线。按照过渡过程的衰减情况改变 δ 值，直到系统出现4:1的衰减振荡，如图7-14所示。记下此时的比例度 δ_S 和衰减振荡周期 T_S，然后根据表7-9的相应经验公式，求出控制器的整定参数。

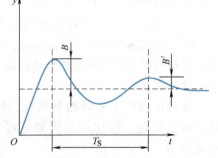

图7-14 4:1衰减曲线法

衰减曲线法对大多数系统均可适用，且由于试验过渡过程振荡的时间较短，又都是衰减振荡，易为工艺人员所接受，故这种整定方法应用较为广泛。

表 7-9 衰减曲线法控制器参数计算表（4∶1 衰减比）

控制规律	比例度 δ（%）	积分时间常数 T_I/min	微分时间常数 T_D/min
P	δ_S		
PI	$1.2\delta_S$	$0.5T_S$	
PID	$0.8\delta_S$	$0.3T_S$	$0.1T_S$

应用衰减曲线法整定控制器参数时，需要注意以下几点：

1) 对于反应较快的流量、管道压力及小容量的液位控制系统，要在记录曲线上认定 4∶1 衰减曲线和读出 T_S 比较困难，此时，可用记录指针来回摆动两次就达到稳定作为 4∶1 衰减过程。

2) 在生产过程中，负荷变化会影响对象特性，从而会影响 4∶1 衰减法的整定参数值。当负荷变化较大时，必须重新整定控制器参数值。

3) 该方法对工艺扰动作用强烈且频繁的控制系统不适用，因为此时过渡过程曲线极不规则，无法正确判断 4∶1 衰减曲线。

一般情况下，按上述几种方法即可调整控制器的参数。但有时仅从作用方向还难以判断应调整哪一个参数，这时，需要根据曲线形状做进一步判断并进行参数调整。为了便于调试人员进行 PID 参数整定，人们编写了 PID 调节的速记口诀，具体如下：

参数整定找最佳，从小到大顺序查。
先是比例后积分，最后再把微分加。
曲线振荡很频繁，比例系数要放大。
曲线漂浮绕大弯，比例系数往小扳。
曲线偏离回复慢，积分时间往下降。
曲线波动周期长，积分时间再加长。
曲线振荡频率快，先把微分降下来。
动差大来波动慢，微分时间应加长。
理想曲线两个波，前高后低四比一。
一看二调多分析，调节质量不会低。

虽然提供了速记口诀，但即使对同一条过渡过程曲线，由不同经验、不同水平的人来看，也可能得出不同的结论，因此，这种方法适用于现场经验丰富、技术水平较高的专业人员使用。

7.3 复杂控制系统

简单控制系统是最基本、应用最广泛的一种控制形式。然而随着工业的发展、生产工艺的更新、生产规模的大型化和生产过程的复杂化，必然导致各变量间的相互关系更加复杂、对操作的要求更加严格；同时，现代化生产对产品质量的要求越来越高，对控制手段的要求也越来越高。为了适应更高层次的要求，在简单控制系统的基础上，出现了串级、均匀、比值、分程、前馈及选择等复杂控制系统以及一些新型控制系统，现分别介绍如下。

7.3.1 串级控制系统

在复杂控制系统中,串级控制系统是应用最早、效果最好及使用最广泛的一种。它的特点是将两个控制器串接,主控制器的输出作为副控制器的给定。这种系统适用于时间常数及纯滞后较大的被控对象。

串级控制系统

1. 串级控制的目的

以精馏塔为例,保证精馏塔塔底产品的分离纯度是精馏塔的一项核心工作。而直接检测纯度是很难的,所以只能以与纯度有单值对应关系的塔底温度这个间接变量作为被控变量,以对塔底温度影响最大的加热蒸汽作为操纵变量组成单回路控制系统,如图 7-15a 所示。当负荷发生变化时,可通过温度变送器、控制器及控制阀组成的单回路控制系统去克服扰动的影响,保证塔底温度恒定。

但是,由于精馏塔温度滞后大,蒸汽流量的变化要经塔釜温度变化后,控制器才能做出反应,去控制蒸汽流量。而流量改变后,又要经过一段时间,才能影响塔底温度。这样,如果蒸汽流量频繁波动,控制器既不能及早发现扰动,又不能及时做出反应而影响了控制效果,所以这种方案并不十分理想。因此,使蒸汽流量平稳就成了一个非解决不可的问题,图 7-15b 就是保持蒸汽流量稳定的控制方案。这种方案克服了蒸汽流量波动这一点,但是对精馏塔而言,不仅要考虑蒸汽流量对塔底温度的影响,还要考虑其他因素对塔底温度的影响,如果能将二者结合起来,即将最主要、最强的扰动(蒸汽流量波动)以图 7-15b 的方式预先处理(粗调),稳定住蒸汽流量,以减少对塔底温度的影响,而其他扰动的影响最终用图 7-15a 的方式彻底解决(细调),即将温度控制器的输出串接在流量控制器的外给定上,使流量控制器随温度控制器的需要而动作。由于出现了信号相串联的形式,故称这种系统为**串级控制系统**,如图 7-15c 所示。

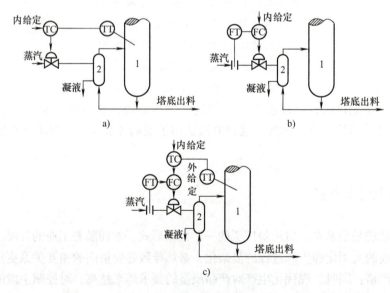

图 7-15 精馏塔温度控制系统
1—精馏塔塔釜 2—再沸器

2. 串级控制系统的组成

由前面的分析可知，串级控制系统中有两个测量变送器、两个控制器、两个对象、一个控制阀。为了便于区分，用"主""副"来对其进行描述，故有如下的常用术语。

1) 主变量：工艺最终要求控制的被控变量，如图 7-15c 中精馏塔塔釜的温度。

2) 副变量：为稳定主变量而引入的辅助变量，如图 7-15c 中的蒸汽流量。

3) 主对象：表征主变量的生产设备，如图 7-15c 中包括再沸器在内的精馏塔塔釜至温度检测点之间的工艺设备。

4) 副对象：表征副变量的生产设备，如图 7-15c 中的蒸汽管道。

5) 主控制器：按主变量与工艺给定值的偏差工作，其输出作为副控制器的外给定值，在系统中起主导作用，如图 7-15c 中的 TC。

6) 副控制器：按副变量与主控制器来的外给定值的偏差工作，其输出直接操纵控制阀，如图 7-15c 中的 FC。

7) 主测量变送器：对主变量进行测量及信号转换的变送器，如图 7-15c 中的 TT。

8) 副测量变送器：对副变量进行测量及信号转换的变送器，如图 7-15c 中的 FT。

9) 主回路：是指由主测量变送器，主、副控制器、执行器和主、副对象构成的外回路，又叫主环或外环。

10) 副回路：是指由副测量变送器、副控制器、执行器和副对象构成的内回路，又称副环或内环。

串级控制系统的组成框图如图 7-16 所示。

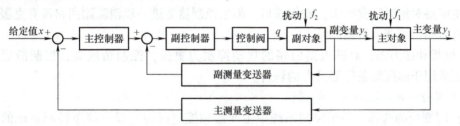

图 7-16　串级控制系统组成框图

3. 控制过程分析

正常情况下，进料温度、压力、组分稳定，蒸汽压力、流量也稳定，则塔底温度也就稳定在给定值。一旦扰动出现，上述平衡就会被破坏。下面以图 7-15c 为例，就扰动出现位置的不同进行分析。

（1）扰动进入副回路　如蒸汽流量（或压力）变化。该扰动首先影响副回路，使副回路的测量值偏离外设定值，流量控制系统依据这个偏差进行工作，改变执行器的开度，从而使流量稳定。如果扰动幅度较小，流量控制系统可以使主变量（塔釜温度）基本不受影响。若扰动幅度较大，由于副环的控制作用，即使对主变量有些影响，也是很小的，可以由主环进一步消除。

（2）扰动进入主回路　如进料温度变化。该扰动直接进入主回路，使塔釜温度受到影响，偏离给定值，它与给定值间的偏差使主控制器的输出发生变化，从而使副控制器的给定值改变。该给定值与副变量（蒸汽流量）之间也出现偏差，偏差可能很大，于是副控制器采取强有力的控制作用，使蒸汽流量大幅度变化，从而使塔釜温度很快回到给定值。因此，对于进入主回路的扰动，串级控制系统也要比简单控制系统的控制作用更快更有力。

（3）扰动同时进入主、副回路　如果上述两种扰动同时存在，且作用方向相同，即蒸汽流量与进料温度的变化均使塔釜温度升高，此时，主控制器 TC 输出减小，而副控制器 FC 的测量值增加，因此，副控制器 FC 的输出会大大减小，使控制阀的开度大幅度减小，蒸汽流量大大减小，从而阻止蒸汽流量和塔釜温度上升的趋势；如果两种扰动的变化使塔釜的温度下降，则情况与上述过程类似，作用方向相反，最终使控制阀开度大幅增加，以增加蒸汽流量。通过主、副控制器的配合工作，会产生比简单控制系统大几倍甚至几十倍的控制作用，抗扰动能力更强，控制质量将得到极大的改善。另一种情况是：两种扰动的作用方向相反，即对主变量的影响一个增加、一个减小。这种情况是有利于控制的，在一定程度上扰动相互作用会抵消一部分，剩下未被抵消的一部分对主变量的扰动程度有所降低，此时只需控制阀稍加动作，即可使系统平稳。

综上所述，串级控制系统有很强的克服扰动的能力，特别是对进入副环的扰动，控制力度更大。

4. 串级控制的特点

1）主回路为定值控制系统，而副回路是随动控制系统。

2）结构上是主、副控制器串联，主控制器的输出作为副控制器的外给定，形成主、副两个回路，系统通过副控制器操纵执行器。

3）副回路对象时间常数小，动作迅速，但控制不一定精确，具有先调、粗调、快调的特点；主回路对象时间常数大，动作滞后，但主控制器能进一步消除副回路没有克服掉的扰动，具有后调、细调、慢调的特点。

4）抗扰动能力强，对进入副回路的扰动抑制力更强，控制精度高，控制滞后小。因此，特别适用于温度对象等滞后大的场合。

5. 串级控制系统控制方案的设计

（1）副变量的选择　串级控制系统中主变量和控制阀的选择与简单控制系统的被控变量与控制阀的选用原则相同。副变量的选择是设计串级控制系统的关键，在选择过程中应考虑以下原则：

1）副回路应包括尽可能多的扰动，尤其是主要扰动。

2）尽量不要把纯滞后环节包含在副回路中，以提高副回路的快速抗扰动能力。

3）主、副对象的时间常数不能太接近。副对象的时间常数应小于主对象的时间常数，一般主、副对象的时间常数之比为 3~10。

（2）主、副控制器控制规律的选择　串级控制系统主、副回路所发挥的控制作用是不同的。主控制器的控制目的是稳定主变量，主变量是工艺操作的主要指标，它直接关系到生产的平稳、安全或产品的质量和产量，一般情况下对主变量的要求是较高的，要求没有余差（即无差控制），因此，主控制器一般选择比例积分微分（PID）规律或比例积分（PI）控制规律。副变量的设置目的是稳定主变量，其本身可在一定范围内波动，因此，副控制器一般选择比例（P）作用，积分作用很少使用，因为它会使控制时间变长，在一定程度上减弱了副回路的快速性和及时性。但在以流量为副变量的控制系统中，为了保持系统稳定，可适度引入积分作用。副控制器的微分作用是不需要的，因为当副控制器有微分作用时，一旦主控制器输出稍有变化，就容易引起控制阀大幅度变化，这对系统稳定是不利的。

（3）主、副控制器正、反作用方式的选择　串级控制系统控制器正、反作用方式的选择依据也是为了保证整个系统构成负反馈，先确定控制阀的开关形式，再进一步判断控制器的正、反作用方式。副控制器正、反作用的确定同简单控制系统一样，只要把副回路当作一个简单控制系统即可。

确定主控制器正、反作用方式的方法是：首先，把整个副回路等效为放大倍数为正的环节，而主变送器放大倍数一般为正，那么整个主回路中决定主控制器正、反作用的就是主对象的作用方向了。也就是说，若主对象为正作用，则主控制器为负作用；若主对象为反作用，则主控制器为正作用。

【例 7-3】　图 7-17 为一管式加热炉串级控制系统。工艺要求加热炉出口温度不允许过高，否则物料会分解，甚至烧坏炉管。试确定主、副控制器的作用方向。

根据工艺要求，加热炉出口温度不允许过高，所以当气源中断时，应停止供给燃料，则执行器选气开阀，即正方向。当燃料量增加时，炉膛温度 θ_2（副变量）增加，副对象为正方向。为使副回路构成一个负反馈系统，副控制器 T_2C 选择反作用方向。当控制阀打开时，加热炉出口温度 θ_1（主变量）也增加，因此主对象为正作用，则主控制器 T_1C 为反作用方向。

【例 7-4】　图 7-18 为一冷却器串级控制系统。工艺要求冷却器出口温度不能过低。试确定主、副控制器的作用方向。

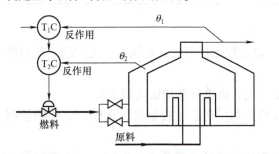

图 7-17　管式加热炉串级控制系统

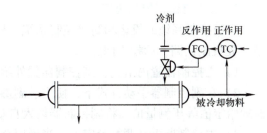

图 7-18　冷却器串级控制系统

根据工艺要求，冷却器出口温度不允许过低，所以当气源中断时，应停止供给冷剂，则执行器选气开阀，即正方向。当冷剂加大时，冷剂流量（副变量）增加，副对象为正方向。为使副回路构成一个负反馈系统，副控制器 FC 选择反作用方向。当控制阀打开时，冷却器出口温度 θ（主变量）下降，因此主对象为反作用，则主控制器 TC 为正作用方向。

6. 串级控制系统的参数整定

串级控制系统设计完成后，通常需要进行控制器的参数整定才能使系统运行在最佳状态。整定串级控制系统参数时，首先要明确主、副回路的作用，以及对主、副变量的控制要求。实践中，串级控制系统的参数整定方法有两种：两步整定法和一步整定法。

（1）两步整定法　这是一种先整定副控制器，后整定主控制器的方法。当串级控制系统主、副对象的时间常数相差较大，主、副回路的动态联系不紧密时，应采用此法。

1）先整定副控制器。主、副回路均闭合，主、副控制器都置于纯比例作用，将主、副控制器的比例度 δ 置于 100%，用简单控制系统整定法整定副回路，得到副变量按 4∶1 衰减

时的比例度 δ_{2S} 和振荡周期 T_{2S}。

2）整定主回路。主、副回路仍闭合，副控制器比例度置于所求得的 δ_{2S} 值上，用同样的方法整定主控制器，求得按 4∶1 衰减时主变量的比例度 δ_{1S} 和振荡周期 T_{1S}。

3）依据两次整定得到的 δ_{2S}、T_{2S} 及 δ_{1S}、T_{1S} 的值，按所选的控制器类型利用表 7-9 中的计算公式，算出主副控制器的比例度、积分时间和微分时间。

4）按"先副后主""先比例后积分再微分"的整定顺序，设置主、副控制器的参数，再观察过渡过程曲线，必要时进行适当调整，直到过程的动态品质满意为止。

（2）一步整定法　两步整定法虽然能满足主、副变量的要求，但是在整定过程中要寻求两个 4∶1 的衰减振荡过程，比较麻烦。为了简化步骤，也可采用一步整定法。

一步整定法就是根据经验先将副控制器的参数一次性设定好，不再变动，然后按照简单控制系统的整定方法直接整定主控制器的参数。在串级控制系统中，主变量是直接关系到产品质量或产量的指标，一般要求比较严格；而对副变量的要求不高，允许其在一定范围内波动。

实际工程证明这种方法是很有效果的。经过大量实践经验的积累，总结得出不同副变量类型的副控制器比例度经验值，见表 7-10。

表 7-10　副控制器比例度经验值

副变量类型	温度	压力	流量	液位
比例度（%）	20~60	30~70	40~80	20~80

7. 串级控制系统的投运方法

串级控制系统的投运和简单控制系统一样，要求投运过程无扰动切换，投运的一般顺序是"先投副回路，后投主回路"。

1）主控制器置内给定，副控制器置外给定，主、副控制器均切换到手动。

2）在副控制器手动方式下，使主、副参数趋于稳定时，主控制器手动输出，使副控制器的给定值等于测量值，将副控制器切入自动。

3）主控制器手动调整给定值，当副回路控制稳定并且主参数也稳定时，将主控制器无扰动切入自动。

7.3.2　均匀控制系统

1. 均匀控制的目的

工业生产设备都是前后紧密联系的，前一设备的出料往往是后一设备的进料。在图 7-19 中，脱丙烷塔（简称 B 塔）的进料来自脱乙烷塔（简称 A 塔）的塔釜。对 A 塔来说，需要保证塔釜液位稳定，故有图 7-19 中的液位定值控制系统。而对 B 塔来说，希望进料量稳定，故有图 7-19 中的流量定值控制系统。假设扰动使 A 塔塔釜液位变化，则液位控制系统会使控制阀 1 开度变化，以使 A 塔液位达到定值控制要求。但这一动作的结果却使 B 塔进料量出现了较大波动，如图 7-20a 所示。

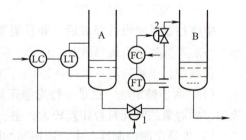

图 7-19　前后精馏塔的供求关系

反之，若把 B 塔的进料量控制为比较稳定的状态，则流量定值控制系统又会使 A 塔的液位波动加大，如图 7-20b 所示。这样，两塔的供需就出现了矛盾。

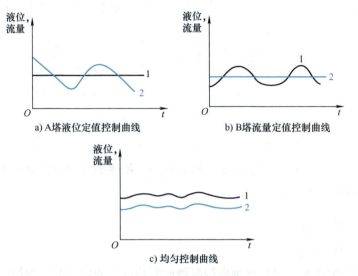

图 7-20　A 塔液位与 B 塔流量关系曲线
1—液位变化曲线　2—流量变化曲线

为了解决这种前后工序的供求矛盾，使两个变量之间能够互相兼顾和协调操作，就是均匀控制的目的。均匀控制是按系统所要完成的功能命名的。

2. 均匀控制的特点

多数均匀控制系统都是要求兼顾液位和流量两个变量，也有兼顾压力和流量的。其特点是：不是使被控变量保持不变（不是定值控制），而是使两个互相联系的变量都在允许的范围内缓慢变化。如图 7-20c 所示。

3. 均匀控制方案

（1）简单均匀控制系统　简单均匀控制系统如图 7-21a 所示，在结构上与一般的单回路定值控制系统是完全一样的，只是在控制器的参数设置上有所区别。为了使两个参数都均匀缓慢变化，控制器比例度应整定得大一些，一般在 100% 以上，以使系统过渡过程缓慢而无振荡地变化。

简单均匀控制系统的最大优点是结构简单、操作方便、成本低。但是，其控制效果较差。这种控制方案通常适用于扰动较小、对流量的均匀程度要求较低的场合。

（2）串级均匀控制系统　在上述例子中，塔压发生变化时，即使控制阀开度不变，流量也会随阀前后压差的变化而改变，等到流量的改变使液位发生变化后，液位控制器才会进行控制，显然，存在控制滞后的问题。所以，最好的办法就是构成串级均匀控制系统，如图 7-21b 所示。

串级均匀控制系统在结构上与前一节中的串级控制系统完全相同，但它不是用于提高塔釜液位的控制品质，而是尽可能使塔釜的流出流量平衡一些。

串级均匀控制系统副控制器参数的整定原则与一般定值流量控制系统相同，主控制器参数则应按照均匀控制系统的整定方法进行整定。

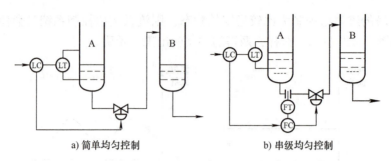

a) 简单均匀控制　　　　b) 串级均匀控制

图 7-21　均匀控制的两种方案

串级均匀控制系统能克服控制阀前后压差引起的扰动，使主、副参数变化均匀、缓慢、平衡，控制质量较高。所以，尽管系统结构较复杂，使用的自动化仪表较多，但在生产过程自动化中仍得到了广泛应用。

7.3.3　比值控制系统

1. 比值控制系统概述

工业过程中经常要按一定的比例控制两种或两种以上的物料量。例如，燃烧系统中的燃料与氧气量，参加化学反应的两种或多种化学物料量等。一旦比例失调，就会产生浪费，从而影响正常生产，甚至造成严重不良后果；而比例得当，则可以保证优质、高产、低耗。为此，控制工程师设计了比值控制系统。

凡是用来实现两种或两种以上物料按一定比例关系关联控制以达到某种控制目的的控制系统，称为比值控制系统。在比值控制系统中，需要保持比值关系的两种物料中必有一种处于主导地位，称此物料为主动量，通常用 F_1 表示，如燃烧比值系统中的燃料量；另一种物料称为从动量，通常用 F_2 表示，如燃烧比值系统中的空气量（氧含量）。比值控制系统就是要实现从动量 F_2 与主动量 F_1 的对应比值关系，即满足关系式：$F_2/F_1 = k$，k 为从动量与主动量的比值。

2. 比值控制系统的类型

比值控制系统主要有单闭环比值控制系统、双闭环比值控制系统和变比值控制系统。

（1）单闭环比值控制系统　单闭环比值控制系统在结构上与单回路控制系统一样。常用的控制方案有两种形式：一种是把主动量的测量值乘以某一系数后作为从动量控制器的给定值，这种方案称为相乘方案，是典型的随动控制系统，如图 7-22a 所示；另一种是把主动量与从动量的比值作为从动量控制器的被控变量，这种方案称为相除方案，是典型的定值控制系统，如图 7-22b 所示。

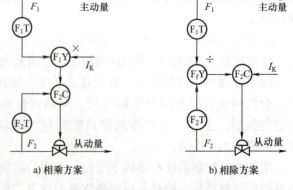

a) 相乘方案　　　　b) 相除方案

图 7-22　单闭环比值控制系统

（2）双闭环比值控制系统　由单闭环比值控制系统可知，系统中的主动量是开环的，没有受到控制。为了克服单闭环比值控制中主动量不受控、易受扰动的缺点，设计了双闭环比值控制系统，如图 7-23 所示。图 7-23a 所示为相乘方案，图 7-23b 所示为相除方案。与单闭环比值控制系统相比，**双闭环比值控制系统由一个定值控制的主动量回路和一个跟随主动量变化的从动量控制回路组成**。通过主动量控制回路可以克服主动量扰动，实现定值控制。从动量的控制与单闭环比值控制相同。这样，无论是主动量还是从动量，均比较稳定，系统运行相对平稳。因此，在工业生产过程中，当要求负荷变化较平稳时，可以采用这种控制方案。不过，该方案所用仪表较多，投资较高，而且投运也比较麻烦。

（3）变比值控制系统　单闭环比值控制和双闭环比值控制是实现两种物料流量间的定值控制，在系统运行过程中比值系数是不变的。但在有些生产过程中常要求两种物料流量的比值随第三个参数的需要而变化，为了满足这种控制要求，开发了变比值控制系统。如图 7-24 所示，在这个燃料控制系统中，被控变量为烟道气中的氧含量，将它作为第三个参数，而燃料与空气的比值实质上是由氧含量控制器给出的，从结构上分析可以看出，这种方案是以比值控制系统为副回路的串级控制系统。

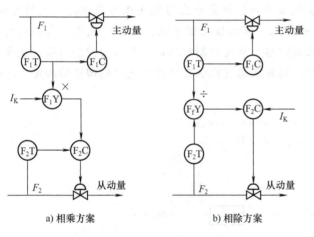

图 7-23　双闭环比值控制系统

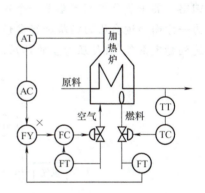

图 7-24　变比值控制系统

【企业案例】　离子膜烧碱装置中的控制系统

离子膜烧碱系统生产过程控制主要是针对烧碱生产过程中的温度、压力、流量、液位、浓度的检测控制和设备的连锁保护控制，整个离子膜烧碱控制系统按工序可分为一次盐水、电解、联合厂房、液氯合成、蒸发片碱等 5 个控制子系统。

在一次盐水工序，向粗盐水中加入化学药剂，通过过滤制得精制盐水。在电解工序，盐水通过树脂塔二次精制后，送到每台电解槽。精盐水在阳极室中电解产生氯气和淡盐水；阴极液由阴极入口总管送到阴极室，电解产生氢气和烧碱。联合厂房包括氯气处理、氢气处理、废气处理、冷冻、空压等。蒸发工序中将烧碱溶液经过降膜蒸发，最终制成片碱，通过半自动包装码垛后出售。以下介绍系统中的几种典型控制方案及仪表构成。

（1）电解槽盐水流量控制系统　采用复极式电解工艺中，需要严格控制进电解槽的盐水流量，控制系统可根据电解槽的电流大小来给定盐水的流量，控制系统流程图如图 7-25 所示。其中，流量计选择转子式流量计，盐水调节阀选用气动隔膜调节阀。

（2）电解槽纯水流量控制系统 在电解工艺中，阴极液浓度是主要的控制参数之一，它是通过纯水加入量的控制来实现的，控制系统流程图如图7-26所示。这是一套典型的串级控制系统，主控参数为阴极液浓度，副控参数为纯水流量。

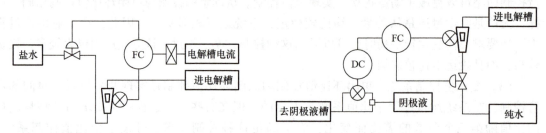

图7-25 电解槽盐水流量控制系统流程图　　　　图7-26 电解槽纯水流量控制系统流程图

（3）氯气-氢气压力控制系统 在离子膜生产中，电槽的阳极室和阴极室之间需要保持一定的压差，压差过大或过小，将对工艺产生破坏性的作用，而为了保证阳极室和阴极室之间的正常压差，电解后阳极室产生的氯气压力和阴极室产生的氢气压力应保持一定的比例。控制系统流程图如图7-27所示。这是一个双闭环比值控制系统，氯气、氢气各自组成控制回路，其中氯气控制回路是一个定值控制回路，氢气控制回路是一个随动控制回路，氯气压力一方面通过自己的回路进行定值控制，同时又通过比值器作为氢气控制回路的给定，从而达到稳定氯气-氢气压力差的作用。

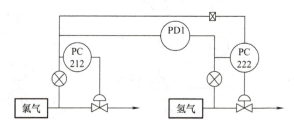

图7-27 氯气-氢气压力控制系统流程图

7.3.4 前馈控制系统

1. 前馈控制系统概述

在控制系统中，反馈控制的特点是扰动作用于系统，对被控变量产生影响，测量值与给定值比较出现偏差之后，控制器才对被控变量进行控制来克服扰动对它的影响，所以反馈控制是根据偏差进行控制的。显然，这种控制方式的控制作用是落后于扰动作用的，即控制不及时。然而，在一般工业控制对象上总是存在一定的容量滞后或纯滞后，当扰动出现时，往往不能及时在被控变量上显现出来，需要一定的时间才能反应，然后控制器才能发挥控制作用，而控制通道同样也会存在一定的滞后，这就必然使被控变量的波动幅度增大，偏差的持续时间变长，导致控制的过渡过程变长，相关指标变差，因而不能满足生产的要求。

由此设想，当扰动一出现就开始控制必然能提高控制速度。控制器直接根据扰动的大小和方向按照一定的规律进行控制，而不是等到扰动引起被控变量发生变化再控制，从而补偿扰动作用对被控变量的影响，这样的控制方式称为前馈控制。如果前馈控制作用选择得合适，理论上可以完全抵消掉扰动的影响。

图 7-28a 所示为换热器出口温度的单回路控制系统，它可以将换热器出口温度控制在某一数值，但它总是在扰动对出口温度产生影响之后才起作用，存在控制滞后的问题。而在图 7-28b 所示的控制系统中，在进料流量变化（如增加）的同时，使蒸汽阀门开大，靠加大蒸汽量抵消变化的冷物料的影响，将扰动克服在对出口温度产生影响之前，这就是前馈控制方案。但是，一种前馈只能克服一种扰动，而且控制的效果得不到检验。所以，常常将前馈与反馈结合起来构成前馈-反馈控制系统，如图 7-28c 所示。它可以用前馈来克服主要扰动，而用反馈来克服其他扰动，并可检验控制效果。

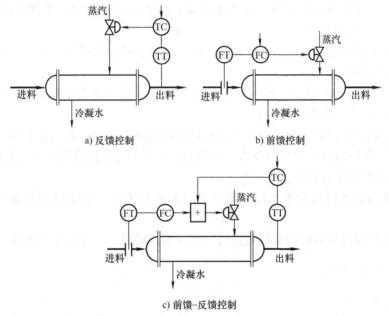

图 7-28 换热器的控制方案

2. 前馈控制的特点

1）前馈控制是按照扰动作用的大小和方向进行控制的，控制作用及时。表 7-11 是前馈控制和反馈控制特点的比较。

表 7-11 前馈控制与反馈控制特点比较

控制形式	控制所依据的信号	检测的信号	控制系统组态	控制作用发生的时间
反馈控制	被控变量的偏差大小	被控变量	闭环	偏差出现之后
前馈控制	扰动量的大小	扰动量	开环	偏差出现之前

2）前馈控制属于开环控制系统，这是前馈控制的不足之处。反馈控制系统是闭环控制，它能够不断地反馈控制结果，可以不断地修正控制作用。前馈控制不能对控制效果进行检验，所以应用前馈控制，必须更加清楚地了解对象的特性，才能够取得较好的前馈控制效果。

3）前馈控制器是专用控制器，与一般反馈控制系统所采用的通用 PID 控制器不同，前馈控制使用的是根据对象特性而定的"专用"控制器，前馈控制器的控制规律为对象的扰动通道与控制通道的特性之比。

4) 一种前馈作用只能克服一种扰动。前馈作用只能针对一个测量出来的扰动进行控制，对于其他扰动，由于该前馈控制器无法感知，因此，也就无能为力了。而在反馈控制系统中，只要是影响到被控变量的扰动都能克服。

3. 前馈控制的应用

（1）前馈控制的应用场合

1）系统中存在频繁且幅值大的扰动，这种扰动可测但不可控，对被控变量影响比较大，采用反馈控制难以克服，但工艺上对被控变量的要求又比较严格，可以考虑引入前馈回路来改善控制系统的品质。

2）当采用串级控制系统仍不能将主要扰动包含在副回路中时，采用前馈-反馈控制系统，可获得更好的控制效果。

3）当对象的控制通道滞后大时，反馈控制不及时，控制质量差，可采用前馈-反馈控制系统，以提高控制质量。

（2）通道特性对前馈控制的影响　由于被控对象的扰动通道和控制通道特性不同，在采用前馈控制时，会产生不同的效果。

1）当扰动通道的时间常数明显小于控制通道的时间常数时，扰动会很快作用到被控变量，使得前馈控制器输出很快达到极值，但仍无法补偿大部分扰动的影响。这种情况下，前馈对控制质量的改善是有限的。

2）当扰动通道的时间常数比控制通道的时间常数大时，反馈控制能获得较好的控制效果。

3）当两个控制通道的时间常数相近时，引入前馈可以大大改善控制质量。

7.3.5　其他控制系统

1. 分程控制系统

前面学习的各种过程控制方案（如单回路控制系统、串级控制系统等）都有着相同的特点，通常是一个控制器的输出只控制一个控制阀，组成系统的各环节（如检测器、变送器、控制器及控制阀等）一般都工作在较小的工作区域内，在系统出现较小的扰动时可以达到较好的控制效果。如果系统的工作条件不满足于较小的调节范围或系统受到较大扰动甚至出现事故时，系统的控制质量就可能满足不了被控对象的控制要求。分程控制系统通过有选择地切换控制通道，使各通道的各环节工作在不同区域内，从而扩大了系统的控制范围，有效提高了过程控制系统的控制能力，能够满足更高要求被控过程的控制指标。

分程控制系统是通过将一个控制器的输出分成若干个信号范围，每一个信号段分别控制一个控制阀，从而实现一个控制器对多个控制阀的开度控制，在较大范围内控制进入被控对象的能量或原料，实现对被控参数的控制。

分程控制的关键是采用了阀门定位器（电/气阀门定位器）。利用控制器输出不同区段的压力信号控制不同的阀门定位器（电/气阀门定位器），由相应的阀门定位器转化为20～100kPa的压力信号，使控制阀全行程动作。例如，控制阀A的阀门定位器的输入信号范围为20～60kPa，阀门定位器的输出（即控制阀的输入）信号范围是20～100kPa，控制阀A作全行程动作；控制阀B的阀门定位器输入信号范围是60～100kPa，使控制阀B全行程动作。也就是说，当控制器输出信号小于60kPa时，控制阀A动作，控制阀B不动作；当信号大于60kPa时，控制阀A已动作至极限位置，控制阀B动作。

分程控制根据控制阀的气开、气关形式和分程信号区段的不同，可分为两类：一类是控制阀同向动作的分程控制，即随着控制阀输入信号的增加或减小，控制阀的开度均逐渐开大或逐渐关小，同向分程控制的两个控制阀同为气开式或气关式，如图7-29a、b所示；另一类是控制阀异向动作的分程控制，即随控制阀输入信号的增加或减小，控制阀开度按一个逐渐开大、而另一个逐渐关小的方向动作，异向分程控制的两个控制阀一个是气开式、一个是气关式，如图7-29c、d所示。分程控制中，控制阀同向或异向动作的选择完全由生产工艺安全的原则决定。

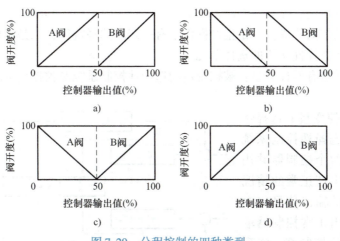

图7-29 分程控制的四种类型

分程控制能扩大调节阀的可调范围，提高控制质量，同时能解决生产过程中的一些特殊问题，所以应用广泛。

如在某生产过程中，冷物料通过换热器用热水（工业废水）和蒸汽对其进行加热，当用热水加热不能满足出口温度要求时，则再同时使用蒸汽加热，从而减少能源消耗，提高经济效益。为此，设计了图7-30所示的温度分程控制系统。在本系统中，蒸汽阀和热水阀均选气开式，控制器为反作用。在正常情况下，控制器输出信号使热水阀工作，此时蒸汽阀全关，以节省蒸汽；当扰动使出口温度下降，热水阀全开仍不能满足出口温度要求时，控制器输出信号同时使蒸汽阀打开，以满足出口温度的工艺要求。

2. 选择性控制系统

在对被控对象进行控制的过程中，除了考虑被控对象能够在正常情况下保证被控变量满足工艺要求，克服扰动的影响，实现平稳操作，还要考虑出现事故情况下系统的安全问题。控制系统的安全保护措施一般分为两类：硬保护措施和软保护措施。

所谓硬保护措施，就是联锁保护系统，当生产工况超出一定范围时，联锁保护系统采取一系列相应的措施（如产生声光警报、自动

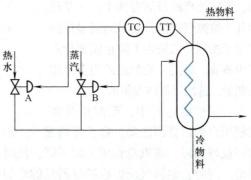

图7-30 温度分程控制系统

到手动的切换、联锁保护等）使生产过程处于相对安全的状态。但这种硬保护措施经常使生产停车，会造成较大的经济损失。于是，人们在实践中探索出许多更为安全经济的软保护措施来减少停车造成的损失。

所谓软保护措施，就是当生产短期内处于不正常工况时，通过一个特定设计的自动选择性控制系统，不使设备停车又起到对生产进行自动保护的目的。用一个控制不安全情况的控制方案自动取代正常生产情况下工作的控制方案，用取代控制器代替正常控制器，直至使生产过程重新恢复正常，而后又使原来的控制方案重新恢复工作，用正常控制器代替取代控制器。这种操作方式一般会使原有的控制质量降低，但能维持生产的继续进行，避免了停车，此方法称为选择性控制，即软保护法。

选择性控制系统的构成：一是生产操作上有一定的选择规律；二是组成控制系统的各环节中必须包含具有选择性功能的选择单元。

选择性控制系统有两种类型：被控变量的选择性控制系统及被控变量测量值的选择性控制系统。

图 7-31 为被控变量的选择性控制系统。这种选择性控制系统的主要特点是：两个控制器共用一个控制阀。在生产正常的情况下，两个控制器的输出信号同时送至选择器，选出正常控制器输出的控制信号送给控制阀，实现对生产过程的自动控制。此时，取代控制器处于开路状态，对系统不起控制作用。当生产不正常时，通过选择器选出取代控制器代替正常控制器对系统进行控制。此时，正常控制器处于开路状态，对系统不起控制作用。当系统的生产情况恢复正常时，通过选择器的自动切换，仍由原正常控制器来控制生产的正常进行。

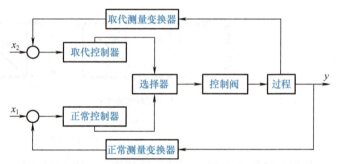

图 7-31　被控变量的选择性控制系统

图 7-32 为被控变量测量值的选择性控制系统。该选择性控制系统的特点是：几个变送器合用一个控制器。通常选择的目的有两个：一是选出几个检测变送信号的最高或最低信号用于控制；二是为了防止仪表故障造成事故，对同一检测点采用多个仪表测量，选出可靠的测量值。

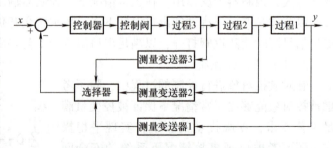

图 7-32　被控变量测量值的选择性控制系统

在锅炉的运行中，蒸汽负荷常常随用户的需要而波动。在正常情况下，用控制燃料量的方法来维持蒸汽压力的稳定。当蒸汽用量增加时，蒸汽总管压力将下降，此时，正常控制器输出信号去开大控制阀，以增加燃料量。同时，燃料气压力也随燃料量的增加而升高。当燃料气压力超过某一安全极限时，会产生脱火现象，可能造成生产事故。为此，设计应用图 7-33 所示的蒸汽压力与燃料气压力的选择性控制系统。

从安全角度考虑，燃料气控制阀应为气开式。正常情况下，燃料气压力低于给定值，由于 P_2C 是反作用方式，其输出 b 将是高信号，而蒸汽压力控制器 P_1C 的输出 a 为低信号。此时，低选器选择 a 信号来控制阀门的开度，从而构成了一个以蒸汽压力作为被控变量的简单控制系统。而当燃料气压力上升到超过脱火压力时，由于 P_2C 是反作用方式，其输出 b 将是低信号，b 被低选器选中，这样便取代了蒸汽压力控制器，防止脱火现象的发生，构成

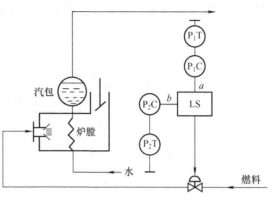

图 7-33 锅炉压力选择性控制系统

了一个以燃料气压力为被控变量的简单控制系统。当燃料气压力恢复正常时，蒸汽压力控制器 P_1C 的输出 a 又成为低信号，经自动切换，蒸汽压力控制系统重新恢复运行。

7.4　典型单元控制方案的分析与设计

确定控制方案必须要深入了解生产工艺，按化学工程的内在机理并结合典型生产过程单元来探讨其自动控制方案。典型生产过程单元按其物理和化学变化实质的不同，可分为流体力学过程、传热过程、传质过程及化学反应过程四类。这里以流体输送设备、传热设备、精馏塔及化学反应器四种单元中的若干代表性装置为例，介绍和分析若干常用的控制方案。

7.4.1　流体输送设备的控制方案

在生产过程中，为便于输送、控制，多使物料以液态或气态方式在管道内流动。泵和压缩机是生产过程中用来输送流体或者提高流体压头的一种重要机械设备，泵是液体的输送设备，压缩机是气体的输送设备。流体输送设备自动控制的主要目的是：一是为保证工艺流程所要求的流量和压力；二是为了确保机、泵本身的安全运转。

1. 离心泵的控制

离心泵是使用最广泛的液体输送机械之一。离心泵的工作原理是通过泵体内做高速旋转的叶片将机械能转换为液体的动能，再由动能转换成静压能，然后排出泵外。由于离心力的作用，使叶轮通道内的液体被排出时，叶轮进口处在负压情况下将液体吸进。这样，液体就源源不断地被吸入和送出，达到输送液体或提高液体压力的目的。

实际工作中，常要求离心泵输出液体的流量恒定，故以泵出口流量作为被控变量。而要改变离心泵的出口流量，可通过改变泵的转速或改变管路阻力两种方式实现。因此，对离心泵的控制方案主要有以下三种。

（1）**改变泵转速的控制方案**　如果改变离心泵的转速，就可改变离心泵的流量。离心泵的调速是根据带动离心泵的动力机械性能而定的。例如，由电动机带动的离心泵，可以直接对电动机进行调速，也可以在电动机与泵轴连接的变速机构上进行调节，如图 7-34a 所示。采用这种方案时，机械效率较高。对于用汽轮机带动的各类离心泵，可通过改变进入汽

轮机的蒸汽量来调节泵的转速，如图 7-34b 所示。

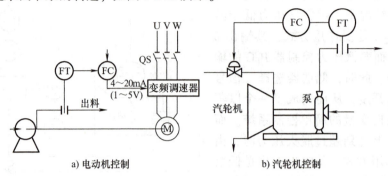

图 7-34　离心泵的转速控制方案

（2）**改变管路特性的控制方案**　如图 7-35 所示，将控制阀装在泵的出口管线上，当节流元件与控制阀在同一管线上时，一般把节流元件安装在控制阀的上游。该方案简单易行，应用广泛，但机械效率较低，能量损失较大，特别是在控制阀开度较小时，阀上压降较大。对于大功率的泵，损耗的功率更大，所以不经济。

（3）**改变旁路流量的控制方案**　改变旁路流量，就是用改变旁路阀开启程度的方法来控制实际的排出量，如图 7-36 所示。这种方案控制阀口径要比第一类方案小得多，其总的机械效率较低，能量损失更大，不经济。一般来讲，旁路流量一般宜限制在泵排出总量的 20% 左右。

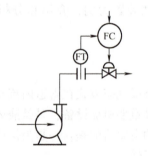

图 7-35　改变管路特性控制方案

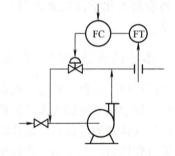

图 7-36　改变旁路流量的控制方案

2. 往复泵的控制

往复泵及直接旋转泵均是正位移形式的容积泵，是常见的流体输送设备之一，多用于流量较小、压头要求较高的场合。往复泵一般也是要求出口流量恒定。其控制方案常用的有两种，如图 7-37 所示。

（1）**改变泵转速的控制方案**　与离心泵相似，如果原动机为电动机，可采用变频器进行调速；如果原动机为汽轮机，则可利用图 7-37a 所示方案进行调节。

（2）**改变旁路流量的控制方案**　改变回流量最常用的方法是改变旁路返回量，如图 7-37b 所示。该方案是根据出口流量改变旁路控制阀的开度大小来改变回流量的大小，从而达到稳定出口流量的目的。利用旁路返回量控制流量，虽然消耗功率较大，但由于控制方案简单，所以应用广泛。

注意：往复泵的出口不允许装控制阀，因为往复泵活塞每往返一次，总有一定体积的流体排出。在出口管线上装控制阀时，压头会大幅度增加，容易损坏泵体。

3. 压缩机的控制

压缩机是输送压力较高的气体机械，一般产生高于 300kPa 的压力。压缩机分为往复式压缩机和离心式压缩机两大类。

往复式压缩机适用于流量小、压缩比高的场合，其常用的控制方案有气缸余隙控制、顶开阀控制（吸入管线上的控制）、旁路回流量控制及转速控制等。这些控制方案有时是同时使用的。

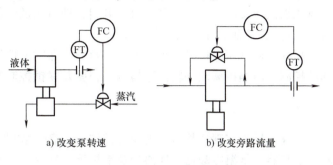

图 7-37 往复泵的控制方案

离心式压缩机与往复式压缩机相比，有下述优点：体积小、流量大、重量轻、运行效率高、易损件少、维护方便、汽缸内无油气污染、供气均匀、运转平稳及经济性较好等，因此离心式压缩机得到了广泛的应用。

离心式压缩机虽然有很多优点，但在大容量机组中，仍有许多技术问题有待解决。由于气体泄漏、冷却效果不好、转速随电网变化等因素的影响，离心式压缩机的排气量不稳定，因而必须对气量或出口压力进行控制；而喘振、轴向推力等因素可能使离心式压缩机发生严重事故。因此，为保证压缩机能够在工艺所要求的工况下安全运行，必须配备一系列的安全联锁系统，如防喘振控制系统、轴向推力、位移及振动指示、联锁保护系统等。下面简要介绍离心式压缩机常见的几种控制系统。

（1）气量控制系统　气量控制系统的控制方法有出口节流法、改变压缩机转速法和改变阻力法。

1）出口节流法。通过改变进口导向叶片的角度，主要是改变进口气流的角度来改变流量。

2）改变压缩机转速法。这种方法最节能，特别是大型压缩机目前一般都采用汽轮机作为原动机，实现调速较为简单，应用较为广泛。

3）改变阻力法。在压缩机入口管线上设置控制模板，通过改变阻力实现气量控制。这种方法过于灵敏，而且压缩机入口压力不能保持恒定，所以较少采用。

（2）压缩机入口压力控制系统　入口压力控制的方法有：采用吸入管压力控制转速来稳定入口压力；设有缓冲罐的压缩机，缓冲罐压力可以采用旁路控制；采用入口压力与出口流量的选择控制。

（3）防喘振控制系统　离心式压缩机有这样的特性：当负荷降低到一定程度时，气体的排送会出现强烈的振荡，因而机身亦剧烈振动，这种现象称为喘振。喘振会严重损坏机体，进而产生严重后果，压缩机是不允许在喘振状态下运行的，在操作中一定要防止喘振的产生。

图 7-38 为一种固定极限流量防喘振控制方案。喘振是由于入口流量太小导致的，因此为了防止喘振现象的发生，应限制入口流量 Q_p 不低于压缩机发生喘振时的最低

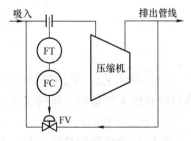

图 7-38 防喘振控制方案

流量 Q_B。图 7-38 中防喘振控制器 FC 的设定值就是 Q_p。正常情况下，控制阀 FV 是关闭的，一旦压缩机流量降至 Q_p 以下时，FV 开启，使排出的气体一部分回流，直到进气量高于设定值 Q_p 为止，从而避免喘振现象的发生。

另外，还有压缩机各段吸入温度以及分离器的液位控制，压缩机密封油、润滑油及调速油的控制，压缩机振动和轴位移检测、报警及联锁控制等。

7.4.2 传热设备的控制方案

工业上用来实现换热目的的设备即传热设备。它的种类很多，在生产中主要有换热器、蒸汽加热器、低温冷却器、加热炉及锅炉等。换热器自动控制的目的是保证换热器出口的工艺介质温度恒定在给定值上。

1. 两侧无相变换热器的控制

（1）控制载热体流量　如图 7-39a 所示，该方案适用于载热体流量变化对温度影响较灵敏的场合。若载热体压力不稳定，则可设计成如图 7-39b 所示的串级控制系统。在这个串级控制系统中，温度为主变量、流量为副变量。

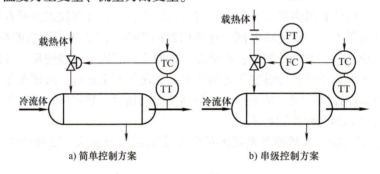

图 7-39　控制载热体流量的方案

（2）控制载热体旁路流量　当载热体是利用工艺介质回吸热量时，可以将载热体分路，以控制冷流体的出口温度。分路一般可以采用三通阀来达到。若三通阀装在入口处，则用分流阀，如图 7-40a 所示；若三通阀装在出口处，则用合流阀，如图 7-40b 所示。

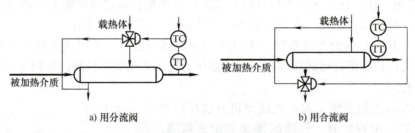

图 7-40　控制载热体旁路流量的方案

（3）将工艺介质分路　如果工艺介质流量和载热体流量均不允许控制，而且换热器传热面积有较大裕量时，可将工艺介质进行分路，如图 7-41 所示。

2. 蒸汽加热器的控制

利用蒸汽冷凝给热的加热器是最常用的一种换热设备。在蒸汽加热器内蒸汽冷凝，由气态变成液态，放出热量，传给工艺介质。蒸汽加热器的被控变量是工艺介质的出口温度。

（1）控制蒸汽的流量　与无相变换热器控制类似，如果蒸汽压力比较稳定，可采用图 7-39a 所示的简单控制方案。如果阀前蒸汽压力有波动，且变化较频繁，系统控制质量满足不了工艺要求时，可采用串级控制，如图 7-39b 所示。其中载热体为蒸汽。

在蒸汽加热器中，当主要扰动因素是负荷即工艺介质方面，且工艺要求较高，采用串级控制还达不到要求时，采用前馈-反馈控制系统是比较有效的。

（2）控制蒸汽加热器的传热面积　当被加热的工艺介质出口温度较低，加热器的传热面积裕量又较大时，控制蒸汽流量的方案就不宜再采用。因为蒸汽的冷凝温度降低，加热器一侧会产生负压，造成冷凝液的排放呈脉冲式。为了克服这个缺点，将控制阀装在凝液管路上，如图 7-42 所示，从而控制蒸汽加热器传热面积。

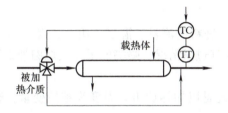

图 7-41　将工艺介质分路的控制方案

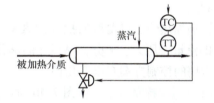

图 7-42　控制蒸汽加热器传热面积的控制方案

3. 低温冷却器的控制

低温冷却器采用液氨、乙烯、丙烯等作为冷却剂。当冷却剂汽化时，会吸收大量热，由液相变为气相，使被冷却物料获得低温。以液氨为例，当它在常压下汽化时，可使物料冷却到 –30℃ 的低温。低温冷却器的操作特点是冷却剂的汽化需要有一定的蒸发空间。在这类冷却器中，以氨冷器最为常见，下面以它为例介绍几种控制方案。

（1）控制冷却剂的流量　如图 7-43 所示，根据出口温度来控制液氨的进口流量。此方案中液氨的蒸发要有一定的空间。如液氨的液位过高，蒸发空间不足，再增加液氨流量，也无法降低介质的出口温度，而且气氨中夹带大量液氨，会引起氨压缩机的操作事故。因此，这种控制方案应带有液位指示或联锁报警功能，或采用选择性控制方案。

（2）控制传热面积　如图 7-44 所示的串级控制系统，若出口温度变化，温度控制器的输出变化，即改变液位控制器的给定值，控制液氨的流量，从而保证出口温度的恒定。此方案的特点是可以限制液位上限，保证氨冷器有足够的蒸发空间，使气氨中不带液氨。

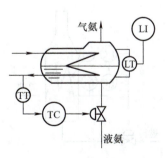

图 7-43　控制冷却剂流量的方案

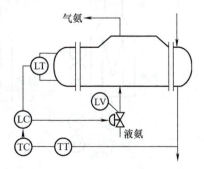

图 7-44　控制传热面积的方案

(3) 控制汽化压力 如图 7-45 所示控制系统，由于氨的汽化温度与压力有关，所以可以通过调整压力来改变氨的汽化温度。该方案将控制阀装在气氨出口管道上，通过改变阀门开度来改变汽化压力，也就改变了汽化温度。为了使液位不高于允许的上限，以保证足够的传热面积和足够的蒸发空间，还设有辅助的液位控制系统。这种控制方案的最大特点是迅速、灵敏，但对氨冷器的耐压要求较高。

4. 加热炉的控制

生产过程中有各种类型的加热炉，按工艺用途的不同，可分为加热用的炉子及加热-反应用的炉子两类。对于加热炉，工艺介质受热升温或进行汽化后，其工艺介质温度的高低会直接影响后序的工况和产品质量，同时，当炉温过高时，会使物料在加热炉内分解，甚至造成结焦而烧坏炉管。加热炉平稳操作可以延长炉管使用寿命，因此，加热炉出口温度必须严加控制。

影响加热炉出口温度的扰动因素有：工艺介质进料的流量、温度、组分，燃料油（或气）的流量、压力、成分，燃料油的雾化情况，空气过量情况，喷嘴的阻力及烟囱抽力等。常用的控制方案有以下几种。

(1) 简单控制方案 如图 7-46 所示，控制系统是以加热炉出口温度为被控变量，燃料油（或气）流量为操作变量的简单温度控制系统。

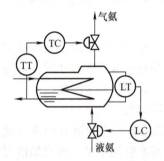

图 7-45 控制汽化压力的方案

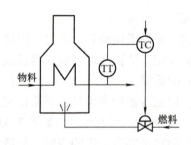

图 7-46 加热炉的简单控制方案

(2) 串级控制方案 根据扰动情况的不同，主要控制形式有以下几种。

1) 主要扰动在燃料的流动状态方面（如阀前压力的变化）时，可采用炉出口温度-燃料油（或气）流量串级控制，如图 7-47a 所示。

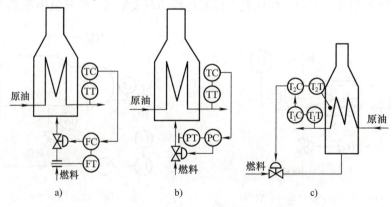

图 7-47 加热炉的串级控制方案

2)如果燃料油流量测量比较困难,而压力测量比较方便,可采用炉出口温度-燃料油(或气)阀后压力串级控制,如图 7-47b 所示。采用该方案时,必须防止燃料喷嘴部分的堵塞,不然会使控制阀发生误动作。

3)当主要扰动是燃料油(或气)的组分变化时,前两种串级控制方案的副回路无法感知,此时应采用炉出口温度-炉膛温度的串级控制,如图 7-47c 所示。

4)当生产负荷即进料流量、温度变化频繁,扰动幅度较大,且不可控,串级控制难以满足工艺指标要求时,可采用前馈-反馈控制系统。

5. 锅炉的控制

锅炉是石油、化工、电力生产中必不可少的重要动力设备。锅炉的主要工艺流程如图 7-48 所示。燃料和热空气按一定比例进入燃烧室燃烧,把水加热成蒸汽,产生的饱和蒸汽经过热器,形成一定温度的过热蒸汽 D,汇集到蒸汽母管,经负荷设备控制阀供给负荷设备使用。燃料产生的热量,一部分将饱和蒸汽变成过热蒸汽,另一部分经省煤器预热锅炉给水和空气预热器预热空气,最后经引风机送经烟囱排入大气。

根据生产负荷的不同需求,锅炉应提供不同压力和温度的蒸汽,同时,根据经济性和安全性的要求,还应使燃料完全燃烧和确保锅炉的安全生产。锅炉设备的主要控制系统有三个:锅炉汽包液位控制,蒸汽过热系统的控制,锅炉燃烧系统的控制。

在锅炉运行过程中,汽包液位是表征生产过程的主要工艺指标。当液位过高时,由于汽包上部空间变小,从而影响

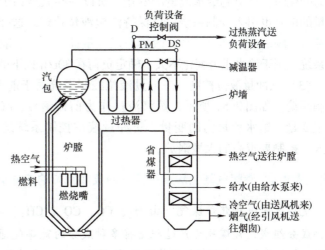

图 7-48 锅炉的工艺流程

汽、水分离,会产生蒸汽带液现象;当液位过低时,则会烧坏锅炉,以致产生爆炸事故。这里仅就锅炉汽包液位控制方案进行讨论。

(1)单冲量液位控制 如图 7-49 所示,单冲量液位控制系统是一个典型的简单控制系统,它适用于停留时间较长,负荷变化较小的小型低压锅炉(一般为 10t/h 以下)。

当蒸汽负荷突然大幅度增加时,由于汽包内蒸汽压力瞬间下降,水的沸腾加剧,气泡量迅速增加,将形成汽包内液位升高的现象。因为这种升高的液位不代表汽包内贮液量的真实情况,所以称为"假液位"。这时液位控制系统测量值升高,控制器错误地关小给水控制阀,减少给水量,由于蒸汽量增加,送入水量反而减少,将使水位严重下降,波动很厉害,严重时会使汽包水位降到危险区内,甚至发生事故。

"假液位"主要是蒸汽负荷量的波动造成的,如果把蒸汽流量的信号引入控制系统,就可以克服这个主要扰动,这样就构成了双冲量液位控制系统。

(2)双冲量液位控制 图 7-50 是双冲量液位控制系统原理示意图,该系统是前馈-反馈控制系统。蒸汽流量是前馈量。借助于前馈的校正作用,可避免蒸汽量波动所产生的"假

液位"而引起控制阀误动作,改善了控制质量,防止事故发生。

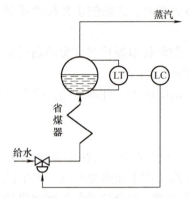

图 7-49　单冲量液位控制

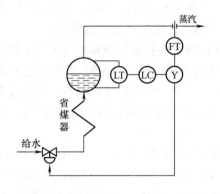

图 7-50　双冲量液位控制

双冲量控制系统的弱点是不能克服给水压力的扰动,当给水压力变化时,会引起给水流量的变化。所以一些大型锅炉把给水流量的信号也引入控制系统,以保持汽包液位稳定。这样,作用于控制系统的参数共有三个,故称为三冲量控制系统。双冲量控制系统适用于给水压力变化不大、额定负荷在 30t/h 以下的锅炉。

(3) 三冲量液位控制　三冲量液位控制系统属于前馈-串级控制系统。如图 7-51 所示,蒸汽流量作为前馈信号,汽包水位为主变量,给水流量为副变量。三冲量液位控制系统适用于容量大、控制要求高的大型锅炉。

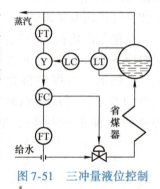

图 7-51　三冲量液位控制

【企业案例】　荒煤气转化炉自控系统中废热锅炉的三冲量调节方案

荒煤气是一种焦炉煤气,由 H_2、CO、CO_2、CH_4、多碳烷烃、硫、氨、苯萘和焦油等多种成分组成。荒煤气生产过程是将多种成分的荒煤气通过非催化部分氧化技术生成以 CO 和 H_2 为有效成分的合成气。生产装置由转化炉、废热锅炉、换热器、蒸汽过热器、烧嘴和锅炉给水泵等设备组成。工作过程如下:来自上游空分装置的氧气经废热锅炉产出的饱和蒸汽在换热器内加热后送入烧嘴;来自界区的荒煤气经转化后的合成气在换热器内加热后进入烧嘴,氧气与荒煤气进入转化炉炉膛混合并发生反应,最终形成以 CO、H_2、CO_2 和水蒸气为主要成分的合成气,并经余热回收后送至下游工序。

废热锅炉的产气量约 120t/h,为克服蒸汽负荷量波动造成"假液位"现象,减少废热锅炉汽包液位对给水流量的影响,将给水流量和蒸汽流量引入废热锅炉汽包液位调节系统,组成三冲量水位调节系统,如图 7-52 所示。该三冲量调节系统为前馈-串级调节系统,蒸汽流量(FI-01)

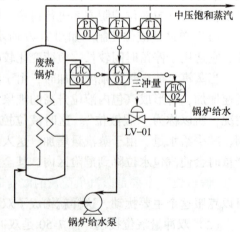

图 7-52　废热锅炉三冲量水位调节系统图

为前馈信号，克服蒸汽流量波动对汽包液位造成的影响；汽包水位（LIC-01）为主参数，给水流量（FIC-02）为副参数构成串级调节，能够在给水压力扰动情况下快速响应汽包液位，提高控制品质。LY-01 为 DCS 运算模块，FI-01 和 LIC-01 在 LY-01 中进行三冲量运算后，结果作为 FIC-02 和给水控制阀（LV-01）所组成的调节回路的输入值。

7.4.3 精馏塔的控制方案

精馏塔是将混合物中的各组分进行分离的关键设备。在精馏塔的操作中，被控变量多，操纵变量多，对象的通道也多，其内在机理复杂，变量之间相互关联，而控制要求一般又较高，所以控制方案也就很多。因此，必须根据具体情况来确定控制方案。

1. 精馏塔的工艺流程

图 7-53 为精馏塔示意图。精馏过程是一个传质传热过程，操作时，在精馏塔的每块塔板上有适当高度的液体层，回流液经溢流管由上一塔板流至下一塔板，蒸汽则由底部上升，通过塔板上的小孔由下一塔板进入上一塔板，与塔板上的液体接触。这样，在精馏塔的每块塔板上，同时发生上升蒸汽部分冷凝和回流液体部分汽化的过程，这个过程是个传热过程。伴随传热过程同时发生的是，易挥发组分不断汽化，从液相转入气相；而难挥发组分则不断冷凝，从气相转入液相，这种物质在相间的转移过程称为传质过程。

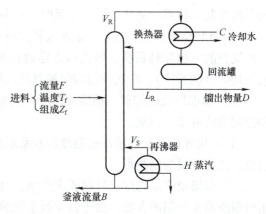

图 7-53 精馏塔示意图

从整个塔看，易挥发组分由下而上逐渐增加，难挥发组分自上而下逐渐增加，其塔板温度自下而上随着易挥发组分的增加而逐渐降低。

工艺上对精馏塔的操作要求是：产品要达到规定的分离纯度，塔的生产效率要高，以达到最高的产量；能耗（指冷剂、热剂量）尽量低。

2. 精馏塔的扰动因素

在精馏塔的操作过程中，影响其质量指标的主要扰动因素有以下几种。

1) 进料量波动的影响。进料量的波动改变了物料平衡关系和能量平衡关系，可使塔顶或塔底产品成分发生变化，影响产品的质量。进料成分波动的影响对精馏塔控制系统来讲是不可控的扰动。

2) 塔的蒸汽速度和蒸汽压力波动的影响。塔内蒸汽速度的波动会引起塔内上升蒸汽量的波动，从而影响分离度。塔内蒸汽速度的变化主要受加热量变化的影响。对于蒸汽加热的再沸器，蒸汽压力的波动往往是影响加热量的主要因素。因此，蒸汽压力常常要保持一定。

3) 回流量及冷剂量波动的影响。回流量减小，会使塔顶温度升高，从而使塔顶产品中重组分含量增加，因此，在正常操作时，总是希望将它维持恒定。冷剂压力波动是引起回流量波动的因素。对于这类扰动，控制中采用压力定值系统即可克服。

4) 塔顶（或塔底）产品量的影响。塔顶（或塔底）产品量的变化实际上是改变了物料平衡关系。产品量变化的影响是在回流罐（或塔底）液位保持一定的情况下，通过回流（或再沸器内沸腾的蒸汽量）施加到塔内，使塔内气、液比发生变化，最终使产品成分发生变化。

3. 精馏塔的基本控制

根据精馏塔主要控制系统的不同，精馏塔的基本控制方案有：提馏段温度控制及精馏段温度控制。

（1）提馏段温度控制　提馏段温度控制方案如图 7-54 所示。它由主要控制系统和辅助控制系统两部分组成。

1) 主要控制系统。提馏段温度控制系统将塔底温度作为被控变量，其测温元件装在提馏段，塔釜热剂量作为操作变量。

当要求塔底产品纯度比塔顶要求严格，且进料全部为液相时，为保证产品质量，往往采用提馏段温度控制的方案。精馏塔进料量或进料成分的变化首先会影响塔底成分，采用提馏段温度控制会使系统对扰动的感知及时，控制手段有效。

2) 辅助控制系统。为了克服进入精馏塔的其他主要扰动，设有五个辅助控制系统：塔顶回流量的定值控制系统、塔顶压力定值控制系统、塔进料定值控制系统（如不可控也可采用均匀控制系统）、塔底液位均匀控制系统和回流罐液位均匀控制系统。

（2）精馏段温度控制　精馏段温度控制方案如图 7-55 所示。它也由主要控制系统和辅助控制系统两部分组成。

1) 主要控制系统。精馏段温度控制系统的被控变量为精馏段温度，其测温元件装在精馏段，操作变量为回流量。

当要求塔顶产品纯度比塔底要求严格，且进料全部为气相时，为保证产品质量，往往采用精馏段温度控制的方案。由于该控制系统的测温元件和控制手段都在精馏段，所以对克服进入精馏段扰动和保证塔顶产品质量是有利的。

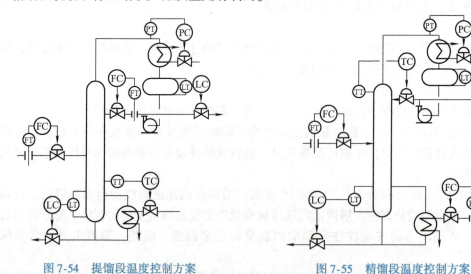

图 7-54　提馏段温度控制方案　　　　图 7-55　精馏段温度控制方案

2) 辅助控制系统。包括再沸器加热量的定值控制、回流罐与塔釜液位控制、进料量控制等，它们的设置目的与提馏段温度控制方案相近。

以上是两种常用的控制方案。当精密精馏时，即产品纯度要求相当高，顶部产品与底部产品之间沸点相差很小时，采用温度作为被控变量的反馈控制方案，会使实际产品质量有比较大的误差。为了保证温度与组分的单值对应关系，可用温差控制。温差控制系统的被控变量不是单点温度信号，而是两点温度信号之差。将温差作为主变量，回流量作为副变量构成串级控制系统，可提高测量点的灵敏度，使产品质量达到控制要求。

7.4.4 化学反应器的控制方案

化学反应器是工业生产过程中的主要设备之一，其作用是实现化学反应过程。由于化学反应过程机理复杂，因此，化学反应器的自动控制一般也比较复杂。下面简单介绍化学反应器的控制要求及常见的控制方案。

1. 化学反应器的控制要求及被控变量的选择

化学反应器的控制方案应满足质量指标、物料平衡、能量平衡及约束条件等方面的要求。

1) 质量指标。使反应达到规定的转化率，或使产品达到规定的浓度。

2) 物料平衡和能量平衡。为了使化学反应器能够正常运行，必须使化学反应器在生产过程中保持物料平衡和能量平衡。例如，为了保持热量平衡，需要及时除去反应热，以保证反应的正常进行。

3) 约束条件。对于化学反应器，要防止工艺变量进入危险区域或不正常工况。例如，在不少催化接触反应中，温度过高或进料中某些杂质含量过高，将会引起催化剂中毒或破损。为此，应适当配置一些报警、联锁或自动选择性控制系统。

为了保证产品的质量，最好是以质量指标直接作为被控变量，即采用取出料成分或反应转化率作为被控变量。但在一般情况下这些变量的测量比较困难，所以目前多数控制系统都以温度作为被控变量。

化学反应器按结构不同可分为釜式、管式、塔式、固定式及流化床反应器等。下面以釜式反应器为例介绍常用反应器的自动控制方案。

2. 釜式反应器的控制

釜式反应器在石油化工生产过程中广泛应用于聚合反应，另外，在有机染料、农药等行业中也经常采用釜式反应器进行炭化、硝化及卤化等反应。

温度控制是釜式反应器自动控制的重点，如聚合反应温度的测量与控制是实现聚合反应器最佳操作的一个难题。下面简单介绍几种常见的控制方案。

(1) 控制进料温度　进料经过预热器（或冷却器）进入釜式反应器，采用控制进入预热器（或冷却器）的加热剂（或冷却剂）流量来稳定釜内温度，从而达到维持釜内温度恒定的目的，如图7-56所示。

(2) 控制夹套温度　对于带夹套的反应釜，可通过控制进入夹套的加热剂（或冷却剂）流量来稳定釜内温度，如图7-57所示。但由于反应釜容量大，温度滞后严重，特别是进行聚合反应时，釜内物料黏度大，混合不均匀，传热效果差，很难使温度控制达到严格要求。这时就需要引入复杂控制系统。

图 7-56　控制进料温度

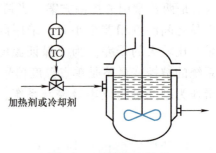

图 7-57　控制夹套温度

（3）**串级控制**　采用串级控制可以较好地克服反应釜大滞后的问题。根据主要扰动的不同情况，可采用釜温-加热剂（或冷却剂）流量串级控制系统，如图 7-58 所示，或采用釜温-夹套温度串级控制系统，如图 7-59 所示。

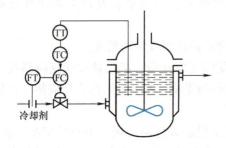

图 7-58　釜温-冷却剂流量串级控制系统

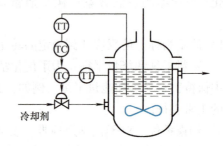

图 7-59　釜温-夹套温度串级控制系统

实训 7.1　单容水箱液位定值控制系统

1. 实训目的
1）了解单容水箱液位定值控制系统的结构与组成。
2）掌握单容水箱液位定值控制系统调节器参数的整定和投运方法。
3）研究调节器相关参数的变化对系统静、动态性能的影响。
4）了解 P、PI、PD 和 PID 四种调节器分别对液位控制的作用。

2. 实训设备
THSA-1 型过程控制综合自动化控制系统实验平台、SA-12 挂箱。

3. 实训内容与步骤
（1）液位定值控制简述　本实训系统结构图和框图如图 7-60 所示。被控量为中水箱（也可采用上水箱或下水箱）的液位高度，实训要求中水箱的液位稳定在给定值。将压力传感器 LT2 检测到的中水箱液位信号作为反馈信号，用与给定值比较后的差值通过调节器控制电动调节阀的开度，以达到控制中水箱液位的目的。为了实现系统在阶跃给定和阶跃扰动作用下的无静差控制，系统的调节器应为 PI 或 PID 控制器。

（2）实训步骤　实训前，先将贮水箱中贮足水量，然后将阀门 F1－1、F1－7、F1－11 全开，将中水箱出水阀门 F1－10 开至适当开度，其余阀门均关闭。

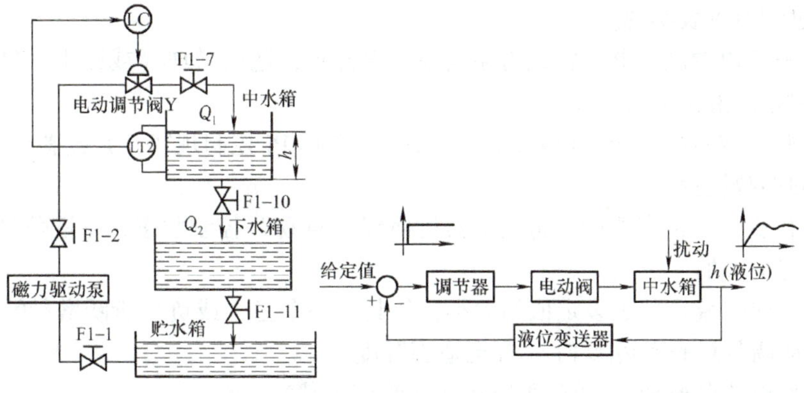

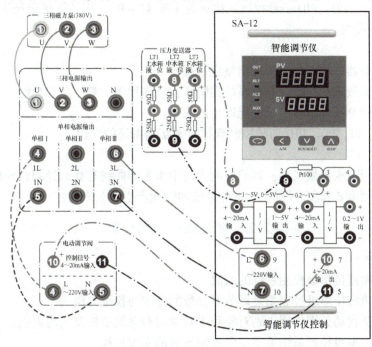

图 7-60 中水箱单容液位定值控制系统

1) 将 SA-12 智能调节仪控制挂箱挂到屏上，并将挂箱的通信线插头插入屏内 RS–485 的通信口上，将控制屏右侧 RS–485 通信线通过 RS–485/232 转换器连接到计算机串口，并按照图 7-61 连接实训系统。将"LT2 中水箱液位"钮子开关拨到"ON"位置。

图 7-61 智能仪表控制单容液位定值控制实训接线图

2) 接通总电源断路器和钥匙开关，打开 24V 开关电源，给压力变送器上电，按下起动按钮，合上单相Ⅰ、单相Ⅲ断路器，给智能仪表及电动调节阀上电。

3) 整定并调校压力变送器。同时设置调节仪参数：Sn = 33，CtrL = 1，CF = 0（反作用调节），dIL = 0，dIH = 50.0，Addr = 1。

4) 打开上位机 MCGS 组态环境，打开"智能仪表控制系统"工程，然后进入 MCGS 运行环境，在主菜单中选择"单容液位定值控制系统"，进入监控界面。在上位机监控界面中单击"启动仪表"。将智能仪表设置为"手动"，并将设定值和输出值设置为一个合适的值，此操作可通过调节仪表实现。

5）合上三相电源断路器，将磁力驱动泵上电打水，适当增加（或减少）智能仪表的输出量，使中水箱的液位平衡于设定值。

6）按经验法或衰减曲线法整定调节器参数，选择 PI 控制规律，并按整定后的 PI 参数进行调节器的参数设置。

7）待液位稳定于给定值后，将调节器切换到"自动"控制状态，待液位平衡后，通过以下几种方式加扰动：

① 突增（或突减）仪表设定值的大小，使其有一个正（或负）阶跃增量的变化。

② 将电动调节阀的旁路阀 F1-4 开至适当开度。

③ 将下水箱进水阀 F1-8 开至适当开度（改变负载）。

以上几种扰动均要求扰动量为控制量的 5%～15%，扰动过大可能造成水箱中水溢出或系统不稳定。记录此时的智能仪表设定值、输出值和仪表参数及液位的响应过程曲线。

8）分别适量改变调节仪的 P 及 I 参数，重复步骤 7），用计算机记录不同参数时系统的阶跃响应曲线。

9）分别用 P、PD、PID 三种控制规律重复步骤 4）～8），用计算机记录不同控制规律下系统的阶跃响应曲线。

4. 实训报告

1）确定调节器的相关参数，写出整定过程。

2）根据实训数据和曲线，分析系统在阶跃扰动作用下的静、动态性能。

3）比较不同 PID 参数对系统性能产生的影响。

4）分析 P、PI、PD、PID 四种控制规律对本实训系统的作用。

5. 思考

1）如果采用下水箱做实验，其响应曲线与中水箱的曲线有什么异同？分析差异原因。

2）改变比例度 δ 和积分时间 T_I 将对系统的性能产生什么影响？

实训 7.2　水箱液位串级控制系统

1. 实训目的

1）了解水箱液位串级控制系统的组成。

2）掌握水箱液位串级控制系统调节器参数的整定与投运方法。

3）了解阶跃扰动分别作用于副对象和主对象时对系统主控制量的影响。

4）掌握液位串级控制系统采用不同控制方案的实现过程。

2. 实训设备

THSA-1 型过程控制综合自动化控制系统实验平台、SA-12 挂箱。

3. 实训内容与步骤

（1）液位串级控制简述　液位串级控制系统由主控、副控两个回路组成。主控回路中的调节器称为主调节器，控制对象为下水箱，下水箱的液位为系统的主控制量。副回路中的调节器称为副调节器，控制对象为中水箱，又称为副对象，中水箱的液位为系统的副控制量。主调节器的输出作为副调节器的给定，因而副控回路是一个随动控制系统。副调节器的输出直接驱动电动调节阀，从而达到控制下水箱液位的目的。为了实现系统在阶跃给定和阶跃扰动作用下的无静差控制,系统的主调节器应为 PI 或 PID 控制。由于副控回路的输出要求能快速、准确地复现主调节器输出信号的变化,对副参数的动态性能和余差无特殊的要求,因而副调节器可采用 P 调节器。本实训系统结构图和框图如图 7-62 所示。

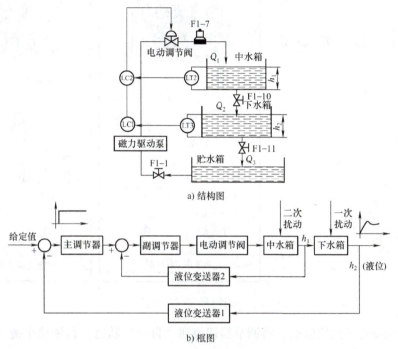

图 7-62 液位串级控制系统

(2) 实训步骤 本实训选择中水箱和下水箱串联作为被控对象(也可选择上水箱和中水箱)。实训前,先将贮水箱中贮足水量,然后将中水箱出水阀 F1-10、下水箱出水阀 F1-11 开至适当开度(要求 F1-10 稍大于 F1-11)。

1) 将两个 SA-12 智能调节仪控制挂箱挂到屏上,并将挂箱的通信线连接好。按图 7-63 接线。将"LT2 中水箱液位"钮子开关拨到"OFF"位置,将"LT3 下水箱液位"钮子开关拨到"ON"位置。

2) 接通总电源断路器和钥匙开关,打开 24V 开关电源,按下起动按钮,打开相关部件电源。

3) 整定并调校压力变送器,同时设置调节仪参数。

① 主调:$Sn = 33$,$CtrL = 1$,$CF = 0$(内给定,反作用),$dIL = 0$,$dIH = 50.0$,$Addr = 1$。

② 副调:$Sn = 32$,$CtrL = 1$,$CF = 8$(外给定,反作用),$dIL = 0$,$dIH = 50.0$,$Addr = 2$。

4) 打开上位机组态环境,进入本实训项目的控制工程运行环境。在上位机监控界面中,将主控调节器设置为"手动",并将输出值 SV 设置为一个合适的值。

5) 打开三相电源开关,将磁力驱动泵上电打水,适当增加(或减少)主调节器的输出量,使下水箱的液位稳定于设定值,中水箱液位也稳定于某一值(此值一般为 3~5cm,以免超调过大,水箱断流或溢流)。

6) 整定调节器参数,并按整定得到的参数进行调节器设定。

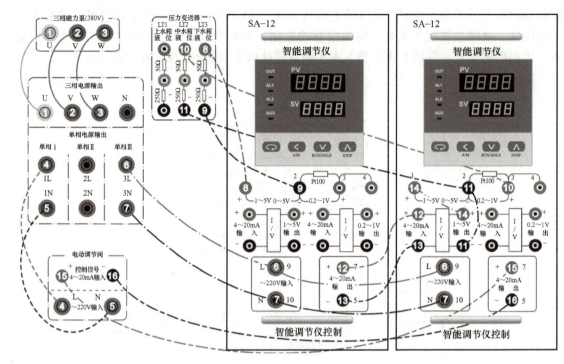

图 7-63 液位串级控制实训接线图

7）待液位稳定于给定值时，将调节器切换到"自动"状态，待液位平衡后，通过以下几种方式加扰动：

① 突增（或突减）调节器设定值的大小，使其有一个正（或负）阶跃增量的变化。

② 将电动调节阀的旁路阀 F1-2 开至适当开度，然后打开电磁阀对系统加入扰动。

以上几种扰动均要求扰动量为控制量的 5%～15%，扰动过大可能造成中水箱水溢出或系统不稳定。加入扰动后，水箱的液位便离开原平衡状态，经过一段调节时间后，水箱液位稳定至新的设定值，记录此时的调节器设定值、输出值和调节参数。

8）适量改变主、副控调节器的 PID 参数，重复步骤 7），用计算机记录不同参数时系统的响应曲线。

4. 实训报告

1）确定调节器的相关参数，并写出整定过程。

2）根据扰动分别作用于主、副对象时系统输出的响应曲线，分析系统在阶跃扰动作用下的静、动态性能。

3）分析主、副调节器采用不同 PID 参数时对系统性能产生的影响。

5. 思考

1）试述串级控制系统为什么对主扰动（二次扰动）具有很强的抗扰动能力？当副对象的时间常数与主对象的时间常数大小接近时，串级控制系统是否仍对主扰动有很强的抗干扰能力，为什么？

2）当一次扰动作用于主对象时，试问由于副回路的存在，系统的动态性能相比单回路系统的动态性能有何改进？

3)串级控制系统投运前需要做好哪些准备工作？主、副调节器的正、反作用方向如何确定？

4)改变副调节器的比例度，对串级控制系统的抗扰动性能有何影响，试从理论上给予说明。

实训7.3　串级控制系统仿真

1. 实训目的
1)掌握 Simulink 仿真软件的使用。
2)能使用 Simulink 仿真软件进行串级控制系统仿真分析。
2. 实训设备
1)计算机一台。
2)MATLAB 软件一套。
3. 实训内容与步骤

1)设某串级控制系统的主、副对象的传递函数 G_{o1}、G_{o2} 分别为 $G_{o1}(s) = \dfrac{1}{100s+1}$，$G_{o2}(s) = \dfrac{1}{10s+1}$。副回路干扰通道的传递函数为 $G_{d2}(s) = \dfrac{1}{s^2+20s+1}$。

串级控制系统框图如图7-64所示。相同控制对象下的单回路控制系统框图如图7-65所示。用 Simulink 画出上述两个系统的仿真框图。

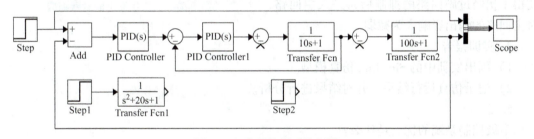

图 7-64　串级控制系统框图

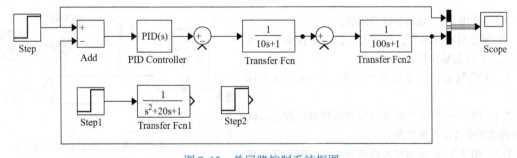

图 7-65　单回路控制系统框图

2)选用 PID 控制器，整定主、副控制器的参数，使该串级控制系统性能良好，并绘制相应的单位阶跃响应曲线。

经过不断试验，当 PID Controller 为主控制器，输入比例系数为360，积分系数为30，微分系数为 60 时；当 PID Controller1 为副控制器，输入比例系数为 5，积分系数为 0，微分系数为 0 时，系统阶跃响应达到比较满意的效果，系统阶跃响应如图 7-66 所示。

采用这套 PID 参数时一次扰动作用下的阶跃响应如图 7-67 所示。

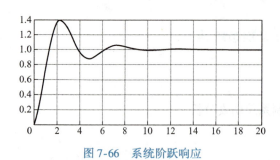

图 7-66 系统阶跃响应

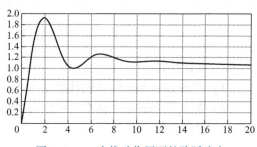

图 7-67 一次扰动作用下的阶跃响应

二次扰动下的阶跃响应如图 7-68 所示。

3）比较单回路控制系统及串级控制系统在相同的副扰动下的单位阶跃响应曲线。

串级控制系统由于副回路的存在对扰动的抑制能力更强。因扰动经干扰通道进入回路后首先影响副回路的输出，副回路反馈后引起副控制器立即动作，力图削弱干扰影响，使得干扰经过副回路的抑制后再进入主回路，对主回路的输出影响大为减弱。

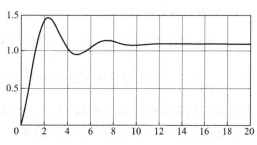

图 7-68 二次扰动下的阶跃响应

4. 实训报告

1）画出实训中的 Simulink 仿真模型。

2）记录仿真运行结果，并对结果进行分析。

5. 思考

串级控制系统的优点是什么？

思考题与习题

7.1 读图 7-1，试回答以下问题：

1）该控制流程图中，各仪表的位号是什么？各有什么功能？分别是什么安装方式？

2）该控制流程图中有哪些设备，分别是如何标注的？

7.2 图 7-69 为某管式蒸汽加热器控制流程图，试分别说明图中各仪表所代表的含义。

图 7-69 某管式蒸汽加热器控制流程图

7.3 图 7-70 所示为精馏塔塔釜液位控制系统示意图。若工艺上不允许塔釜液位被抽空，试确定控制阀的气开、气关形式和控制器的正、反作用方式。

7.4 图 7-71 所示为冷却器出口物料温度控制系统示意图。若工艺上不允许物料温度太低，试确定控制阀的气开、气关形式及控制器的正、反作用方式。

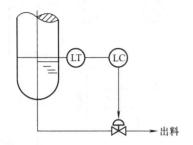
图 7-70　精馏塔塔釜液位控制系统示意图

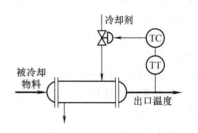
图 7-71　冷却器出口物料温度控制系统示意图

7.5　为了将患者隔离救治，防止病毒外逸，需要将普通病房改造成负压隔离病房。负压隔离病房利用负压定向气流原理隔离病原微生物，将室内被患者污染的空气经特殊处理后排放，还可以稀释病房内的病原微生物浓度，保护医护人员工作安全。负压隔离病房一般由病室、缓冲间、卫生间三部分组成。相邻相通不同污染等级房间的压差（负压）不小于5Pa，负压程度由高到低依次为病房卫生间、病房、缓冲间，如图 7-72 所示。气流控制采用上送下排方式，即上方设置送风口，下方设置排风口，送风量小于排风量，以保证房间压力为负压状态。假设系统采用定送变排方式控制，病房压力要求恒定为 -15Pa，试对该负压控制系统进行设计。完成以下内容：

（1）画出该控制系统框图；
（2）确定控制阀的气开、气关形式；
（3）选择控制器的正反作用方式及控制规律。

7.6　什么是控制器参数的工程整定，常用控制器参数整定的方法有哪几种？

7.7　已知控制对象传递函数 $G(s) = 10/[s(s+2)(2s+1)]$，分别通过仿真、临界比例度法整定 PI 调节器参数。

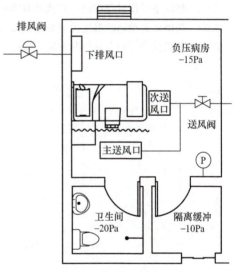
图 7-72　负压隔离病房示意图

7.8　某控制系统用临界比例度法整定参数，已知 $\delta_k = 25\%$、$T_k = 5\min$，请分别确定 PI、PID 作用时的控制器参数。

7.9　简单控制系统的投运步骤是什么？

7.10　什么叫串级控制系统？试画出一般串级控制系统的框图。串级控制系统有什么特点？

7.11　图 7-73 所示为精馏塔提馏段温度与蒸汽流量的串级控制系统。生产要求一旦发生事故，应立即关闭蒸汽供应。

1）画出该控制系统的框图。
2）确定控制阀的气开、气关形式。
3）选择控制器的正、反作用。

7.12　某串级控制系统采用两步法进行整定，测得 4∶1 衰减过程的参数为 $\delta_{1s} = 8\%$，$\delta_{2s} = 42\%$，$T_{1s} = 12\min$，$T_{2s} = 8\min$。若该串级控制系统中主控制器采用 PID 规律，副控制器采用 P 规律，试求主、副控制器的参数值。

7.13　均匀控制系统的控制方案有哪些？

7.14　什么叫比值控制系统？

7.15 前馈控制系统有什么特点？与单闭环比值控制系统比较，有什么特点？

7.16 与单纯前馈控制系统比较，前馈-反馈控制系统有什么优点？

7.17 前馈控制系统适用于什么场合？

7.18 离心泵的控制方案有几种？各有什么特点？控制阀能否安装在入口管线？

7.19 试述离心式压缩机的防喘振方案。

7.20 两侧无相变的换热器常采用哪几种控制方案？各有什么特点？

7.21 低温冷却器常采用哪几种控制方案？各有什么特点？

7.22 精馏塔操作过程中的主要扰动有哪些？

7.23 精馏塔的精馏段温度控制和提馏段温度控制各有什么特点？分别适用于什么场合？

7.24 釜式反应器的自动控制方案有哪些？

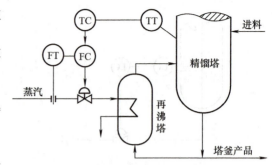

图 7-73 精馏塔提馏段温度与蒸汽流量的串级控制系统

第8章 过程计算机控制系统

【主要知识点及学习要求】
1) 了解计算机控制系统的结构及分类。
2) 掌握集散控制系统基本概念及结构。
3) 了解现场总线控制系统的主要类型及组成。
4) 掌握现场总线控制系统网络组建的方法。

8.1 计算机控制系统概述

8.1.1 计算机控制简述

随着科学技术的进步和发展,计算机在自动控制领域中得到了广泛应用。计算机控制是计算机技术与自动控制理论及自动化技术紧密结合并应用于实际的结果。过程计算机控制则是指采用计算机实现对工业生产过程的控制。其被控量主要是温度、压力、流量及成分等,与之相对应的计算机控制系统称为过程计算机控制系统,其典型结构如图8-1所示。

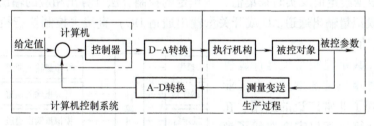

图 8-1 过程计算机控制系统的典型结构

在过程计算机控制系统中,计算机不但要完成原来由模拟控制器完成的控制任务,还应充分发挥其优势,完成更多模拟控制器不能完成的任务,从而使控制系统的功能更趋于完善。一般地,计算机在控制系统中至少起到以下三个作用。

1) 实时数据处理。对来自测量变送装置的被控变量数据的瞬时值进行巡回采集、分析处理、性能计算及显示、记录、制表等。

2) 实时监督决策。对系统中的各种数据进行越限报警、事故预报与处理,根据需要进行设备自动起停,对整个系统进行诊断与管理等。

3) 实时控制及输出。根据被控生产过程的特点和控制要求,选择合适的控制规律,包括复杂的先进控制策略,然后按照给定的控制策略和实时的生产情况实现在线、实时控制。

8.1.2 计算机控制系统的分类

根据系统的应用及结构特点的不同,可将过程计算机控制系统大致分成计算机巡回检测和操作指导系统、计算机直接数字控制系统、计算机监督控制系统、集散控制系统及现场总线控制系统、计算机集成过程控制系统(CIPS)等几类。

1. 计算机巡回检测和操作指导系统

在这种系统中,计算机以巡回的方式周期性地检测生产过程中的大量参数,然后由计算机对来自现场的数据进行分析和处理后,根据一定的控制规律或管理方法进行计算,然后通过显示器或打印机输出操作指导信息,操作人员根据这些参考信息去操纵和控制生产过程。如图8-2所示。

这类计算机控制系统是计算机应用于工业生产过程最早和最简单的一类系统。它的优点

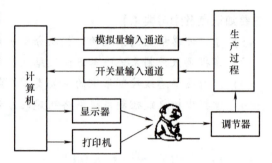

图8-2 计算机巡回检测和操作指导系统

是可用于试验新方案、新系统。如果在实施计算机闭环控制之前先进行这种开环控制的试运行,就可以考核计算机工作的正误。该系统还可用于试验新的数学模型和调试新的控制程序。其缺点是仍需要人工操作,速度受到一定限制,不能同时控制多个回路。

2. 计算机直接数字控制系统

计算机直接数字控制(Direct Digital Control,DDC)系统的基本构成如图8-3所示。计算机通过过程输入通道(模拟量输入通道AI或开关量输入通道DI)对多个被控生产过程进行巡回检测,根据给定值及实时采集值,按预定的控制算法计算出相应的输出控制量,经过程输出通道(模拟量输出通道AO或开关量输出通道DO)直接去控制执行机构,将各被控变量保持在给定值上。

计算机直接数字控制系统是计算机控制系统的一种最典型的形式,在工业生产过程中得到了非常广泛的应用。在这种系统中,计算机不仅完全取代了模拟控制器直接参与闭环控制,实现了几十个甚至更多的单回路控制;而且只要通过改变控制程序即可实现一些较复杂

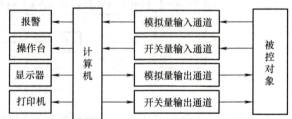

图8-3 计算机直接数字控制系统的基本构成

的控制规律。它把显示、记录、报警和给定等功能都集中在操作控制台上,给操作人员带来了极大的方便。它还可以与计算机监督控制系统结合起来构成分级控制系统,实现最优控制;同时也可作为计算机集成控制系统的最底层——直接过程控制层,与过程监控层、生产调度层、企业管理层、经营决策层等一起实现工厂综合自动化。其缺点是要求工业控制计算机的可靠性很高,否则会直接影响生产的正常运行。

3. 计算机监督控制系统

计算机监督控制(Supervisory Computer Control,SCC)系统通常采用两级控制形式,如图8-4所示。所谓监督控制,指的是根据原始的生产工艺数据和现场采集到的生产工况信

息，一方面，按照描述被控过程的数学模型和某种最优目标函数，计算出被控过程的最优给定值，输出给下一级 DDC 系统或模拟调节器；另一方面，对生产状况进行分析，做出故障的诊断与预报。所以 SCC 系统并不直接控制执行机构，而是给出下一级的最优给定值，由它们去控制执行机构。当下一级采用 DDC 系统时，其计

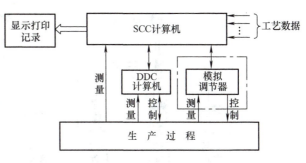

图 8-4 计算机监督控制系统

算机（称为下位机）完成前面所述的直接数字控制功能。SCC 计算机（称为上位机）则着重于满足某个最优性能指标（包括控制规律和在线优化条件等）的修正与实现，它可以看成是操作指导与 DDC 系统的综合与发展。

SCC 系统的主要优点是：它在计算时可以考虑许多常规控制器不能考虑的因素，如环境温度和湿度对生产过程的影响；可以进行过程操作的在线优化；可以实现复杂的先进控制规律，满足产品的高质量控制要求；可以进行故障的诊断与预报。目前，这种控制方式已越来越多地被应用于较为复杂的工业对象及设备的控制中。

SCC 计算机承担先进控制、过程优化与部分管理的任务，信息存储量大，计算任务繁重，要求有较大的内存与外存和较为丰富的软件，故一般要选用高档微型机或小型机作为 SCC 计算机。

4. 集散控制系统

集散控制系统（Distributed Control System，DCS）又称为分布或分散控制系统。近 20 年来发展十分迅速，其结构框图如图 8-5 所示。它以微处理机为核心，实现地理上和功能上的控制，同时通过高速数据通道把各个分散点的信息集中起来，进行集中的监视和操作，并实现复杂的控制和优化。DCS 的设计原则是分散控制、集中操作、分级管理、分而自治和综合协调。

DCS 既有计算机控制系统控制算法先进、精度高、响应速度快的优点，又有仪表控制系统安全可靠、维护方便的优点，而且容易实现复杂的控制规律。另外，DCS 是积木式结构，构成灵活，易于扩展，系统的可靠性高，操作、监视方便，信息处理量大，电缆和敷缆成本较低，便于施工。

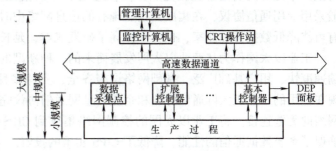

图 8-5 集散控制系统结构框图

5. 现场总线控制系统

20 世纪 80 年代发展起来的 DCS 尽管给工业过程控制带来了许多好处，但由于其采用了"操作站-控制站-现场仪表"的结构模式，所以系统成本较高，而且各厂家生产的 DCS 标准各异，不能互连。现场总线控制系统（Fieldbus Control System，FCS）是新一代分布式控制系统，它采用了不同于 DCS 的"操作站-现场总线智能仪表"的结构模式，如图 8-6 所示。

现场总线控制系统采用计算机数字化通信技术，将自动控制系统与设备加入工厂信息网

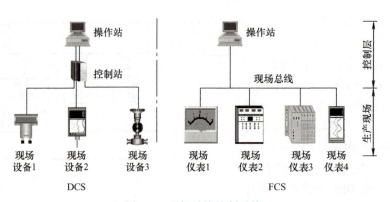

图 8-6 现场总线控制系统

络，构成企业信息网络底层，使企业信息沟通的覆盖范围一直延伸到生产现场。现场总线是支撑现场级与车间级信息集成的技术基础。

现场总线控制系统降低了系统总成本，提高了可靠性，且在统一的国际标准下可实现真正意义上的开放式互连系统结构，因此它是一种正在发展中的很有前途的控制系统。

6. 计算机集成过程控制系统

计算机集成过程控制系统（Computer Integrated Process System，CIPS）是在计算机通信网络和分布式数据库的支持下，实现信息与功能的集成、综合管理与决策，最终形成一个能适应生产环境不确定性和市场需求多变性的全局最优的高质量、高柔性、高效益的智能生产系统。

它利用 DCS 作基础，开发高级控制策略，实现各层次的优化，利用管理信息系统 MIS 进行辅助管理和决策，将企业中有关过程控制、计划调度、经营管理、市场销售等信息进行集成，经科学加工后，为各级领导、管理及生产部门提供决策依据，实现控制、管理的一体化。它也是当前过程自动化发展的趋势和热点。

在现代 CIPS 中必不可少的基础设施就是控制网络。现场总线控制系统的推广应用，使得生产单位之间的信息交流更加方便，避免了"数据孤岛"的出现。但是由于现场总线一般采用专用通信协议，在集成到企业现有的信息网络中时，需要昂贵的协议转换设备，不但有可能降低数据传输速率，也大大提高了研发成本，延长了系统的投运时间。

工业以太网作为从商业以太网发展而来的一种新型的控制网络结构，具有价格低廉、传输速度快、用户基础广泛、基础网络设施齐全、支持多种服务、应用程序多等显著的优点。现在应用的工业以太网通信协议和企业信息网通信协议完全相同，可以实现控制网络和信息网络的无缝连接。将工业以太网的控制网络集成到 CIPS 中，不需要昂贵的协议转换设备，确保了系统数据通信的性能，降低了 CIPS 实施的投资。

8.2 集散控制系统

8.2.1 集散控制系统的基本概念

集散控制系统

最初的计算机控制系统是替代常规控制仪表的直接数字控制（DDC）系统，它实现了集中控制、显示和操作，控制精度较高。但是，在大型工厂或装置中，一台计算机往往要集中控制几十甚至几百个回路，事故发生的危险性高度集中，一旦计算机控制系统出现故障，控制、监视和操作都无法进行，这将给生产带来很大影响，甚至造成全局性的重大事故。

进入 20 世纪 70 年代后，为了进一步提高控制系统的安全性和可靠性，开发研制了新型的集散控制系统。该控制系统实现了控制分散、危险分散，并将操作、监测和管理集中，克服了常规仪表控制系统控制功能单一和计算机控制系统危险集中的局限性，能够实现连续控制、间歇（批量）控制、顺序控制、数据采集处理和先进控制，将操作、管理与生产过程密切结合。

自从美国霍尼威尔（Honeywell）公司于 1975 年首次向世界范围推出了以微处理器为基础的集散控制系统——TDC2000 系统以来，DCS 的结构和性能日臻完善，已经在石油、化工、电力、钢铁、纺织及食品加工等部门得到了广泛应用，并取得了良好的经济效益。DCS 的发展可分为四个阶段。

1）第一阶段是 DCS 的初创阶段，主要依赖于"4C"技术［计算机技术（Computer）、通信技术（Communication）、显示技术（CRT）和控制技术（Control）］，重点是实现分散控制。

2）第二阶段是 DCS 的成熟阶段。达到了"4A"目标，即生产过程自动化（Production Automation，PA）、办公自动化（Office Automation，OA）、实验室自动化（Laboratory Automation，LA）和工厂自动化（Factory Automation，FA）。按系统构成可分解为过程控制级、控制管理级和生产管理级，把过程控制系统、实时操作网络和工厂信息网融为一体，推出了 TPS（Total Plant Solution）全厂一体化的概念。

3）第三阶段是 DCS 的扩展阶段。这一阶段将现场总线引入到 DCS 中，使企业信息沟通的覆盖范围一直延伸到生产现场。DCS 功能与现场总线仪表的控制功能相融合，保持了 DCS 的实时性与先进性。同时，系统将向信息管理系统和计算机网络控制扩展，将过程控制和信息管理系统紧密结合起来，向计算机集成制造系统（Computer Integrated Manufacturing System，CIMS）、计算机集成过程系统（Computer Integrated Processing System，CIPS）方向发展。

到目前为止，世界上已有近百家公司开发生产各种类型的集散控制系统，国外有代表性的集散控制系统包括美国 Honeywell 公司的 TDC-3000/PM、FOXBORO 公司的 I/A Series、Emerson 公司的 DeltaV，德国 SIEMENS 的 PCS7 和日本 YOKOGAWA 公司的 CS3000 等，国内有浙江中控公司的 JX-300XP、和利时公司的 MACS 等。

DCS 有以下特点：

（1）监控操作方便　DCS 通过 CRT 显示器和键盘、鼠标可以对被控对象的变量值及其变化趋势、报警情况、软硬件运行状况进行集中监视，实施各种操作功能，画面形象直观，是模拟仪表控制系统无法比拟的。

（2）控制功能丰富　DCS 具有多种运算控制算法和逻辑运算功能，如各种数学运算、逻辑运算、PID 控制、前馈控制等，还可以实现顺序控制和各种联锁保护、报警等功能。

（3）信息和数据共享　DCS 各站独立工作的同时，通过通信网络传递各种信息和数据协调工作，使整个系统信息共享。

（4）系统扩展灵活　DCS 采用标准化、模块化设计，可以根据不同规模的工程对象，硬件设计上采用积木搭接方式进行灵活配置，扩展方便。

（5）安装维护方便　DCS 采用专用的多芯电缆、标准化接插件和端子板，可以很方便地装配和维修更换。在软件上具有强大的自诊断功能,当故障发生时,能迅速发出报警信号,以便工作人员及时维修。

(6) 系统的可靠性　由于 DCS 采用多个微处理器分散控制生产装置,使得危险高度分散。同时又采用冗余措施,大大提高了系统的可靠性,从而使系统的平均无故障工作时间达到十万小时以上。

8.2.2　集散控制系统的结构

1. 集散控制系统的体系结构

DCS 的体系结构通常为三级:第一级为分散过程控制级,第二级为集中操作监控级,第三级为综合信息管理级。各级之间由通信网络连接,级内各装置之间由本级的通信网络进行通信联系。典型的 DCS 体系结构如图 8-7 所示。

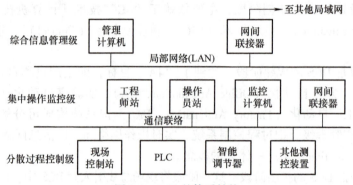

图 8-7　DCS 的体系结构

(1) 分散过程控制级　此级是整个系统体系结构中的最低层,直接与生产现场的传感器、执行器相连,用于完成生产过程的数据采集、闭环控制及顺序控制等功能。构成这一级的主要装置有现场控制站、智能调节器、可编程序控制器(PLC)及其他测控装置。

(2) 集中操作监控级　集中操作监控级是面向现场操作员和系统工程师的。这一级配备有技术手段先进、功能强大的计算机系统及各类外部设备,通常采用较大屏幕、较高分辨率的显示器和工业键盘,计算机系统配有较大存储容量的硬盘或软盘。另外,还有功能强大的软件支持,确保工程师和操作员对系统进行组态、监视和操作,对生产过程实行高级控制策略、故障诊断及质量评估等。

(3) 综合信息管理级　这是控制系统体系结构中的最高层,广泛地涉及工程、经济、商务、人事以及其他各种功能。它将这些功能集成到一个大的软件系统,通过这个软件系统,整个工厂的复杂生产调度和计划等问题都可以得到优化解决。这一级主要完成的功能有市场分析、用户信息收集、生产和分销渠道的监督、生产合同、各种统计报表、生产效率、产值、经营额、利润/成本及其他财政分析报表。

(4) 通信网络系统　DCS 各级之间的信息传输主要依靠通信网络系统来支持。根据各级的不同要求,通常分成低速、中速和高速通信网络。低速网络面向分散过程控制级,中速网络面向集中操作监控级,高速网络面向综合信息管理级。DCS 的硬件系统通过网络系统将不同数目的现场控制站、操作员站和工程师站连接起来,共同实现各种采集、控制、显示、操作和管理等功能。

2. 集散控制系统的物理结构及各部分功能

从 DCS 使用的功能角度来看，可分成现场控制站、操作员站、工程师站、通信系统及接口等，如图 8-8 所示。

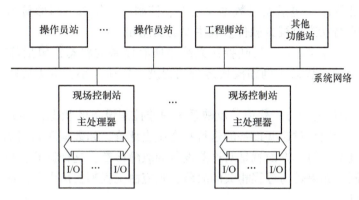

图 8-8　DCS 的物理结构

（1）**现场控制站**　现场控制站是集散控制系统的核心部分，又称现场控制单元或基本控制器，可以控制一个或多个回路。主要完成连续控制功能、顺序控制功能、算术运算功能、报警检查功能、过程 I/O 功能、数据处理功能和通信功能等。提供的控制算法和数学运算有 PID、非线性增益、位式控制、选择性控制、函数计算、多项式系数及 Smith 预估等。

在硬件上，DCS 的现场控制站由以下几个部分组成。

1）过程量 I/O：包括模拟量输入/输出、开关量输入/输出、累积量（计数值）输入/输出和脉冲宽度输入/输出等。结构形式有插板式和模块式两种。

2）主控单元：即实现处理和计算的主体，其中包括 CPU、存储器和控制软件。

3）电源：分为逻辑电源和现场电源两种，为过程量 I/O 接口及主控单元提供电源的为逻辑电源。为现场量 I/O（如干接点式开关量输入的接点电源、开关量输出继电器的控制线圈电源及供电式仪表的供电电源等）提供电源的为现场电源。两种电源应该实现电气隔离，不允许共地。

4）通信网络：包括根据需要配置的集线器、交换器及路由器等。

5）机柜、机架等机械安装结构件。

在软件方面，DCS 的现场控制站中主要包括过程量采集软件、回路计算软件以及网络通信软件。过程量采集软件用于对采集的过程量进行工程量转换，即将采集到的二进制代码转换成为工程量表示的浮点数，然后将这些工程量集中存放到现场控制站内存中的实时数据库中。回路计算软件是现场控制站中最核心的软件。该软件以实时数据库中的数据为原始数据，根据预先确定的算法进行计算，将计算结果作为输出对现场实现控制。现场控制站另一个重要的软件是网络通信软件，该软件将系统中各个现场控制站、操作员站、工程师站及各类功能站连接在一起，互相交换信息，从而实现系统的功能。

（2）**操作员站**　操作员站是人和机器的联系通道。安装有操作系统、监控软件和控制器的驱动软件，显示系统的标签、动态流程图和报警信息。一个 DCS 可以有多个操作员站，每一个操作员站可以显示相同的内容，也可以是不同的内容。DCS 厂家可以配备专用操作员站或通用操作员站。通过它可以操纵生产过程，监视工厂的运行状态，组态回路，调整回路参数（如 PID 参数、设定值及报警值等）、检测故障和存储过程数据。它通常由通信控制器、微处理器、CRT、键盘和相关的大容量存储器、打印机等组成。

（3）工程师站　工程师站的主要工作是组态设计，并将设计结果下载到模块中执行。主要软件包括组态软件（包括实时数据库组态、控制算法组态、图形显示组态及系统结构组态等）和系统运行状态监视的软件。其主要的功能如下：

1）监视 DCS 设备的状态。反映控制系统中所有设备的状态，包括静态状态（例如停止、故障等）以及动态状态（例如模块运行的程度、负荷大小、有无故障发生的趋势、发生了什么故障等）。

2）监视过程变量的动态变化值。反映系统中非控制设备的状态，如人机接口、通信系统、对外的接口，特别是对这些设备的运行状态做出评价，如数据库利用率、通信负荷、对外接口的忙闲程度等。另一方面就是对这些设备的故障诊断，这种诊断应高于操作员站上由操作员做出的诊断。如果是与过程相关的故障，则应由工程师找出内部的深层原因，这时的工具应是工程师站。

3）对所有 DCS 的设备做组态设计。设计可以分成"硬"设计和"软"设计。"硬"设计指设置地址、开关等；"软"设计指控制功能的组态。

4）运行第三方软件，使 DCS 文件与其他软件能相互调用。如公共的办公软件、数据库软件、工程设计软件，甚至管理软件。

（4）通信系统　通信网络把现场控制站、操作员站、工程师站及管理计算机等连成一个系统。通信网络有几种不同的结构形式，如总线型、环形和星形。总线型网络在逻辑上也是环形网络，而星形网络只适用于小系统。无论是环形还是总线型，一般都采用广播式，其他一些协议方式用得较少。通信网络的速率一般在 10Mbit/s 和 100Mbit/s 左右。

8.2.3　HOLLiAS-MACS-S 集散控制系统

HOLLiAS-MACS-S 系统是由和利时公司在成功地开发并应用了 HS-DCS-1000 系统和 HS2000、SmartPro 系统之后，推出的新一代 DCS。该系统采用了现场总线技术（Profibus-DP 总线），支持 FF、DEVICENET、CANBUS、PA 等主流总线，支持 HART 标准协议，智能化仪表可以方便地和系统相连。同时采用成熟的先进控制算法，全面支持 IEC61131-3 标准，支持 OPC 技术、ActiveX 技术，并且集成了 AMS、RealMIS、ERP 系统等，并集成了众多知名厂家的典型控制系统的驱动接口，可在智能现场仪表设备、控制系统、企业资源管理系统之间进行无缝信息流传送，具有可靠性高、适用性强等优点，是一个完善、经济、可靠的控制系统。

1. HOLLiAS-MACS-S 系统的硬件体系结构

HOLLiAS-MACS-S 系统是由以太网和现场总线技术的控制网络连接的各工程师站、操作员站、现场控制站、通信控制站及数据服务器组成的综合自动化系统，可以完成大型、中型分布式控制系统（DCS）、大型数据采集监控系统（SCADA）等功能。

HOLLiAS-MACS-S 系统硬件由工程师站、操作员站、服务器、现场控制站（包括主控单元设备和 I/O 单元设备）及工业控制网络等组成，如图 8-9 所示。

（1）HOLLiAS-MACS-S 系统中的站

1）工程师站。运行相应的组态管理程序，对整个系统进行集中控制和管理。工程师站可以进行组态（包括系统硬件设备、数据库、控制算法、图形及报表）和相关系统参数的

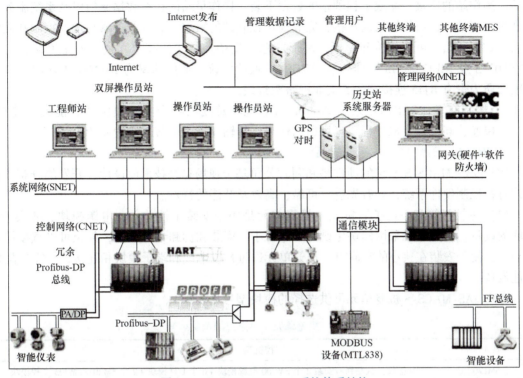

图 8-9　HOLLiAS-MACS-S 系统体系结构

设置，完成现场控制站的下装和在线调试，以及服务器、操作员站的下装。在工程师站上运行操作员站实时监控程序后，可以把工程师站作为操作员站使用。

2) 操作员站。运行相应的实时监控程序，对整个系统进行监视和控制。操作员站用于完成各种监视信息的显示、查询和打印。主要监视信息有工艺流程图显示、趋势显示、参数列表显示、报警监视、日志查询及系统设备监视等。通过使用键盘、鼠标或触摸屏等人机设备，对操作员站的命令和参数进行修改，可以实现对系统的人工干预，如在线参数修改、控制调节等。

3) 服务器。运行相应的管理程序，对整个系统的实时数据和历史数据进行管理，与工厂管理网络交换信息等。

4) 现场控制站。运行相应的实时控制程序，对现场进行控制和管理。现场控制站主要运行工程师站所下装的控制程序，进行工程单位变换、现场数据采集和控制输出、控制和联锁控制算法等，并通过系统网络将数据和诊断结果传送到操作员站。

(2) HOLLiAS-MACS-S 系统中的网络　HOLLiAS-MACS-S 系统的工业控制网络由三部分组成，管理网络（MNET）、系统网络（SNET）、控制网络（CNET）。其中，系统网络和控制网络都是冗余配置，管理网络为可选网络。

1) 管理网络（MNET）：由 100M 以太网络构成，用于控制系统服务器与厂级信息管理系统（RealMIS 或者 ERP）、Internet、第三方管理软件等进行通信，实现数据的高级管理和共享。

2) 系统网络（SNET）：由 100M 高速冗余工业以太网络构成，用于系统服务器与工程师站、操作站的连接，完成工程师站的数据下装、操作员站的在线数据通信以及系统服务器与现场控制站、通信控制站的连接，完成现场控制站的数据下装及服务器与现场控制站之间的实时数据通信。可快速构建星形、环形或总线型拓扑结构的高速冗余的安全网络，符合IEEE802.3及IEEE802.3u标准、基于TCP/IP通信协议、通信速率为10/100Mbit/s自适应、传输介质为带有RJ45连接器的5类非屏蔽双绞线。

3）控制网络（CNET）：采用ProfiBus-DP现场总线与各个I/O模块及智能设备连接，实时、快速、高效地完成过程或现场通信任务，传输介质为屏蔽双绞线或者光缆。

2. HOLLiAS-MACS-S系统的硬件简介

HOLLiAS-MACS-S系统的硬件是和利时公司基于现场总线技术而设计、开发的分布、开放式过程控制硬件系统，具有先进、可靠、高效及节能的特点。

（1）主控机笼和I/O扩展机笼　机笼单元是用于安装主控单元、电源模块、各类I/O模块的设备。机笼单元采用模块化设计，体积小，安装和拆卸十分方便，甚至可以直接挂在墙面上，便于安装在狭小的空间里。机笼单元通过预制电缆和端子模块相连接，不需要配接其他设备。

HOLLiAS-MACS-S机笼单元可供选择的模块型号见表8-1。

表8-1　机笼单元可供选择的模块型号

主控机笼	
SM120	10槽位：从左到右安装2个SM900电源模块+6个I/O模块+2个SM201/SM203主控模块
SM130	14槽位：从左到右依次可配置2个冗余电源模块+10个I/O模块+2个冗余主控模块
I/O机笼	
SM121	10槽位：从左到右安装2个SM900电源模块+8个I/O模块
SM131	14槽位：从左到右依次可配置2个冗余电源模块+12个I/O模块

（2）常用I/O模块　SM系列硬件系统的智能I/O单元由置于主控机笼和扩展机笼内部的I/O模块及对应端子模块共同构成，I/O模块与对应端子模块通过预制电缆（DB25）连接，用于完成现场数据的采集、处理与驱动，以实现现场数据的数字化。每个I/O单元通过现场总线与主控制单元建立通信。

I/O模块通常分为模拟量和开关量两大类。模拟量的配置类型主要有8点模拟量输入（AI）、8点脉冲量输入（PI）、8点模拟量输出（AO）及6点模拟量冗余输出。开关量的配置类型主要有16点数字量输入（DI）及16点数字量输出（DO）。所有的I/O卡都具有断线、短路及超量程报警。常用I/O模块见表8-2。

表8-2　常用I/O模块一览表

型号	模块名称	端子模块	冗余端子	说明
SM410	8通道可冗余模拟量输入模块	—	SM3330	冗余4~20mA输入，二线制或四线制
		SM3310	SM3340	1~5V/0~10V输入
SM481	8通道电流型输入模块	SM3480	—	4~20mA/0~11mA输入，二线制或四线制
SM482	8通道电流型输入模块	SM3310	—	4~20mA四线制

(续)

型号	模块名称	端子模块	冗余端子	说明
SM413	8 通道电压型输入模块	SM3310	—	1~5V/0~10V 电压输入
SM620	8 通道脉冲量输入模块	SM3310	—	电压型脉冲，支持计数、测频功能
SM432	8 通道 RTD 输入模块	SM3432	—	Cu50/Pt100 输入
SM434	8 通道 RTD 冗余输入模块	—	SM3434	Cu50/Pt100 输入
SM472	8 通道可冗余热电偶输入模块	SM3470	SM3340	两块 SM472 配一块 SM3340
SM472	8 通道可冗余热电偶输入模块	SM3471	—	带冷端补偿 8 路 TC 输入
SM511	8 通道模拟量输出模块	SM3510	—	4~20mA 输出
SM520	6 通道冗余模拟量输出模块	—	SM3340	4~20mA 输出
SM610	16 通道可冗余 DC24V 开关量输入模块	SM3610	SM3620	干接点开关量输入端子
SM610	16 通道可冗余 DC24V 开关量输入模块	SM3611	SM3620	AC220V 开关量输入端子
SM610	16 通道可冗余 DC24V 开关量输入模块	SM3614	SM3620	继电器开关量输入端子
SM618	16 通道 DC48V 触点型开关量输入模块	SM3610	—	与 SM3612 配合提供触点查询电压
SM618	16 通道 DC48V 触点型开关量输入模块	SM3612	—	SM3612 为 16 通道 DC48V 查询电源分配端子模块
SM711	16 通道可冗余开关量输出模块	SM3710	SM3720	配置交流继电器型开关量输出端子。SM3710 触点容量 1A，SM3713 触点容量 4A
SM711	16 通道可冗余开关量输出模块	SM3713	SM3720	配置交流继电器型开关量输出端子。SM3710 触点容量 1A，SM3713 触点容量 4A
SM711	16 通道可冗余开关量输出模块	SM3711	SM3720	配置直流继电器型开关量输出端子。继电器最大开关容量 1A，DC110V
SM711	16 通道可冗余开关量输出模块	SM3712	SM3720	配置交、直流固态继电器型开关量输出端子。开关容量 0~60V，0~5A（直流）；48~220V，0.06~5A（交流）
SM711	16 通道可冗余开关量输出模块	SM3714	SM3720	配置小型交、直流继电器型开关量输出端子。开关容量 500mA，DC30V
SM020	串口通信模块	SM3330	SM3330	2 个通信口（一个 RS-485，一个 RS-232）
SM412	8 通道带 HART 冗余模拟量输入模块	—	SM3412	冗余 4~20mA，支持 HART、二线制或四线制
SM412	8 通道带 HART 冗余模拟量输入模块	—	SM3340	冗余 1~5V
SM480	8 通道带 HART 模拟量输入模块	SM3480	—	4~20mA，支持 HART、二线制或四线制
SM522	6 通道带 HART 冗余模拟量输出模块	—	SM3340	4~20mA
SM512	8 通道带 HART 模拟量输出模块	SM3510	—	4~20mA，支持 HART

3. HOLLiAS-MACS-S 系统的软件简介

HOLLiAS-MACS-S 软件包含离线组态软件和在线监控软件。操作员站运行在线监控软件，工程师站运行离线组态软件，同时工程师站可运行在线监控软件兼作操作员站。

（1）离线组态软件　离线组态软件安装在工程师站上，其界面友好、操作简便、功能强大，组态方法灵活，可实现数据库总控、设备组态、控制算法组态、报表组态、图形组态、工程师在线下装等功能。

HOLLiAS-MACS-S 软件与现场控制站具有逻辑上的对应关系，即系统组态的控制站信息（主控型号、模块型号和地址）与现场控制站是一一对应的，有助于用户对现场控制站结构的了解。在设备组态时，使用图形化的模块、I/O 点及通信等组态界面，能快速进行机柜的配置，布置图与现场机柜布置一一对应，修改方便。控制算法组态图形化，可进行回路控制、联锁控制、顺序控制及先进控制等控制。遵循 IEC61131—3 标准，支持 6 种编程语言：FBD（功能块图）、CFC（连续功能块图）、SFC（顺序控制图）、ST（结构化文本语言）、IL（指令表语言）、LD（梯形图），各类语言之间可以相互调用和嵌套，并支持递归调用。HOLLiAS-MACS-S 离线组态软件还提供了 100 多种封装好的功能块库及算术运算函数、紧急事件函数、连续控制函数、类型转换函数、文件操作函数、定时器、计数器、触发器函数等，提供 PID 自整定功能块以及无模型自适应预测器等多种高级算法和先进控制。报警组态功能强大，支持组合条件判断报警。事件组态界面简单，可指定事件发生的时间、周期和条件。工艺流程图的图形库提供丰富的图形符号，同时支持用户自定义符号、图形、操作面板等。支持无扰下装、在线调试和离线仿真调试。

系统的组态实施过程如图 8-10 所示。

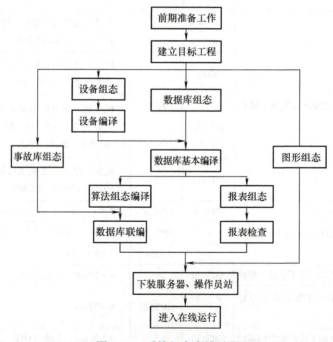

图 8-10 系统组态实施过程

（2）在线监控软件 在线监控软件主要安装在操作员站上，用于完成用户对人机交互界面的监控。主要操作功能包括流程图、趋势图、参数列表、报警、日志的显示及控制调节、参数整定等。

在监控软件上，能看到全部信号及状态值，如开关反馈状态、开关反馈信号强制与仿真、开关命令状态、开关命令的操作允许；能进行参数设置，如开关限时显示与设置；能反映设备控制状态,如手自动阀门开关控制、手自动切换等;能将信号连接到该位号所在的流程图页面、总貌图、联锁逻辑图、趋势画面、调整画面(上/下限、报警值设置等)、报警信息及确认画面。监控软件上还能实现从系统级到模块的 I/O 通道的自诊断,包括运行状态诊断、网络状态诊断、控制器运行诊断、I/O 通道诊断、I/O 模块诊断等,同时能进行故障的快速定位和排除。

监控软件具备强大的在线报表及数据查询功能,支持 EXCEL 报表,批量控制报表。在线报表统计系统提供各种适用于工业现场实践的统计功能,可进行最大值、最小值、平均值、时间段偏离值等统计计算,可进行丰富的报警查询,可按报警类别(高限、低限、系统报警、工艺报警)、按数据类型(模拟量、开关量)、按日期时间等查询。

MACS-S 系统给用户提供的是一个通用的系统组态和运行控制平台,应用系统需要通过工程师站软件组态产生,即把通用系统提供的模块化的功能单元按一定的逻辑组合起来,形成一个完成特定要求的应用系统。系统组态后将产生应用系统的数据库、控制运算程序、历史数据库、监控流程图以及各类生产管理报表。

8.2.4 浙大中控 Web Field JX-300XP 集散控制系统

Web Field JX-300XP 集散控制系统是由浙江中控技术股份有限公司开发的中小型过程控制系统,该系统适合于化工、石化、电力、冶金、建材等流程工业企业。JX-300XP 集散控制系统采用了高性能的微处理器及先进的现场总线技术,设计了可靠的软件平台及成熟的先进控制算法,集成了众多知名厂家的典型控制系统的驱动接口,是一套全数字化、结构灵活、功能完善的开放式集散控制系统。

1. JX-300XP 集散控制系统的体系结构

JX-300XP 集散控制系统由工程师站、操作员站、现场控制站、数据管理站、时间同步服务器及过程控制网络等组成,如图 8-11 所示。

工程师站是为专业工程技术人员设计的,内装有相应的组态平台和系统维护工具。通过系统组态平台生成满足生产工艺要求的应用系统,具体功能包括系统生成、数据库结构定义、操作组态、流程图画面组态、报表程序编制等。系统维护工具软件可实现过程控制网络调试、故障诊断及信号调校等功能。

操作员站是由工业 PC、CRT、键盘、鼠标、打印机等组成的人机系统,是操作人员完成过程监控管理任务的环境。通过高性能工控机、卓越的流程图及多窗口画面显示功能,可以方便地实现生产过程信息的集中显示、集中操作和集中管理。

控制站是系统中直接与现场交互的 I/O 处理单元,用于完成整个工业过程的实时监控。控制站可实现冗余配置,在同一系统中,任何信号均可按冗余或不冗余进行连接。一般情况下,主控制卡、数据转发卡和电源箱都采用 100%冗余。

数据管理站可与企业管理计算机网(ERP 或 MIS)交换信息,实现企业网络环境下的实时数据和历史数据采集,从而实现整个企业生产过程的管理、控制的全集成综合自动化。

过程控制网络实现工程师站、操作员站、控制站的连接,完成信息、控制命令的传输,一般采用双重化冗余设计,使信息传输安全、高速。

JX-300XP 控制系统采用三层通信网络结构。

1)最上层为信息管理网,采用了符合 TCP/IP 的以太网,用于连接各个控制装置的网桥

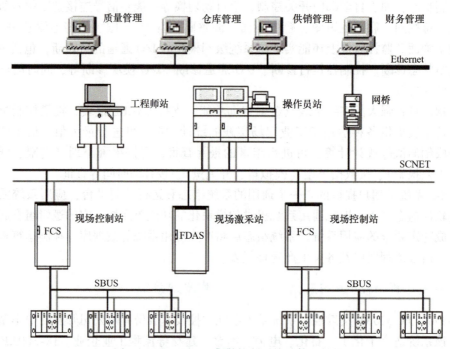

图 8-11　JX-300XP 集散控制系统的体系结构

及企业内各类管理计算机，用于工厂级的信息传送和管理，是实现全厂综合管理的信息通道。

2）中间层为过程控制网（SCNET II），采用双高速冗余工业以太网作为过程控制网络，用于连接操作员站、工程师站与控制站等，传输各种实时信息。通过挂接服务器站，可以与上层管理信息网或其他厂家设备连接。

3）底层网络为控制站内部网（SBUS），采用主控制卡指挥式令牌网，存储转发通信协议，是控制站各卡件之间进行信息交换的通道。SBUS 总线由两层构成，分别为 SBUS–S1 和 SBUS–S2。SBUS–S1 位于各机笼内，用于数据转发卡与各块 I/O 卡件间的信息交换。SBUS–S2 位于控制站所管辖的 I/O 机笼之间，用于主控制卡和数据转发卡间的信息交换。

2. JX–300XP 集散控制系统的主要性能指标

JX–300XP 最大系统配置为 63 个冗余控制站和 72 个操作员站或工程师站，系统容量最大可达 20000 点。

JX–300XP 集散控制系统的每个控制站可挂接 8 个 I/O 机笼，每个机笼最多可配置 20 块卡件，除了配置一对互为冗余的主控制卡和数据转发卡外，还可最多配置 16 块各类 I/O 卡件。主控制卡必须插在机笼最左端的两个槽位。主控制卡是控制站的核心，它采用高度模块化的结构，用简单的配置方法可实现复杂的过程控制。各种信号最大配置点数为：

1）AI 模拟量输入点数≤384/站。
2）AO 模拟量输出点数≤128/站。
3）DI 开关量输入点数≤1024/站。
4）DO 开关量输出点数≤1024/站。
5）控制回路：192 个/站。
6）程序空间 4MB Flash RAM，数据空间 4MB SRAM。

7）自定义 1B 开关量≤2048。

8）虚拟 2B 变量≤2048（int、sfloat）。

9）虚拟 4B 变量≤512（long、float）。

10）虚拟 8B 变量≤256（sum）。

11）秒定时器 256 个，分定时器 256 个。

JX-300XP 集散控制系统的常用卡件参见表 8-3。

表 8-3　JX-300XP 集散控制系统的常用卡件

卡件型号	卡件名称	性　　能
XP243X	主控制器	负责采集、控制和通信等，100Mbit/s
XP233	数据转发卡	SBUS 总线标准，用于扩展 I/O 单元
XP313	电流信号输入卡	6 通道输入
XP351	电流信号输入卡	8 通道输入
XP351H	HART 电流信号输入卡	8 通道 HART 输入
XP314	电压信号输入卡	6 通道输入
XP316	热电阻信号输入卡	4 通道输入
XP335	脉冲量信号输入卡	4 通道输入
XP341	PAT 卡（位置调整卡）	2 通道输出
XP322	模拟信号输出卡	4 通道输出
XP372	电流信号输出卡	8 通道输出
XP372H	HART 电流信号输出卡	8 通道 HART 输出
XP361	电平型开关量输入卡	8 通道输入
XP422	SOE 主卡	可带 16 块 SOE 从卡
XP369（B）	SOE 从卡	8 通道输入
XP363（B）	干触点开关量输入卡	8 通道输入
XP362（B）	晶体管开关量输出卡	8 通道输出
XP366	数字量信号输入卡	16 通道输入
XP367	晶体管触点开关量输出卡	16 通道输出

3. JX-300XP 集散控制系统的软件组成

JX-300XP 集散控制系统的软件采用浙江浙大中控自主开发的 Advan Trol Pro 软件包。Advan Trol Pro 软件包采用多任务、多线程结构设计，具有良好的开放性能。系统组态结构清晰、界面操作方便，控制算法组态采用国际标准，可实现图形组态和语言组态相结合。其报表功能灵活，应用便捷，具有二次计算能力。软件包采用大容量、高吞吐量的实时数据库和两级分层的数据结构，实时和历史趋势操作灵活，具有强大的报警管理功能，提供基于 API 接口的多种数据访问接口。软件系统安全、可靠，运行稳定。

Advan Trol Pro 软件包由系统组态软件及监控软件两部分组成。

系统组态软件通常安装在工程师站，主要由系统组态软件 SCKey、图形化编程软件 SC-Control、SCX 语言编程软件 SCLang、流程图制作软件 SCDrawEx、报表制作软件 SCFormEx、二次计算组态软件 SCTask、ModBus 协议外部数据组态软件 AdMBLink 等功能软件组成。各功能软件关系如图 8-12 所示。各功能软件之间通过对象链接与嵌入技术，动态地实现模块间各种数据、信息的通信、控制和管理。这些软件以 SCKey 系统组态软件为核心，各模块相互配合，共同构成一个全面支持系统结构及功能组态的软件平台。

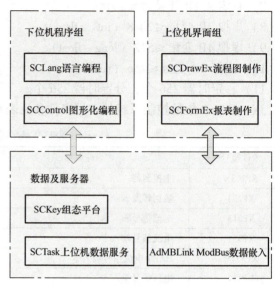

监控软件安装在操作员站、运行的服务器、工程师站中。其基本功能为：数据采集和数据管理。它可以从控制系统或其他智能设备采集数据以及管理数据，进行过程监视、控制、报警、报表、数据存档等。主要包括实时监控软件 Advan Trol、数据服务软件 AdvRTDC、数据通信软件 AdvLink、报警记录软件 AdvHisAlmSvr、趋势记录软件 AdvHisTrdSvr、数据连接软件 AdvMBLink ModBUS、OPC 数据通信软件 AdvOPCLink、OPC 服务器软件 AdvOPCServer、网络管理和实时数据传输软件 AdvOPNet、历史数据传输软件 AdvOPNetHis 等，各软件架构如图 8-13 所示。

图 8-12 系统组态软件关系

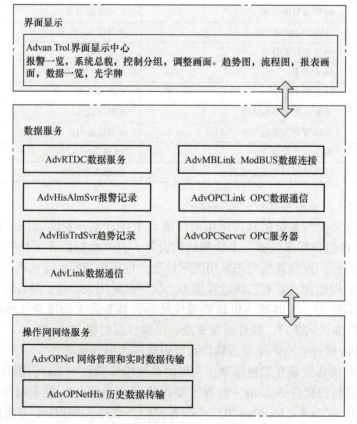

图 8-13 监控软件架构

8.3 现场总线控制系统

8.3.1 现场总线控制系统概述

集散控制系统以其高可靠性在过程控制领域获得了广泛应用，但随着企业内部信息化要求的提高，DCS 的硬件和软件的封闭性成为系统互联的瓶颈。另外，DCS 与现场仪表间采用 4~20mA 模拟信号互联，远远满足不了对现场设备状态监测和管理的深层次要求。为了解决控制系统开放性和数字化的问题，20 世纪 80 年代中期提出了现场总线的思想。

1. 现场总线的定义

随着微处理器和计算机功能不断增强和价格的不断降低，计算机和网络系统得到了迅速发展，这也使得现场总线技术得以实现。现场总线系统是为实现整个企业的信息集成，实施综合自动化而开发的一种通信系统。它是开放式、数字化和多点通信的底层控制网络。

目前，公认的现场总线技术概念描述如下：现场总线是安装在生产过程区域的现场设备/仪表与控制室内的自动控制装置/系统之间的一种串行、数字式和多点通信的数据总线。其网络节点是以微处理器为基础的，具有检测、控制和通信能力的智能式仪表或控制设备。现场总线标准实质上是一个定义了硬件接口和通信协议的通信标准。

基于现场总线构建的控制系统称为现场总线控制系统（FCS）。它将挂接在总线上作为网络节点的智能设备连接为网络系统，并构成自动化系统，实现基本控制、补偿计算、参数修改、报警、显示、监控、优化及管控一体化的综合自动化功能，这是继基地式气动仪表控制系统、电动单元组合式模拟仪表控制系统、集中式数字控制系统及集散控制系统后的新一代控制系统。

2. 现场总线控制系统的特点

(1) 结构方面　FCS 在结构上与传统的控制系统不同，它采用数字信号代替模拟信号，实现一对导线上传输多个信号。现场设备以外不再需要 A-D、D-A 转换部件，简化了系统结构。由于采用了智能现场设备，能够把原先 DCS 中处于控制室的控制模块、各输入/输出模块置入现场，使现场的测量变送仪表可以与阀门等执行机构传送数据，控制系统功能直接在现场完成，实现了彻底的分散控制。

(2) 技术方面

1) 系统的开放性。可以与遵守相同标准的其他设备或系统连接。用户具有高度的系统集成主动权，可根据应用需要自由选择不同厂商所提供的设备来集成系统。

2) 互可操作性与互用性。互可操作性是指实现互联设备间、系统间的信息传送与沟通。互用性则意味着不同生产厂家的性能类似的设备可实现互相替换。

3) 现场设备的智能化与功能自治性。将传感测量、补偿计算、过程处理与控制等功能分散到现场设备中完成，仅靠现场设备即可完成自动控制的基本功能，并可随时诊断设备的运行状态。传统型与现场总线型控制功能分散性比较如图 8-14 所示。图 8-14b 中，有些控制和 I/O 功能可以转移到现场仪表。

4) 系统结构的高度分散性。通过构成一种新的全分散性控制系统，从根本上改变了原有以 DCS 集中与分散相结合的集散控制系统体系，简化了系统结构，提高了测控精度和系统的可靠性。

5）对现场环境的适应性。现场总线专为现场环境而设计，支持双绞线、同轴电缆和光缆等，具有较强的抗干扰能力。由于采用两线制供电和通信，可满足本质安全防爆要求。

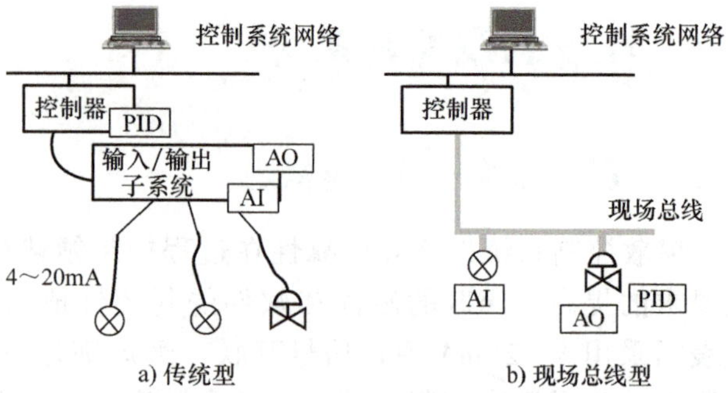

（3）经济方面

1）节省硬件数量和投资。FCS 中分散在现场的智能设备能执行多种传感、控制、报警和计算等功能，减少了变送器、控制器和计算单元的数量，也不需要信号调理、转换等功能单元及接线等，节省了硬件投资，减少了控制室面积。

图 8-14　控制功能分散性的比较

2）节省安装费用。FCS 接线简单，一对双绞线或一条电缆上通常可挂接多个设备，因而电缆、端子及桥架等用量减少，设计与校对量减少。增加现场控制设备时，无需增设新的电缆，可就近连接到原有电缆上，从而节省了投资，减少了设计和安装的工作量。如图 8-15 所示。

3）节省维护费用。现场控制设备具有自诊断和简单故障处理能力，通过数字通信能将诊断维护信息送至控制室，用户可查询设备的运行、诊断及维护信息，分析故障原因并快速排除故障，缩短了维护时间。同时，系统结构的简化和连线简单也减少了维护工作量。

3. 现场总线控制系统的发展

1983 年，Honeywell 推出了智能化仪表——Smar 变送器，这些带有微处理

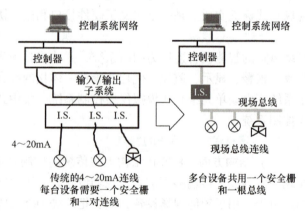

图 8-15　接线方式的比较

器芯片的仪表除增加了复杂的控制功能外，还在 4～20mA 直流输出信号上叠加了数字信号，使现场和控制室之间的连接由模拟信号过渡到模拟和数字信号并存。此后几十年间，世界上各大公司都相继推出了各具特色的智能仪表。如 Rosemount 公司的 1151、FOXBORO 公司的 820、860 等。以微处理器芯片为基础的各种智能型仪表，为现场仪表数字化及实现复杂应用功能提供了基础。但由于不同厂商设备之间的通信标准不统一，严重束缚了工厂底层网络的发展。

1984 年，美国仪表协会（ISA）下属的标准与实施工作组中的 ISA/SP50 开始制定现场总线标准。1985 年，国际电工委员会决定由 Proway Working Group 负责现场总线体系结构与标准的研究制定工作。1986 年，德国开始制定过程现场总线（Process Fieldbus）标准，简称为 PROFIBUS。1992 年，由 SIEMENS、Rosemount、ABB、FOXBORO、YOKOGAWA 等 80 家公司联合成立了 ISP 组织，在 PROFIBUS 的基础上制定现场总线标准。1993 年，以 Honeywell、Bailey 等公司为首，成立了 World FIP 组织，有 120 多个公司加盟该组织，并以法国标准 FIP 为基础制定现场总线标准。1994 年，ISP 和 World FIP 北美部分合并，成立了现场总线基金会，于 1996 年第一季度颁布了低速总线 H1 标准，将不同厂商符合 FF 规范的仪表互联，组成控制系统和通信网络，使 H1 低速总线步入实用阶段。与此同时，在不同行业还陆续派生出一些有影响的总线标准，如德国 Bosch 公司推出的 CAN、美国 Echelon 公司推出的 Lonworks 等。

由于现场总线产品投资效益和商业利益的竞争，几种现场总线标准在今后一定时期内会共存。从长远看，现场总线将向开放系统、统一标准的方向发展。

根据 1999 年渥太华会议的纪要，将原 IEC61158.3~6 的技术规范作为新标准 IEC61158 的类型 1（Type 1），而其他总线按原技术规范作为新标准的类型 2~类型 8（Type 2~Type 8）。修改后的现场总线国际标准在 2000 年年初获得通过，共有 8 类，分别是 Type 1，FF H1；Type 2，ControlNet；Type 3，PROFIBUS；Type 4，P-Net；Type 5，FF HSE；Type 6，Swift Net；Type 7，WorldFIP；Type 8，Interbus。

8 类现场总线采用完全不同的通信协议。要实现这些现场总线的相互兼容和互操作几乎不可能。Type 4 和 Type 6 是功能相对简单的现场总线；Type 2 是监控级现场总线；Type 8 是现场设备级现场总线；Type 2、Type 3 和 Type 7 是以 PLC 为基础的控制系统发展而来的现场总线；只有 Type 1 和 Type 5 是从传统 DCS 发展而来的现场总线，其中 Type 1 是现场设备级低速现场总线，而 Type 5 是监控级的高速现场总线。

8.3.2 主要现场总线简介

目前国际上各种现场总线及总线标准不下两百种，具有一定影响和已占有一定市场份额的总线有如下几种。

1. FF 现场总线

FF 现场总线由国际公认的、唯一不附属于任何企业的、非商业化的国际标准组织——现场总线基金会提出。基金会现场总线是一种全数字式的串行双向通信系统。它可以将现场仪表、阀门定位器等智能设备连接在一起，其自身可向整个网络提供应用程序。它以 ISO/OSI 参考模型为基础，采用物理层、数据链路层和应用层为 FF 通信模型的相应层次，并在应用层上增加用户层。基金会现场总线分为低速现场总线 H1 和高速现场总线 HSE 两种通信速率。低速现场总线 H1 的传输速率为 31.25kbit/s，高速现场总线 HSE 的传输速率为 100Mbit/s，H1 支持总线供电和本质安全特性。H1 最大通信距离为 1900m（如果加中继器可延长至 9500m），每个网段最多可直接连接 32 个节点。如果加中继器最多可连接 126 个节点。通信媒体为双绞线、光缆或无线电。FF 的 H1 和 HSE 分别是 IEC61158 的标准子集 1 和 5。

FF 采用可变长的帧结构，每帧有效字节数为 0~250。目前 Smar、Fuji、NI、Semiconductor、SIEMENS 及 YOKOGAWA 等公司可提供 FF 的通信芯片。

如今，FF 现场总线的应用领域以过程自动化为主，如化工、石油、天然气及电力等行业，它主要用于对生产过程中连续量的控制。

2. PROFIBUS 现场总线

PROFIBUS 是 1987 年德国集中了 13 家公司的 5 个研究所的力量，按 ISO/OSI 参考模型制定的现场总线的德国国家标准，其主要支持者是德国西门子公司，并于 1991 年 4 月在

DIN19245 中发表，正式成为德国国家标准。开始只有 PROFIBUS-DP 和 PROFIBUS-FMS，1994 年又推出了 PROFIBUS-PA，它引用了 IEC 标准的物理层（IEC1158—2，1993 年通过），从而可以在有爆炸危险的区域（Ex）内连接本质安全型通过总线馈电的现场仪表，这使得 PROFIBUS 更加完善。

由图 8-16 可知，PROFIBUS 由三个部分组成。

（1）PROFIBUS-FMS 主要用来解决车间级通用性通信任务。可用于大范围和复杂的通信。总线周期一般小于 100ms。

（2）PROFIBUS-DP 这是一种经过优化的高速和便宜的通信总线。它的设计是专门针对自动控制系统与分散的 I/O 设备级之间进行通信的。总线周期一般小于 10ms。

（3）PROFIBUS-PA 它是专门为过程自动化设计的。它可使传感器和执行器接在一根共用的总线上，甚至在本质安全领域也可接上。根据 IEC1158—2 标准，PROFIBUS-PA 采用双绞线进行总线供电和数据通信。

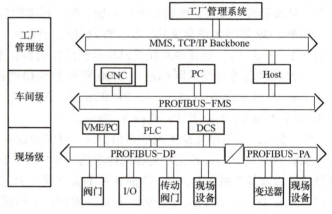

图 8-16 PROFIBUS 系统图

PROFIBUS 协议结构是根据 ISO7498 国际标准以 OSI 作为参考模型的，但省略了 3~6 层，同时又增加了服务层。PROFIBUS 提供了用于 DP 和 FMS 的 RS-485 传输、用于 PA 和 IEC1158—2 的传输及光纤三种类型的传输方式。

PROFIBUS 主要用于加工制造自动化、过程自动化和楼宇自动化等行业。据调查，PROFIBUS 在 1996 年已赢得了 43% 的德国市场，以及大约 41% 的欧洲市场。目前，各主要的自动化设备生产厂均为其所生产的设备提供 PROFIBUS 接口。产品范围包括 1000 多种不同设备和服务，约有 200 种设备已经认证。

3. ControlNet 现场总线

控制网络（ControlNet）现场总线是设备级现场总线，它是用于 PLC 和计算机之间、逻辑控制和过程控制系统之间的通信网络，已成为 IEC61158 标准子集 2，1995 年由 Rockwell Automation 公司推出。它是基于生产者/消费者（Producer/Consumer）模式的网络，是具有高度确定性、可重复性的网络。确定性是预见数据何时能够可靠传输到目标的能力；可重复性是数据传输时间不受网络节点添加/删除操作或网络繁忙状况影响而保持恒定的能力。在逻辑控制和过程控制领域，ControlNet 总线也被用于连接输入/输出设备和人机界面。

ControlNet 现场总线采用并行时间域多路存取（Concurrent Time Domain Multiple Access，CTDMA）技术，它不采用主从式通信，而采用广播或一点到多点的通信方式，使多个节点可精确同步获得发送方数据。通信报文分显式报文（含通信协议信息的报文）和隐式报文（不含通信协议信息的报文），其传输特点如下。

（1）网络带宽的利用率高 采用 CTDMA 技术，数据一旦发送到网络，网络上的其他节点就可同时接收。因此，与主从式传输技术比较，不需要重复发送同样的信息到不同的从站，从而减少网络上的通信量。

（2）同步性好　由于在网络上的数据可同时被多个节点接收，与主从式传输方式比较，各节点可同时接收数据，因此同步性好。

（3）实时性好　采用在预留时间段的确定时间内周期重复发送，保证有实时要求的数据能够正确发送，并且可根据实时性要求设置时间片的大小，进行预留，从而保证实时性。

（4）避免数据访问的冲突　采用虚拟令牌，只有获得令牌的节点可发送数据，避免了数据访问的冲突，提高了传输效率。

（5）高吞吐量　传输速率为 5Mbit/s 时，网络刷新速率为 2ms。

该总线可寻址节点数达 99 个，传输速率 5Mbit/s，采用同轴电缆和标准连接头的传输距离可达 1km，采用光缆的传输距离可达 25km。

针对控制网络数据传输的特点，该总线采用时间分片的方式对数据通信进行调度。重要的数据（如过程输入/输出数据的更新、PLC 之间的互锁等）采用预留时间片中确定的时间段进行周期通信，而对无严格时间要求的数据（如组态数据和诊断数据等）采用预留时间片外的非周期通信方式。此外，对时间的分配还预留用于维护的时间片，用于节点的同步和网络的维护，如用于增删节点、发布网络链路参数等。

4. CAN 总线

控制器局域网络（Controller Area Network，CAN）总线是由德国 Bosch 公司于 20 世纪 80 年代为解决汽车中各种控制器、执行机构、监测仪器及传感器之间的数据通信而提出并开发的总线型串行通信网络。在现场总线领域中，CAN 总线得到了 Intel、Motorola、Philips 等著名大公司的广泛支持，将其广泛应用于离散控制领域，这些公司纷纷推出直接带有 CAN 接口的微处理器（MCU）芯片。CAN 总线构建的系统在可靠性、实时性和灵活性等方面具有突出的性能，也更适合于工业过程控制设备之间的互联。CAN 协议现场总线的网络设计采用了符合 ISO/OSI 网络标准的 3 层结构模型，即物理层、数据链路层和应用层。网络的物理层和数据链路层的功能由 CAN 接口器件完成，而应用层的功能由处理器完成。

CAN 采用了带优先级的 CSMA/CD 协议对总线进行仲裁，因此其总线允许多站点同时发送。这样，既保证了信息处理的实时性，又使得 CAN 可以构成多主结构或冗余结构的系统，保证了系统设计的可靠性。另外，CAN 采用短帧结构，且它的每帧信息都有 CRC 校验和其他检错措施，保证了数据传输极低的出错率。其传输介质可采用双绞线、同轴电缆或光纤等。

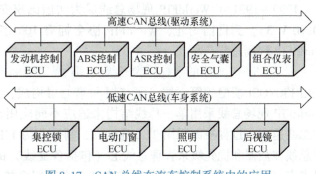

图 8-17　CAN 总线在汽车控制系统中的应用

CAN 总线主要应用于汽车制造、公共交通车辆、机器人、液压系统及分散型 I/O。另外，在电梯、医疗器械、工具机床及楼宇自动化等行业均有所应用。图 8-17 为 CAN 总线的应用。

5. LonWorks 现场总线

LonWorks 现场总线由美国 Echelon 公司开发。目前，LonWorks 的应用范围广泛，主要包括工业控制、楼宇自动化、数据采集及 SCADA 系统等。国内主要应用于楼宇自动化。

LonWorks 技术的核心是具备通信和控制功能的 Neuron（神经元）芯片。它包括一个固化的高级通信协议 LonTalk、三个微处理器、一个多任务操作系统和灵活的输入/输出方式。LonTalk 协议提供了 OSI 参考模型所定义的全部 7 层协议，其中，1～6 层被封装到 Neuron（神经元）芯片中，只有第 7 层应用层是根据应用对象自行定义的，大大节约了开发时间和成本。

LonWorks 技术符合 ISO 的 OSI 标准，开放性、互联性及互操作性好，不同公司的产品可以相互兼容，系统扩容十分方便。LonWorks 网络采用无主站点对点的对等结构，各节点都能完成控制和通信功能，提高了系统的稳定性，降低了系统维护难度。LonWorks 网络支持多种物理介质，如双绞线、光纤、同轴电缆、电力线载波及无线电等，其拓扑结构灵活多变，组网形式十分灵活，可根据具体应用工程的结构特点采用不同的网络连接方式，提高了系统的可靠性。

6. DeviceNet 总线

设备网络（DeviceNet）总线是基于 CAN 总线技术的设备级现场总线。它由嵌入 CAN 通信控制器芯片的设备组成，是用于低压电器和离散控制领域的现场设备，如作为开关、温度控制器、机器人、伺服电动机及变频器等设备之间通信的现场总线。它已成为 IEC62026 标准子集。

DeviceNet 总线采用总线型网络拓扑结构，每个网段可连接 64 个节点，传输速率有 125kbit/s、250kbit/s 和 500kbit/s 等；主干线最长为 500m，支线最长为 6m；支持总线供电和单独供电，供电电压为 24V。

该总线采用基于连接的通信方式，因此，节点之间的通信必须先建立通信连接，然后才能进行通信。报文的发送可以是周期或状态切换，采用生产者/消费者的网络模式。通信连接有输入/输出连接和显式连接两种。输入/输出连接用于对实时性要求较高的输入/输出数据的通信，采用点对点或点对多点的数据连接方式，接收方不必对接收报文做出应答。显式连接用于组态数据、控制命令等数据的通信，采用点对点的数据连接方式，接收方必须对接收报文做出是否正确的应答。

7. WorldFIP 现场总线

1990—1991 年 WorldFIP 现场总线成为法国国家安全标准，1996 年成为欧洲标准（EN 50170 V.3）。到目前为止，WorldFIP 协会拥有 100 多个成员，这些成员生产了 300 多个 WorldFIP 现场总线产品。

用 WorldFIP 构成的系统分为三级，即过程级、控制级和监控级。WorldFIP 的协议结构是由 ISO/OSI 模型的第一层、第二层和第七层构成，传输媒体可以是屏蔽双绞线或光纤。WorldFIP 现场总线采用单一总线结构来适应不同应用领域的需求，不同应用领域采用不同的总线速率。过程控制采用 31.25kbit/s，制造业为 1Mbit/s，驱动控制为 1～2.5Mbit/s。采用总线仲裁器和优先级来管理总线上（包括各支线）的各控制站的通信。可进行 1 对 1、1 对多点（组）、1 对全体等多重通信方式。在应用系统中，可采用双总线结构，其中一条总线为备用线，增加了系统运行的安全性。

WorldFIP 现场总线适用范围广泛，在过程自动化、制造业自动化、电力及楼宇自动化方面都有很好的应用。

8. HART 总线

1986 年，由 Rosemount 提出可寻址远程传感器总线（Highway Addressable Remote Transducer，HART）通信协议。它是在 DC4～20mA 模拟信号上叠加频移键控（Frequency Shift Keying，FSK）数字信号，既可传输 DC4～20mA 模拟信号，也可传输数字信号。显然，这是现场总线的过渡性协议。

1993 年，成立了 HART 通信基金会（HART Communication Foundation，HCF），约有 70 多个公司加盟，如 Rosemount、SIEMENS、E+H 及 YOKOGAWA 等。专家们估计，HART 在国际上的实用寿命约为 15～20 年，而在国内由于客观条件的限制，这个时间可能会更长。

9. Modbus 总线

Modbus（Modicon Bus）是 MODICON 公司为其生产的 PLC 设计的一种通信协议，从功能上看，可以认为是一种现场总线。Modbus 协议定义了消息域格式和内容的公共格式，使控制器能认识和使用消息结构，而无需考虑通信网络的拓扑结构。它描述了一个控制器访问其他设备的过程，当采用 Modbus 协议通信时，此协议规定每个控制器需要知道自己的设备地址、识别按地址发来的消息，如何响应来自其他设备的请求，以及如何侦测错误并记录。

控制器通信采用主从轮询技术，只有主设备能发出查询，从设备响应消息。主设备可单独和从设备通信，从设备返回一个消息。如果采用广播方式（地址为零）查询，从设备不进行任何回应。

Modbus 通信有 ASCII 和 RTU（Remote Terminal Unit）两种模式，一个 Modbus 通信系统只能选择一种模式，不允许两种模式混合使用。

采用 RTU 模式时，消息的起始位以至少 3.5 个字符传输时间的停顿开始（一般采用 4 个），在传输完最后一个字符后，由一个至少 3.5 个字符传输时间的停顿来标识结束。一个新的消息可以在此停顿后开始。在接收期间，如果等待接收下一个字符的时间超过 1.5 个字符传输时间，则认为是下一个消息的开始。校验码采用 CRC-16 方式，只对设备地址、功能代码和数据段进行校验。整个消息帧必须作为一个连续的流传输，传输速率较 ASCII 模式高。

Modbus 可能的从设备地址是 0～247（十进制），单个设备的地址范围是 1～247；其可能的功能代码范围是 1～255（十进制），其中，有些代码适用于所有的控制器，有些是针对某种 MODICON 控制器，有些是为用户保留或备用的。

10. CC-Link 总线

CC-Link 是 Control & Communication Link（控制与通信链路系统）的简称。1996 年 11 月，以三菱电机为主导的多家公司第一次正式向市场推出了以"多厂家设备环境、多性能、省配线"理念开发的全新的 CC-Link 现场总线。CC-Link 是允许在工业系统中将控制和信息数据同时以 10Mbit/s 的高速传输的现场总线。作为开放式现场总线，CC-Link 是唯一起源于亚洲地区的总线系统，它的技术特点更适应亚洲人的思维习惯。2000 年 11 月，CC-Link 协会（CC-Link Partner Association，CLPA）成立；到 2002 年 4 月底，CLPA 在全球拥有 250 多个会员公司。随着 CLPA 在全球进行 CC-Link 推广的成功，CC-Link 本身也在不断进步。到目前为止，包括 CC-Link、CC-Link/LT 和 CC-Link V2.0 三种有针对性的协议，构成了 CC-Link 家族比较全面的工业现场网络体系。

CC-Link 是一个高速、稳定的通信网络，其最大通信速度可以达到 10Mbit/s，最大通信距离可以达到 1200m（加中继器可以达到 13.2km）。当 CC-Link 连接 64 个站、以 10Mbit/s 的速度进行通信时，扫描时间不超过 4ms。CC-Link 的优异性能来源于其合理的通信方式。CC-Link 以 ISO/OSI 模型为基础，取其物理层、数据链路层和应用层，并增加了用户服务层。它的底层通信协议遵循 RS-485，采用 3 芯屏蔽绞线，拓扑结构为总线型。CC-Link 采用的是主从通信方式，一个 CC-Link 系统必须有一个主站，而且也只能有一个主站，主站控制着整个网络的运行。但是，为了防止主站出故障而导致整个系统的瘫痪，CC-Link 可以设置备用主站，这样，当主站故障时就可以自动切换到备用主站。CC-Link 提供循环传输和瞬间传输两种通信方式。在通常情况下，CC-Link 主要采用广播轮信（循环传输）的方式进行通信。

部分现场总线技术总结见表 8-4。

表 8-4 部分现场总线技术总结

现场总线	特 点	应 用
PROFIBUS-DP	传输速率：9.6~12 kbit/s 传输距离：100~1200m 传输介质：双绞线或光缆	支持 PROFIBUS-DP 总线的智能电气设备、PLC 等，适用于过程顺序控制和过程参数的监控
FF	传输速率：31.25 kbit/s 传输距离：1900m 传输介质：双绞线或光缆	现场总线仪表、执行机构等过程参数的监控
CAN	传输速率：5~500 kbit/s 传输距离：40~500m 传输介质：两芯电缆	汽车内部的电子装置控制，大型仪表的数据采集和控制
WorldFIP	传输速率：31.25~2500 kbit/s 传输距离：500~5000m 传输介质：双绞线或光缆	可应用于连续或断续过程的自动控制
DeviceNet	传输速率：125 kbit/s、250 kbit/s、500 kbit/s 传输距离：100~500m 传输介质：五芯电缆	适用于电气设备和控制设备的设备级网络控制，以及过程控制和顺序控制设备等
ControlNet	传输速率：5Mbit/s 传输距离：100~400m 传输介质：双绞线	车间级网络控制和 PLC 网络控制
LonWorks	传输速率：78~1250 kbit/s 传输距离：130~2700m 传输介质：双绞线或电力线	由于智能神经元节点技术和电力载波技术，可广泛应用于电力系统和楼宇自动化

8.3.3 现场总线系统

1. 现场总线控制系统的组成

现场总线控制系统主要由硬件和软件两部分组成。

（1）现场总线控制系统的硬件构成　现场总线控制系统的硬件主要由测量系统、控制系统、设备管理系统和通信系统等部分组成，现场总线控制系统的结构如图 8-18 所示。

1）测量系统。测量系统通过现场总线及其接口将网络上的监控计算机和现场总线单元设备（如智能变送器和智能控制阀等）连接起来，构成最底层的 Infranet 控制网络（即现场总线控制网络）。控制网络提供了一个经济、可靠、能根据控制需要优化的、灵活的设备联网平台。网络拓扑结构为任意形式，可为总线型、星形及环形等，通信介质不受限制，可用双绞线、电源线、光纤、无线电及红外线等多种形式。

由于测量系统采用数字信号传输，具有多变量高性能测量的特点，因此，在分辨率、准确性、抗干扰及抗畸变能力等方面的性能较好。

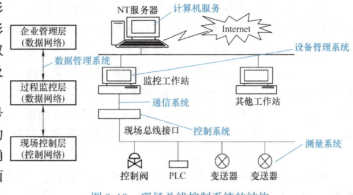

图 8-18　现场总线控制系统的结构

2）控制系统。现场总线控制系统将各种控制功能下放到现场，由现场仪表来实现测量、计算、控制和通信等功能，从而构成了一种彻底分散式的控制系统体系结构。现场仪表主要有智能变送器、智能执行器及可编程控制仪表等。

3）设备管理系统。设备管理系统可以提供设备自身及过程的诊断信息、管理信息、设备运行状态信息及厂商提供的设备制造信息等。

4）通信系统。通信网络中的硬件包括系统管理主机、服务器、网关、集线器、用户计算机及底层智能化仪表等。由现场总线控制系统形成的 Infranet 控制网很容易与 Intranet（企业管理信息网）和 Internet（全球信息互联网）连接，构成一个完整的企业网络三级体系结构。

网络通信设备是现场总线之间及总线与节点之间的连接桥梁。监控计算机与现场总线之间可用通信接口卡或通信控制器连接，现场总线一般可连接多个智能节点或多条通信链路。

为了组成符合实际需要的现场总线控制系统，将具有相同或不同现场总线的设备连接起来，还需要采用一些网间互联设备，如中继器（Repeater）、集线器（Hub）、网桥（Bridge）、路由器（Router）及网关（Gateway）等。

5）计算机服务模式。客户机/服务器模式是目前较为流行的网络计算机服务模式。服务器表示数据源（提供者），客户机则表示数据使用者，它从数据源获取数据，并进行进一步处理。客户机运行在 PC 或工作站上。服务器运行在小型机或大型机上，它使用双方的智能、资源和数据来完成任务。

6）数据库。数据库能有组织、动态地存储大量的有关数据与应用程序，实现数据的充分共享、交叉访问，具有高度独立性。目前已有一些较成熟的、可供选用的数据库，如关系数据库中的 Oracle、Sybase、Informix、SQL Server，实时数据库中的 Infoplus、PI、ONSPEC 等。

（2）现场总线控制系统的软件　现场总线控制系统的软件包括操作系统、网络管理软件、通信软件和组态软件等。

1）操作系统。操作系统一般使用 Windows NT、Windows CE 或实时操作软件 VxWorks 等。

2）网络管理软件。网络管理软件的作用是实现网络各节点的安装、删除和测试，以及对网络数据库的创建、维护等功能。例如，基金会现场总线采用网络管理代理（NMA）、网络管理者（NMgr）工作模式。网络管理者实体在相应的网络管理代理的协同下实现网络的通信管理。

3）通信软件。通信软件的作用是实现监控计算机与现场仪表之间的信息交换，通常使用 DDE 或 OPC 技术来完成数据交换任务。

把不同厂商生产的部件集成在一起是件麻烦的事情，厂商需要为每个部件开发专门的驱动或服务程序，用户还需要把应用程序与这些由生产厂商提供的驱动或服务程序连接起来。OPC 技术为应用程序间的信息集成和交互提供了强有力的技术支撑。

4) **组态软件**。组态软件是用户应用程序的开发工具，它具有实时多任务、接口开放、功能多样、组态灵活方便及运行可靠等特点。这类软件一般都提供能生成图形、画面、实时数据库的组态工具、简单实用的编程语言、不同功能的控制组件以及多种 I/O 设备的驱动程序，使用户能方便地设计人机界面，形象生动地显示系统运行状况。

2. 现场总线网络的组态

现场总线网络的组态通常使用专门组态软件进行。许多公司开发了基于现场总线的工程组态工具，如 FF 的组态工具有 NI 公司的 NI-FBUS Configurator、Smar 公司的 SYSCON，PROFIBUS 的组态工具有 STEP7。下面以图 8-19 所示网络为例介绍用 STEP7 V5.4 实现对 PROFIBUS-DP 主从式网络的组态。

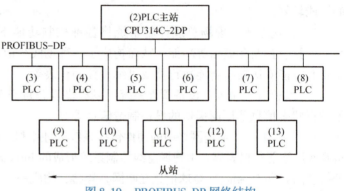

图 8-19 PROFIBUS-DP 网络结构

（1）网络结构 该网络以 S7-300 PLC 为主从站，CPU 型号全部为 CPU314C-2DP，是一个典型的 PROFIBUS-DP 主-从式网络。其中一个 CPU314C-2DP 作为系统的主站（DP 地址为 2），其他的 CPU314C-2DP 作为系统的从站（DP 地址分别为 3～13）。硬件组态图如图 8-20 所示。

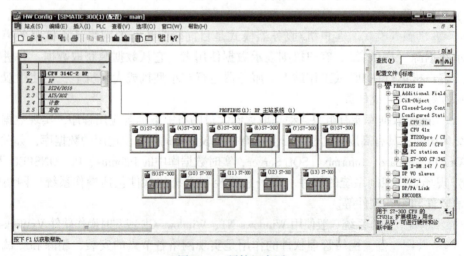

图 8-20 硬件组态图

（2）网络的组建步骤

1) 从站硬件组态。

① 打开编程软件 STEP7，单击新建项目按钮 ，打开项目，在左侧项目栏中单击鼠标右键，在弹出的菜单栏里选择插入 12 个 S7-300 站点，如图 8-21 所示。

图 8-21 增加从站

② 单击从站点的硬件组态画面，对从站进行硬件组态，在从站的硬件组态中双击 DP，打开 DP 属性对话框，将 DP 地址设置为 3，如图 8-22 所示。在 DP 属性对话框的"工作模式"标签页，把此站设置为从站，并允许对其编程监控。选择 DP 属性对话框中的组态（Configuration）标签页设置通信数据区，单击 新建(N)... 按钮新建传输数据区，如图 8-23 所示。然后编译并保存。此时，3 号从站点硬件组态完毕。按照此种方式完成其他从站点的硬件组态。

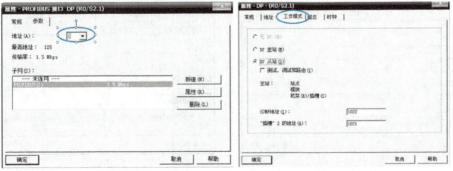

图 8-22 DP 从站点及地址设置

注意：DP 地址应为 4~13。

2）主站硬件组态。单击主站硬件图标，进入主站硬件组态环境，插入 CPU314C-2DP，打开 DP 属性对话框，把其 DP 地址定义为 2，打开图表右侧的 Profile 目录 PROFIBUS-DP 网络硬件树形栏 Configured Stations，选择 CPU 31x，在弹出的对话框中选择从站 CPU，单击 连接(C) ，建立主站和从站的数据连接，如图 8-24 所示。单击 DP 从站属性对话框的 组态 ，在出现的画面中双击蓝色数据区，进行设置，如图 8-25 所示。

按此步骤，完成其他从站点的挂接组态，并单击 按钮编译并保存。此时，2 号主站点硬件组态完毕。

3）参数下载。整个网络的硬件参数组态完毕后，用 PC/MPI 电缆将各自的参数下载到对应的 CPU 中，断电并保存参数。

4）网络连接。用做好的 PROFIBUS-DP 电缆连接好各个站点，打开各自的电源开关，检查网络连接情况。当网络正常时，各从站点和主站点的错误指示（红）灯不亮；当出现不正常现象时，应检查硬件组态和电缆连接情况。

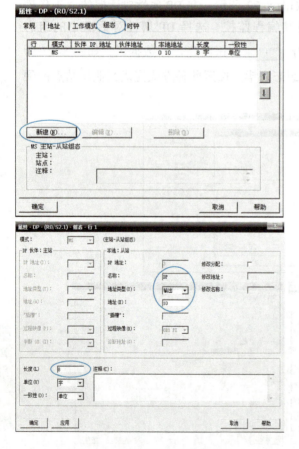

图 8-23 从站点通信数据设置

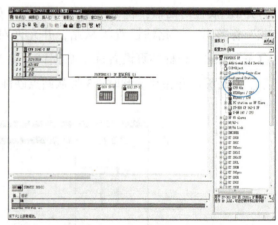

图 8-24 主从站数据连接

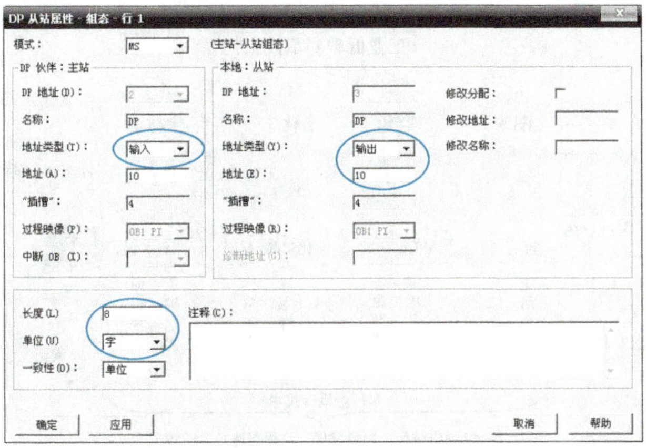

图 8-25 主站数据传输设置

【扩展阅读】 工业过程绿色低碳技术展望

碳中和是国家重大战略决策，工业碳中和是我国实现"双碳"目标的重中之重。2022年1月，习近平总书记在中共中央政治局第三十六次集体学习中指出，要下大气力推动钢铁、有色、石化、化工、建材等传统产业优化升级，加快工业领域低碳工艺革新和数字化转型。我国是工业大国，工业产值占世界总量的约30%。在我国的工业领域中，钢铁、有色、化工、建材四大行业占我国国内生产总值（GDP）的约20%，占全国工业产值的一半左右；但同时，工业领域也是二氧化碳（CO_2）排放的主要来源，其碳排放占我国总碳排放约39%。

工业碳中和不是孤立的，而是一个系统工程（如图8-26所示），不仅要考虑工业用能，如供热、供电等间接排放的CO_2，还要考虑工业原料的加工和转化过程中直接排放的CO_2。工业过程流程复杂、物流能流体系庞大，各产业往往孤立运行、集成度不够，要实现工业碳中和需要从三方面发力：变革现有高物耗、高能耗、高碳排放的工业发展模式，如采用绿氢、绿电替代现有化石资源为主的能源供给系统，调整原料、产品结构等，实现传统工业模式的低碳升级；加强理论创新和原创技术突破，通过技术创新、产业结构调整、工艺流程重构等，开发新一代绿色低碳变革性技术；高度重视钢铁、有色、化工、建材等行业间的协同联动和耦合减碳集成技术研究，以及绿色低碳智能化数字化。

过程技术研发周期长、费用高、风险大、效果差，其逐级放大的研发模式与流程再造的巨大研发需求矛盾突出，是实现"双碳"目标的重大瓶颈。模拟计算与计算机技术的发展为应对这一挑战提供了计算模拟的新途径，即应用已有理论、经验和数据在计算机上做虚拟实验，也就是实现工业过程的数字化和智能化。目前，工业智能化已成为世界各大国竞争的高地之一。德国提出的"工业4.0"战略以数字孪生为核心，美国提出的"元宇宙"概念可能引发产业和社会运作模式的重大变革。这些变革都急需高精度高效计算模拟的支撑，但传统的计算模拟主要在设备总体和流程的层面复现工厂的运行，并且多采用数据关联而非机理性预测模型，所以其优化设计与运行的能力还十分有限。

中国科学院过程工程研究所在国际上最早系统阐述了介尺度结构对过程计算模拟的重要性及其研究方法，进而建立了"介科学"。基于介科学原理提出的多尺度计算范式保持了问题、模型、软件和硬件的逻辑与结构一致性，为高效、高精度的过程模拟，特别是实现

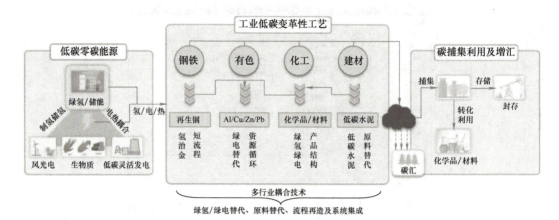

图 8-26 工业碳中和系统

"虚拟工厂",提供了可能。虚拟工厂是实际工厂的机理性数字孪生,在某种意义上也是工业过程的"元宇宙"。虚拟工厂集原位在线高精度无损测量、基于超级计算的高精度实时模拟与数据处理、基于人工智能的过程分析与调控、基于虚拟现实的可视化和人机交互等前沿技术于一体,在通用性、预测性、优化能力和时效性等方面均突破了传统仿真的限制。运用该技术,可在新工艺开发中通过虚拟运行交互地探讨不同工艺、装备和流程设计方案的优劣,并随即改进设计,查看和分析效果。同时对既有工厂,也可实现内部过程的全透明展示,从而优化其操作参数、方式并指导其改造。

面向过程工业高效低碳绿色再造的重大国家需求,应发展基于虚拟工厂的低碳多过程耦合技术,建立跨行业的虚拟工厂综合优化平台(如图 8-27 所示)。一方面,研发从量子力学到反应分子动力学、从微元传递与反应过程到多相复杂系统、从单元过程到复杂流程网络等系列软件的总体框架、核心算法与基础数据库,完善模拟优化和预测理论,引领国际过程工程学科前沿。另一方面,结合自主芯片和高性能计算系统的研发,通过软硬件协同设计建立适应虚拟工厂的模拟优化新模式和新体系,进而与软件信息行业紧密合作实现能源生产调节、低碳流程再造等多过程耦合优化体系的商业化与实体化,并在钢铁、有色、化工、建材等高碳行业推广应用,推动其零碳、低碳再造。

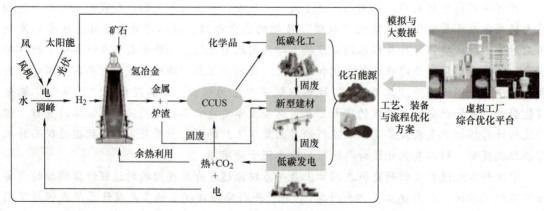

图 8-27 虚拟工厂综合优化平台

实训 8.1　单闭环流量定值 DCS 控制

1. 实训目的
1) 了解单闭环流量控制系统的结构组成与原理。
2) 掌握单闭环流量控制系统调节器参数的整定方法。
3) 研究 P、PI、PD 和 PID 四种控制分别对流量系统的控制作用。
4) 掌握 DCS 的实现过程。

2. 实训设备
1) THJDS-1 型过程自动化控制系统实验平台 1 套。
2) 装有 MACSV5.2.3 软件的计算机 1 台。
3) 万用表 1 只。
4) 以太网交换机 1 台。
5) 网线两根。

3. 实训内容与步骤

(1) 单闭环流量控制系统简述　本实训系统的结构图和框图如图 8-28 所示。被控量为电动调节阀支路的流量，实训要求电动调节阀支路流量稳定至给定值。将涡轮流量计 FT1 检测到的流量信号作为反馈信号，并与给定量比较，其差值通过调节器控制电动调节阀的开度，从而达到控制管道流量的目的。为了实现系统在阶跃给定和阶跃扰动作用下的无静差控制，系统的调节器应为 PI 调节器。

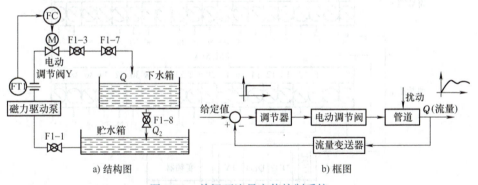

图 8-28　单闭环流量定值控制系统

(2) 实训步骤　本实训选择电动调节阀支路流量作为被控对象。实训之前，先将贮水箱中贮足水量，然后将阀门 F1-1、F1-3、F1-7、F1-8 全开，其余阀门均关闭。

1) 用网线和交换机连接操作员站（网卡 IP 设为 128.0.0.50）和服务器（A 网卡 IP 设为 128.0.0.1），以及服务器（B 网卡设为 129.0.0.1）和主控单元，并按照图 8-29、图 8-30 和图 8-31 连接实训系统。

2) 在"THJDS-1 型 DCS 分布式控制系统"控制柜上，合上断路器给控制柜上电，旋开控制系统电源开关给 DCS 控制系统及 DC24V 开关电源及各两线制传感变送器上电；旋开电动调节阀、变频器及电磁流量计的电源开关，给电动调节阀、变频器及电磁流量计上电；信号选择开关旋至"DCS 信号选择"位置；手动/自动选择开关旋至"自动"位置。

3) 启动服务器计算机，打开数据库总控软件，选择"THJDS"工程进行编译、连接并

260 过程控制与自动化仪表 第2版

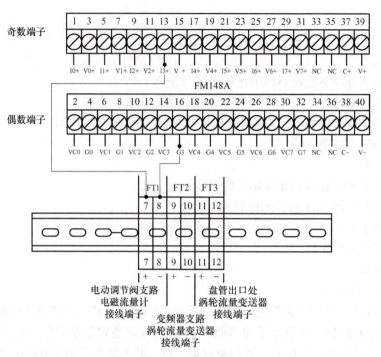

图 8-29 DCS 控制模拟量输入接线图

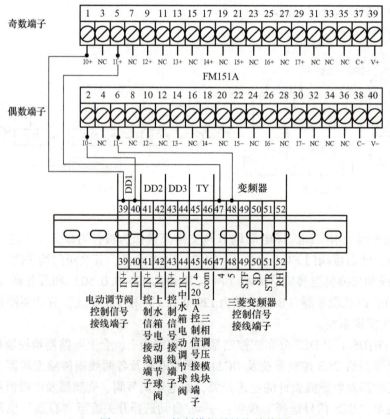

图 8-30 DCS 控制模拟量输出接线图

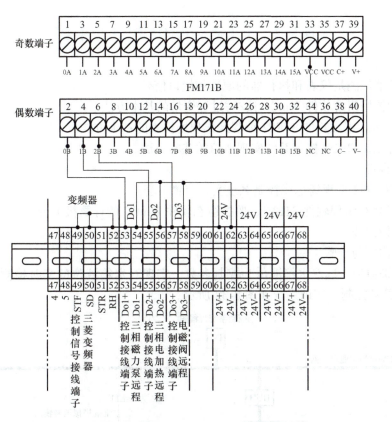

图 8-31　DCS 控制开关量输出接线图

生成下装文件；在控制器算法组态中选择"THJDS"工程进行现场控制站程序下装；在工程师站的组态中选择"THJDS"工程进行服务器和操作员站的下装，然后重启服务器。

4）启动操作员站，打开主菜单，单击"单闭环流量定值控制"，进入实训的监控界面。在流程图的液位测量值上单击鼠标左键，弹出 PID 窗口，将 PID 设为手动控制，并调节其输出为一适当的值。

5）从上位机界面单击三相磁力泵开关，远程起动三相磁力驱动泵打水，适当增加/减少 PID 调节器的输出量，使下水箱的液位平衡于设定值。

6）按经验法或动态特性参数法整定调节器参数，选择 PI 控制规律，并按整定后的 PI 参数进行调节器参数设置。

7）待液位稳定于给定值后，将调节器切换到"自动"控制状态，待液位平衡后，通过加扰动，分别适量改变调节器的 P 及 I 参数，用计算机记录不同参数时系统的阶跃响应曲线。

8）分别用 P、PD、PID 三种控制规律重复调节，用计算机记录不同控制规律下系统的阶跃响应曲线。

4. 实训报告

1）确定调节器的相关参数，写出使用 DCS 的整定过程。

2）分析 P、PI、PD、PID 四种控制方式对本流量控制系统的作用。

3）试比较 DCS 控制与智能仪表控制的区别。

实训 8.2　水箱液位 PROFIBUS 开环控制

1. 实训目的
1) 了解液位测量仪表和执行器的原理和接口信号。
2) 掌握监控组态软件 WinCC 读/写过程变量的基本方法。
3) 掌握 PLC 编程软件 STEP7 编程操作现场仪表的基本方法。
4) 了解 PROFIBUS 控制系统实现通信的基本方法。

2. 实训设备
1) THPCAT-2 型现场总线控制系统实验装置 1 套。
2) 装有 PLC 编程软件 STEP7、监控组态软件 WinCC 的计算机 1 台。
3) 万用表 1 只。

3. 实训内容与步骤

(1) 实训原理　选取水箱液位为控制参数，实现对水箱液位的实时检测和手动调整调节阀输出的开环控制。实训系统如图 8-32 所示。

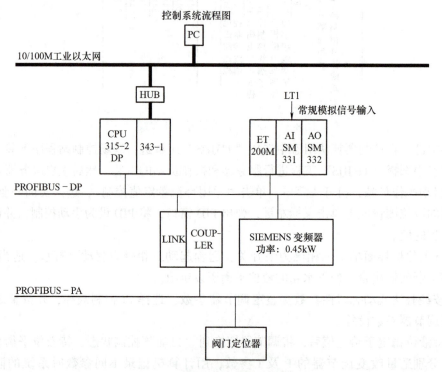

图 8-32　实训装置现场总线系统图

上水箱液位检测信号 LT1 为标准的模拟信号，直接传送到 SIEMENS 的模拟量输入模块 AISM331，AISM331 和分布式 I/O 模块 ET200M 直接相连，ET200M 挂接到 PROFIBUS-DP 总线上，PROFIBUS-DP 总线上挂接有控制器 CPU315-2DP（CPU315-2DP 为 PROFIBUS-DP 总线上的 DP 主站），这样就完成了现场测量信号到 CPU 的传送。

执行机构为带 PROFIBUS-PA 通信接口的阀门定位器，挂接在 PROFIBUS-PA 总线上，PROFIBUS-PA 总线通过 LINK 和 COUPLER 组成的 DP 链路与 PROFIBUS-DP 总线交换数据，

PROFIBUS-DP 总线上挂接有控制器 CPU315-2DP，这样，控制器 CPU315-2DP 发出的控制信号就经由 PROFIBUS-DP 总线到达 PROFIBUS-PA 总线来控制执行机构——阀门定位器。

（2）实训步骤

1) 分析液位控制系统中的仪表组成和接口信号。
2) 接通控制系统电源。水箱上水。
3) 启动 STEP7 软件，新建项目。在 STEP7 中完成 PROFIBUS 硬件组态。
4) STEP7 的变量定义。编写现场仪表的 I/O 操作程序。
5) 下装 STEP7 硬件组态和程序到 PLC 控制器中。
6) 启动 WinCC 软件，新建项目。添加 PROFIBUS 通信驱动程序。
7) 建立 WinCC 内部变量和过程变量及显示。
8) 运行 WinCC 工程。

4. 实训报告

1) STEP7 硬件组态图及参数设置。
2) STEP7 程序设计思路、变量定义表、程序清单及注释。
3) WinCC 设计步骤及通信连接方案。
4) WinCC 设计画面及参数、属性设置。
5) 调试及故障分析。

思考题与习题

8.1 计算机控制系统分为哪几类，各有何特点？
8.2 集散控制系统的体系结构分为几级，各级的功能如何？
8.3 HOLLiAS-MACS-S 系统中的站有哪些，各起什么作用？
8.4 HOLLiAS-MACS-S 系统的软件有哪些，各完成什么功能？
8.5 现场总线的定义是什么？
8.6 现场总线的国际标准包括几类，分别是哪些现场总线？
8.7 PROFIBUS 由三个部分组成，分别是什么？各用于解决什么任务？
8.8 现场总线控制系统的硬件主要由哪几部分组成？
8.9 现场总线控制系统的软件主要有哪些？

附 录

附录 A S 型热电偶分度表

附表 1 铂铑$_{10}$-铂热电偶（S 型）分度表（ITS-90） 冷端温度为 0℃

温度/℃	0	10	20	30	40	50	60	70	80	90
	热电动势/mV									
0	0.000	0.055	0.113	0.173	0.235	0.299	0.365	0.433	0.502	0.573
100	0.646	0.720	0.795	0.872	0.950	1.029	1.110	1.191	1.273	1.357
200	1.441	1.526	1.612	1.698	1.786	1.874	1.962	2.052	2.141	2.232
300	2.323	2.415	2.507	2.599	2.692	2.786	2.880	2.974	3.069	3.164
400	3.259	3.355	3.451	3.548	3.645	3.742	3.840	3.938	4.036	4.134
500	4.233	4.332	4.432	4.532	4.632	4.732	4.833	4.934	5.035	5.137
600	5.239	5.341	5.443	5.546	5.649	5.753	5.857	5.961	6.065	6.170
700	6.275	6.381	6.486	6.593	6.699	6.806	6.913	7.020	7.128	7.236
800	7.345	7.454	7.563	7.673	7.783	7.893	8.003	8.114	8.226	8.337
900	8.449	8.562	8.674	8.787	8.900	9.014	9.128	9.242	9.357	9.472
1000	9.587	9.703	9.819	9.935	10.051	10.168	10.285	10.403	10.520	10.638
1100	10.757	10.875	10.994	11.113	11.232	11.351	11.471	11.590	11.710	11.830
1200	11.951	12.071	12.191	12.312	12.433	12.554	12.675	12.796	12.917	13.038
1300	13.159	13.280	13.402	13.523	13.644	13.766	13.887	14.009	14.130	14.251
1400	14.373	14.494	14.615	14.736	14.857	14.978	15.099	15.220	15.341	15.461
1500	15.582	15.702	15.822	15.942	16.062	16.182	16.301	16.420	16.539	16.658
1600	16.777	16.895	17.013	17.131	17.249	17.366	17.483	17.600	17.717	17.832
1700	17.947	18.061	18.174	18.285	18.395	18.503	18.609	—	—	—

附录 B K 型热电偶分度表

附表 2 镍铬-镍铝热电偶（K 型）分度表（ITS-90） 冷端温度为 0℃

温度/℃	0	10	20	30	40	50	60	70	80	90
	热电动势/mV									
0	0.000	0.397	0.798	1.203	1.612	2.023	2.436	2.851	3.267	3.682
100	4.096	4.509	4.920	5.328	5.735	6.138	6.540	6.941	7.340	7.739
200	8.138	8.539	8.940	9.343	9.747	10.153	10.561	10.971	11.382	11.795
300	12.209	12.624	13.040	13.457	13.874	14.293	14.713	15.133	15.554	15.975

（续）

温度/℃	0	10	20	30	40	50	60	70	80	90
	热电动势/mV									
400	16.397	16.820	17.243	17.667	18.091	18.516	18.941	19.366	19.792	20.218
500	20.644	21.071	21.497	21.924	22.350	22.776	23.203	23.625	24.055	24.480
600	24.905	25.330	25.755	26.179	26.602	27.025	27.447	27.869	28.289	28.710
700	29.129	29.548	29.965	30.382	30.798	31.213	31.628	32.041	32.453	32.865
800	33.275	33.685	34.093	34.501	34.908	35.313	35.718	36.121	36.524	36.925
900	37.326	37.725	38.124	38.522	38.918	39.314	39.708	40.101	40.494	40.885
1000	41.276	41.665	42.053	42.440	42.826	43.211	43.595	43.978	44.359	44.740
1100	45.119	45.497	45.873	46.249	46.623	46.995	47.367	47.737	48.105	48.473
1200	48.838	49.202	49.565	49.926	50.286	50.644	51.000	51.355	51.708	52.060
1300	52.410								—	—

参 考 文 献

［1］　孔凡才，陈渝先．自动控制原理与系统［M］．4版．北京：机械工业出版社，2018．
［2］　沈玉梅．自动控制原理与系统［M］．北京：北京工业大学出版社，2010．
［3］　高志宏．过程控制与自动化仪表［M］．杭州：浙江大学出版社，2006．
［4］　薛定宇．控制系统仿真与计算机辅助设计［M］．北京：机械工业出版社，2005．
［5］　王银锁．过程控制系统［M］．北京：石油工业出版社，2009．
［6］　刘文定，王东林．过程控制系统的MATLAB仿真［M］．北京：机械工业出版社，2009．
［7］　刘玉梅，张丽文．过程控制技术［M］．2版．北京：化学工业出版社，2009．
［8］　刘巨良，李忠明，杨洪升．过程控制仪表［M］．3版．北京：化学工业出版社，2014．
［9］　侯志林．过程控制与自动化仪表［M］．北京：机械工业出版社，1999．
［10］　孙慧峰．过程控制系统的分析与调试［M］．北京：科学出版社，2011．
［11］　胡邦南．过程控制技术［M］．北京：科学出版社，2009．
［12］　张井岗．过程控制与自动化仪表［M］．北京：北京大学出版社，2010．